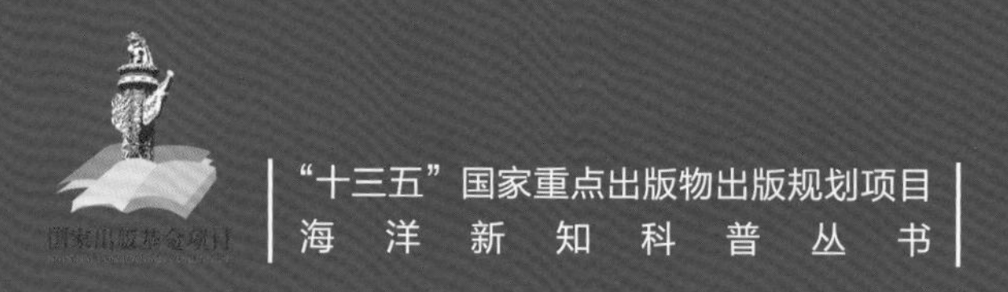

"十三五"国家重点出版物出版规划项目
海 洋 新 知 科 普 丛 书

神奇海洋的发现之旅
苏纪兰院士 总主编

来自海底的地学革命

EARTH SCIENCE REVOLUTION FROM THE SEAFLOOR

翦知湣 黄 维 李家彪 主编

海洋出版社
2023年 · 北京

图书在版编目(CIP)数据

来自海底的地学革命 / 翦知湣, 黄维, 李家彪主编.
— 北京 : 海洋出版社, 2023.3
（海洋新知科普丛书 / 苏纪兰主编. 神奇海洋的发现之旅）
ISBN 978-7-5210-1046-6

Ⅰ. ①来… Ⅱ. ①翦… ②黄… ③李… Ⅲ. ①海底－地球科学－普及读物 Ⅳ. ①P737.2-49

中国版本图书馆CIP数据核字(2022)第246759号

审图号：GS 京（2023）0892 号

LAIZI HAIDI DE DIXUE GEMING

责任编辑：苏　勤
责任印制：安　淼

海洋出版社 出版发行
http://www.oceanpress.com.cn
北京市海淀区大慧寺路 8 号　　邮编：100081
鸿博昊天科技有限公司印刷　　新华书店北京发行所经销
2023年3月第1版　　2023年3月第1次印刷
开本：787mm × 1092mm　　1 / 16　　印张：22.25
字数：360千字　　定价：168.00 元

发行部：010-62100090　编辑部：010-62100061　总编室：010-62100034

编委会

来自海底的地学革命

编委会

主　　编： 翦知湣　黄　维　李家彪

本书编委会： （按姓氏笔画排列）

于晓果　王　健　王　鹏　毕　磊

乔少华　刘志飞　苏　明　李春峰

杨守业　吴能友　宋陶然　陈　顺

周　超　赵　云　赵玉龙　党皓文

彭晓彤　温燕林　谢　伟

序

在太阳系中，地球是目前唯一发现有生命存在的星球，科学家认为其主要原因是在这颗星球上具有能够产生并延续生命的大量液态水。整个地球约有97%的水赋存于海洋，地球表面积的71%为海洋所覆盖，因此地球又被称为蔚蓝色的“水球”。

地球上最早的生命出现在海洋。陆地生物丰富多样，而从生物分类学来说，海洋生物比陆地生物更加丰富多彩。目前地球上所发现的34个动物门中，海洋就占了33个门，其中全部种类生活在海洋中的动物门有15个，有些生物，例如棘皮动物仅生活在海洋。因此，海洋是保存地球上绝大部分生物多样性的地方。由于人类探索海洋的难度大，对海洋生物的考察、采集的深度和广度远远落后于陆地，因此还有很多种类的海洋生物没有被人类认识和发现。大家都知道“万物生长靠太阳”，以前的认知告诉我们，只有在阳光能照射到的地方植物才能进行光合作用，从而奠定了食物链的基础，海水1000米以下或者更深的地方应是无生命的“大洋荒漠”。但是自从19世纪中叶海洋考察发现大洋深处存在丰富多样的生物以来，到20世纪的60年代，已逐渐发现深海绝非“大洋荒漠”，有些地方生物多样性之高简直就像“热带雨林”。尤其是1977年，在深海海底发现热液泉口以及在该环境中存在着其能量来源和流动方式与我们熟悉的生物有很大不同的特殊生物群落。深海热液生物群落的发现震惊了全球，表明地球上存在着另一类生命系统，它们无需光合作用作为食物链的基础。在这个黑暗世界的食物链系统中，地热能代替了太阳能，在黑暗、酷热的环境下靠完全不同的化学合成有机质的方式来维持生命活动。1990年，又在一些有甲烷等物质溢出的“深海冷泉”区域发现生活着大量依赖化能生存的生物群落。显然，对这些生存于极端海洋环境中的生物的探索，对于研究生命起源、演化和适应具有十分特殊的意义。

在地球漫长的46亿年演变中，洋盆的演化相当突出。众所周知，现在的地球有七大洲（亚洲、欧洲、非洲、北美洲、南美洲、大洋洲、南极洲）和五大洋（太平洋、大西洋、印度洋、北冰洋、南大洋）。但是，在距今5亿年前的古生代，地球上只存在一个超级大陆（泛大陆）和一个超级大洋（泛大洋）。由于地球岩石层以几个不同板块的结构一直在运动，导致了陆地和海洋相对位置的不断演化，才渐渐由5亿年前的一个超级大陆和一个超级大洋演变成了我们熟知的现代海陆分布格局，并且这种格局仍然每时每刻都在悄然发生变化，改变着我们生活的这个世界。因此，从一定意义上来说，我们所居住和生活的这片土地是“活”的：新的地幔物质从海底洋中脊开裂处喷发涌出，凝固后形成新的大洋地壳，继续上升的岩浆又把原先形成的大洋地壳以每年几厘米的速度推向洋中脊两侧，使海底不断更新和扩张；当扩张的大洋地壳遇到大陆地壳时，便俯冲到大陆地壳之下的地幔中，逐渐熔化而消亡。

海洋是人类生存资源的重要来源。海洋除了能提供丰富的优良蛋白质（如鱼、虾、藻类等）和盐等人类生存必需的资源之外，还有大量的矿产资源和能源，包括石油、天然气、铁锰结核、富钴结壳等，用“聚宝盆”来形容海洋资源是再确切不过的了。这些丰富的矿产资源以不同的形式存在于海洋中，如在海底热液喷口附近富集的多金属矿床，其中富含金、银、铜、铅、锌、锰等元素的硫化物，是一种过去从未发现的工业矿床新类型，而且也是一种现在还在不断生长的多金属矿床。深海尤其是陆坡上埋藏着丰富的油气，20世纪60年代末南海深水海域巨大油气资源潜力的发现，正是南海周边国家对我国南海断续线挑战的主要原因之一。近年来海底探索又发现大量的新能源，如天然气水合物，又称

“可燃冰”，人们在陆坡边缘、深海区不断发现此类物质，其前期研究已在能源开发与环境灾害等领域日益显示出非常重要的地位。

海洋与人类生存的自然环境密切相关。海洋是地球气候系统的关键组成部分，存储着气候系统的绝大部分记忆。由于其巨大的水体和热容量，使得海洋成为全球水循环和热循环中极为重要的一环，海洋各种尺度的动力和热力过程以及海气相互作用是各类气候变化，包括台风、厄尔尼诺等自然灾害的基础。地球气候系统的另一个重要部分是全球碳循环，人类活动所释放的大量CO_2的主要汇区为海洋与陆地生态系统。海洋因为具有巨大的碳储库，对大气CO_2浓度的升高起着重要的缓冲作用，据估计，截至20世纪末，海洋已吸收了自工业革命以来约48%的人为CO_2。海洋地震所引起的海啸和全球变暖引起的海平面上升等，是另一类海洋环境所产生的不同时间尺度的危害。

海洋科学的进步离不开与技术的协同发展。海洋波涛汹涌，常常都在振荡之中；光波和电磁波在海洋中会很快衰减，而声波是唯一能够在水中进行远距离信息传播的有效载体。由于海洋的特殊性，相较于其他地球科学门类，海洋科学的发展更依赖于技术的进步。可以说，海洋科学的发展史，也同时是海洋技术的发展史。每一项海洋科学重大发现的背后，几乎都伴随着一项新技术的出现。例如，出现了回声声呐，才发现了海洋山脉与中脊；出现了深海钻探，才可以证明板块理论；出现了深潜技术，才能发现海底热液。由此，观测和探测技术是海洋科学的基石，科学与技术的协同发展对于海洋科学的进步甚为重要。对深海海底的探索一直到20世纪中叶才真正开始，虽然今天的人类借助载人深潜器、无人深潜器等高科技手段对以前未能到达的海底进行了探索，但到目前为止，人类已探索的海底只有区区5%，还有大面积的海底是未知的，因此世界各国都在积极致力于海洋科学与技术的协同发展。

海洋在过去、现在和未来是如此的重要，人类对她的了解却如此之少，几千米的海水之下又隐藏着众多的秘密和宝藏等待我们去挖掘。

《神奇海洋的发现之旅》丛书依托国家科技部《海洋科学创新方法研究》项目，聚焦于这片“蓝色领土”，从生物、地质、物理、化学、技术等不同学科角度，引领读者去了解与我们生存生活息息相关的海洋世界及其研究历史，解读海洋自远古以来的演变，遐想海洋科学和技术交叉融合的未来景象。也许在不久的将来，我们会像科幻小说和电影中呈现的那样，居住、工作在海底，自由在海底穿梭，在那里建设我们的另一个家园。

总主编　苏纪兰

2020年12月25日

录

CONTENTS

第一章 chapter 1

大陆漂移、海底扩张和板块构造学说的三部曲

第二章 chapter 2

气候演变米兰科维奇理论的海底验证

第三章　chapter 3

海底电缆断裂与深海浊流

第四章　chapter 4

海底热液系统与"迷失之城"

第五章　chapter 5

"海底风暴"与等深流

第六章 chapter 6

古海沧桑
——地中海沙漠

第七章 chapter 7

海底可燃冰，新世纪新能源

第八章 chapter 8

海啸
——来自海底的灾害

第九章　chapter 9

全球变暖与大洋酸化
——古新世-始新世极热事件的启示

第十章　chapter 10

海底“世外桃源”

Chapter 1

第一章

大陆漂移、海底扩张和板块构造学说的三部曲

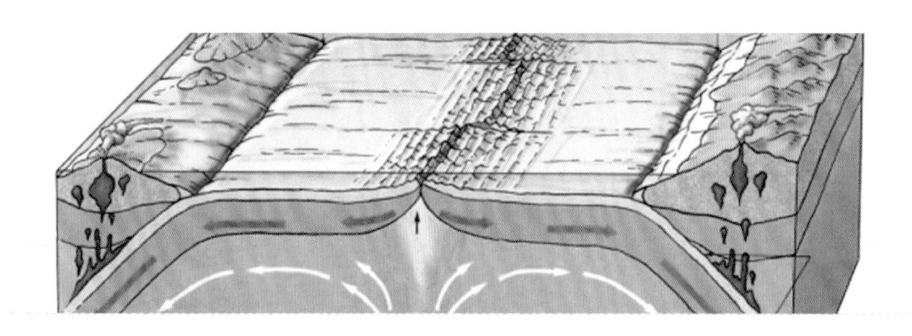

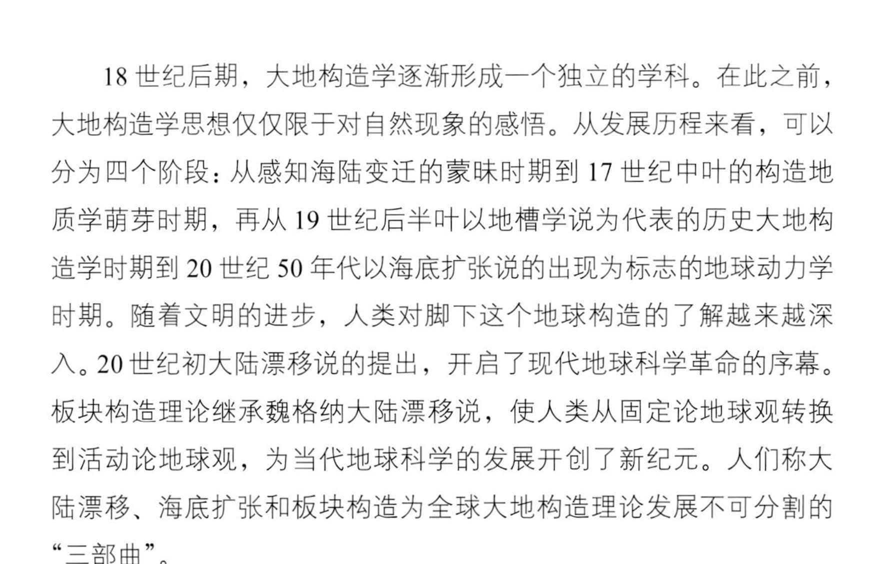

18 世纪后期，大地构造学逐渐形成一个独立的学科。在此之前，大地构造学思想仅仅限于对自然现象的感悟。从发展历程来看，可以分为四个阶段：从感知海陆变迁的蒙昧时期到 17 世纪中叶的构造地质学萌芽时期，再从 19 世纪后半叶以地槽学说为代表的历史大地构造学时期到 20 世纪 50 年代以海底扩张说的出现为标志的地球动力学时期。随着文明的进步，人类对脚下这个地球构造的了解越来越深入。20 世纪初大陆漂移说的提出，开启了现代地球科学革命的序幕。板块构造理论继承魏格纳大陆漂移说，使人类从固定论地球观转换到活动论地球观，为当代地球科学的发展开创了新纪元。人们称大陆漂移、海底扩张和板块构造为全球大地构造理论发展不可分割的“三部曲”。

大陆漂移说的提出与遇挫

16 世纪的地理大发现，使全球地图绘制得越来越精确，拓展了人们对全球地貌、地质、生物多样性及物种分布的认知。早在 1620 年，英国的哲学家弗朗西斯·培根就在地图上观察到，南美洲东岸和非洲西岸可以很完美地拼接在一起。虽然培根说出了著名的格言“知识就是力量”，但他不是真正的自然科学家，没有试图去寻找证据来证实两岸曾经是相连的。在培根之前，比利时北部法兰德斯地图学家奥特利乌斯（Abraham Ortelius，1527—1598）于 1596 年最早提出大陆漂移假说。1858 年法国地理学家史奈德（Antonio Snider-Pellegrini，1802—1885）也曾在地理百科全书中提及“美洲或是因地震与潮汐而从欧洲及非洲分裂出去的”观点。从奥特利乌斯到培根，都只提出了一些朦胧的猜想。培根之后将近 300 年的时间里，竟然没有一个科学家认真思考过，为什么大洋两岸的陆地竟可以严丝合缝地拼在一起。也许许多人在心里有过疑问，但是却都没有去行动。最终，历史将机会留给了一位德国年轻人魏格纳（Alfred Lothar Wegener，1880—1930）。

阿尔弗雷德·魏格纳于 1880 年 11 月 1 日出生在德国柏林的一个孤儿院院长家里。中学毕业后，他进入柏林的路德维希·威廉姆斯大

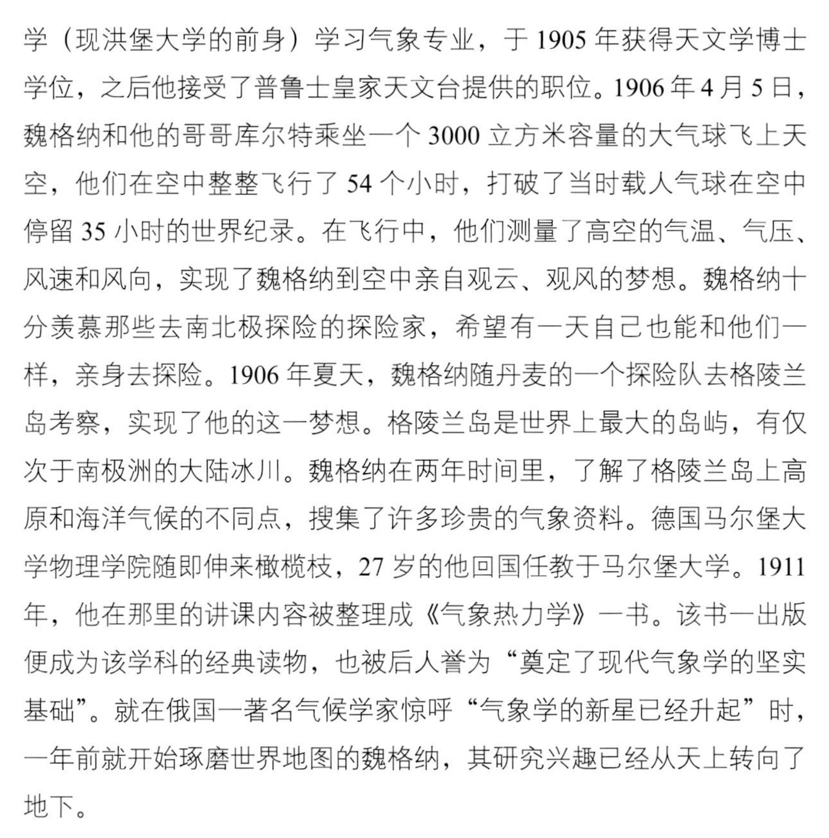

学（现洪堡大学的前身）学习气象专业，于 1905 年获得天文学博士学位，之后他接受了普鲁士皇家天文台提供的职位。1906 年 4 月 5 日，魏格纳和他的哥哥库尔特乘坐一个 3000 立方米容量的大气球飞上天空，他们在空中整整飞行了 54 个小时，打破了当时载人气球在空中停留 35 小时的世界纪录。在飞行中，他们测量了高空的气温、气压、风速和风向，实现了魏格纳到空中亲自观云、观风的梦想。魏格纳十分羡慕那些去南北极探险的探险家，希望有一天自己也能和他们一样，亲身去探险。1906 年夏天，魏格纳随丹麦的一个探险队去格陵兰岛考察，实现了他的这一梦想。格陵兰岛是世界上最大的岛屿，有仅次于南极洲的大陆冰川。魏格纳在两年时间里，了解了格陵兰岛上高原和海洋气候的不同点，搜集了许多珍贵的气象资料。德国马尔堡大学物理学院随即伸来橄榄枝，27 岁的他回国任教于马尔堡大学。1911 年，他在那里的讲课内容被整理成《气象热力学》一书。该书一出版便成为该学科的经典读物，也被后人誉为“奠定了现代气象学的坚实基础”。就在俄国一著名气候学家惊呼“气象学的新星已经升起”时，一年前就开始琢磨世界地图的魏格纳，其研究兴趣已经从天上转向了地下。

1910 年春的一天，时年 30 岁的魏格纳躺在病床上看书，看的时间长了，他放下书本，想活动一下身子再看，同时让眼睛也休息一下。当他的目光掠过贴在墙上的一幅世界地图时，突然间地图上曲曲折折的海岸线引起了他的注意。他发现一个奇妙的现象：大西洋西岸的巴西东端呈直角的凸出部分，与东岸非洲几内亚湾凹进去的部分，一边像是多了一块，一边像是少了一块，正好能合拢起来。再进一步对照，巴西海岸几乎都与非洲东海岸凹进去的部分相对应。魏格纳想：如果移动这两个大陆，使它们靠拢，两块大陆不正好镶嵌在一起了吗？难道大西洋两岸的大陆原来是一整块，后来才分开的吗？会不会是巧合呢？魏格纳将地图上一块块陆地进行了比较，结果发现，从海岸线的相似情形看，地球上所有的大陆块都能够较好地吻合在一起。于是年轻的魏格纳脑海里突发奇想：莫非在亿万年前，地球上的大陆本来就是一块，它在海上漂移，慢慢开始分离、移动，后来才成为现在这个模样？一个大胆的念头在他脑海中浮现出来，这个偶然的发现，使他十分兴奋。因为千百年来，人们都认为大陆是固定不动的。大陆会裂开，又会漂移，这岂不是奇谈怪论吗？魏格纳继续思考下去：如果现在被大西洋隔开的大陆原来是一整块的话，那么，形成大陆的地层、山脉等地理特征也应该是相近的，隔在两岸的动物、植物也应有一定的亲缘关系，它们曾有过相同的生存环境……魏格纳暗下决心："如果我的推测是正确的话，我一定要用事实来证明它！"

病好之后，魏格纳开始搜集资料，验证自己的设想。魏格纳率领一个由他的同事和学生组成的小分队，走遍了大西洋两岸，进行实地考察。他首先追踪了大西洋两岸的山系和地层，结果令人振奋：北美洲纽芬兰一带的褶皱山系与欧洲北部的斯堪的纳维亚半岛的褶皱山系遥相呼应，暗示了北美洲与欧洲以前曾经"亲密接触"过；美国阿巴拉契亚山的褶皱带，其东北端没入大西洋，延至对岸，在英国西部和中欧一带再次出现；非洲西部的古老岩层分布区可以与巴西的古老岩层相衔接，而且二者之间的岩性、构造也彼此吻合；与非洲南端的开普勒山脉的岩层相对应的，是南美的阿根廷首都布宜诺斯艾利斯附近山脉中的岩层。对此，魏格纳比喻说，如果两片撕碎了的报纸按其参差的毛边可以拼接起来，且其上的印刷文字也可以相互连接，我们就不得不承认，这两片破报纸是由完整的一张撕开得来的。除了大西洋两岸的证据，魏格纳甚至在非洲和印度、澳大利亚等大陆之间，也发现存在彼此之间的地层和构造的联系，而这种联系都限于中生代之前即 2.5 亿年以前的地层和构造。这一系列发现让魏格纳兴奋不已，沉浸在喜悦中的魏格纳又考察了地层中的化石。在他之前古生物学家就已发现，在远隔重洋的一些大陆之间，古生物面貌有着密切的亲缘关系。例如，中龙是一种小型爬行动物，生活在远古时期的陆地淡水中，它既可以在巴西石炭纪到二叠纪形成的地层中找到，也出现在南非的

石炭纪、二叠纪的同类地层中。而迄今为止，世界的其他大陆上，都未曾找到过这种动物化石。淡水生活的中龙，是如何游过由咸水组成的大西洋的？更有趣的是，有一种庭园蜗牛化石，既发现于德国和英国等地，也分布于大西洋对岸的北美洲。蜗牛素以步履缓慢著称，居然有本事跨过大西洋的千重波澜，从一岸繁殖到另一岸？当时没有人类发明的飞机和舰艇，甚至连鸟类还没有在地球上出现，蜗牛是怎么过去的？再来看一看植物化石——舌羊齿，这是一种古代的蕨类植物，广布于澳大利亚、印度、南美、非洲等地的晚古生代地层中，即现代版图中比较靠南方的大陆上。植物没有腿，也不会游泳，如何漂洋过海的？为解释这些现象，魏格纳之前的古生物学家曾提出“陆桥说”——他们设想在这些大陆之间的大洋中，一度有狭长的陆地或一系列岛屿把遥远的大陆连接起来，植物与动物通过陆桥远涉千万里，到达另外的大陆；后来这些陆桥沉没消失了，各大陆被大洋完全分隔开来。这种观点被称为“固定论”，即陆地与海洋是固定不动的。而魏格纳的解释则是“活动论”的，各大陆之间古生物面貌的相似性，并不是因为它们之间曾有什么陆桥相连，而是由于这些大陆本来就是直接连在一起的，到后来才分裂漂移，各奔东西。古代冰川的分布也支持魏格纳的想法。距今约 3 亿年前后的晚古生代，在南美洲、非洲、澳大利亚、印度和南极洲，都曾发生过广泛的冰川作用，有的地区还可以从冰川的擦痕判断出古冰川的流动方向。从冰川遗迹分布的规模与特征判断，当时的冰川类型是在极地附近产生的大陆冰川。而且南美、印度和澳大利亚的古冰川遗迹残留在大陆边缘地区，冰川的运动方向是从海岸指向内陆，显然冰川是不会登陆向高处运动的，这说明这些大陆上的古冰川不是源于本地。面对这种古冰川的分布及流向特征，过去的地质学家一筹莫展。然而正是这些特征，却为大陆漂移说提供了强有力的证据。在魏格纳看来，上述出现古冰川的大陆在当时曾是连接在一起的，整个大陆位于南极附近。冰川中心处于非洲南部，古大陆冰川由中心向四周呈放射状流动，这就很合理地解释了古冰川的分布与流动特征。我们看到的冰川向陆地内部运动的表象，其实是因为原来巨大的大陆分裂开来，原来的内陆变成了沿海的缘故。除了古冰川遗迹外，蒸发盐、珊瑚礁等古气候标志，也可用来推断它们形成时的古纬度。古纬度与大陆的位置是冲突的，这也说明以前的大陆不在今天所处的地方。

1912 年 1 月，魏格纳在法兰克福地质协会和马尔堡科学协会分别做了题为《大陆与海洋的起源》和《大陆的水平位移》的讲演，并刊登在德国《地质学杂志》上。1912 年他再次赴格陵兰岛进行考察。在考察过程中，他继续对大陆漂移的问题进行了研究和思索。这时他下了决心，把自己的研究方向从气象学转向地质学，这是他学术生涯中的一个伟大的转折。格陵兰岛考察完成不久后，1914 年夏天，第一次世界大战爆发了。战争使魏格纳被迫停止了研究，他被征召入伍，担任步兵预备役军官。他在比利时前线，经历了激烈的战斗，两度负伤。不久，魏格纳因伤回国。在病床上，他又开始了他的科研工作。在严谨的科学研究的基础上，魏格纳的代表作《海陆的起源》于 1915 年问世了，立即引起轰动。在这本书里，魏格纳系统地阐述了大陆漂移说。他认为：大陆由较轻的含硅铝质的岩石——如花岗岩组成，它们像一座座块状冰山一样，漂浮在较重的含硅镁质的岩石——如玄武岩之上（洋壳就是由硅镁质岩石组成的），并在其上发生漂移。在二叠纪时，全球只有一个巨大的陆地，他称之为泛大陆（或联合古陆）。风平浪静的二叠纪过后，风起云涌的中生代开始了，由于潮汐力和地球自转离心力的作用，泛大陆一分为二，形成北方的劳亚古陆和南方的冈瓦纳古陆，并逐步分裂成几块小一点的陆地，四散漂移。这个漂移过程很缓慢，直到第四纪初期才形成现今地球海陆分布的格局。这种运动至今还在悄悄地进行着。魏格纳的专著《海陆的起源》，曾相继在 1920 年、1922 年、1929 年，以至今天，出版过好几次修订本，并且各国都有不同的译本。据现在初步的统计，有英文版、法文版、西班牙文版、瑞典文版，还有俄文版、中文版（图 1-1）。因此，魏

图 1-1　2007 年北京大学出版社出版的《海陆的起源》中译本封面

格纳的大陆漂移说在社会上引起了很大的反响。这个学说虽然还不完善，但魏格纳已从地貌学、地质学、地球物理学、古生物学、古气候学、大地测量学等诸多方面提供了大量有力的证据。

大陆漂移说在当时可以说是惊世骇俗的观点，震撼了当时的科学界。由于占有统治地位的传统的“固定论”观点根深蒂固，魏格纳立即遭到了传统固定论支持者的强烈反对。他们贬斥大陆漂移说“是毫无科学根据的幻想”“是玩耍儿童七巧板的发明”，讥讽其为“智力拼图游戏”。因为这个假说涉及的问题太宏大了，如若成立，整个地球科学的理论就要重写，因此必须要有足够的证据，假说的每个环节都要经得起检验。虽然魏格纳找到的证据很多，但是如果别人找出一个反对这个科学理论的证据，比如大陆漂移的动力不足，这个学说就只能叫作假说，而不是真正的理论。魏格纳学说最主要的弱点是：巨大的大陆是在什么物质上漂移的？驱动大陆漂移的力量来自何方？魏格纳认为花岗岩（硅铝质）的大陆漂浮在地球的硅镁层（玄武岩）上，即固体在固体上漂浮、移动。对于推动大陆的力量，魏格纳猜测是海洋中的潮汐，拍打大陆的岸边，引起微小的运动，日积月累使巨大的陆地漂到远方；还有可能是太阳和月亮的引力。针对魏格纳假说中有关花岗岩漂浮在玄武岩之上的假想，英国剑桥大学著名的地球物理学家杰弗瑞斯（Jeffreys Sir Harold，1891—1989）等用物理学和力学的计算证明，潮汐力和地球自转离心力要比大陆漂移所需要的动力小好几个数量级，根本无法推动广袤的大陆并使之移动。杰弗瑞斯在其科学巨著《地球》一书中从物理学的角度否定了大陆漂移的可能性，这对魏格纳的大陆漂移说是一个巨大的打击。为回答大陆漂移的驱动力，1931 年物理学家霍姆斯（A. Holmes）提出了地幔对流假说，但因缺乏可靠证据，地幔对流在当时并未得到认可。当人们解释中龙、舌羊齿等古生物的分布时，依然用“陆桥说”来搪塞。虽然“陆桥说”显得很荒唐，但是当时人们认为，还有一种理论更加荒唐，那就是魏格纳的大陆漂移说。有人开玩笑说，大陆漂移说只是一个“大诗人的梦”而已，但魏格纳仍孤独固执地吟唱着自己的诗篇。1926 年 11 月，美国石油地质学家协会（AAPG）邀请魏格纳到纽约，召开了首届大陆漂移说讨论会。与会的 14 名权威地质学家中，赞同大陆漂移说的仅有 5 人，7 人坚决反对，2 人持保留意见。会上，魏格纳叼着烟斗静静地听着，几乎什么也没说。在这次国际专门讨论大陆漂移说的学术研讨会上，对魏格纳的学说可以说是否定了。在《海陆的起源》修订版出版时，他慨叹“漂移理论的牛顿还没出现”。这场著名的地学大论战——大陆漂移的活动论与传统固定论的争论，与后来的火成论与水成论的争论、渐变论与灾变论的争论一道，被人们称为地质学发展史上的三大论战。

1919 年，魏格纳到德国海军天文台任职，他把家庭搬到了汉堡。1921 年，他被任命为汉堡大学新的高级讲师。由于激烈坚持大陆漂移理论，他失去了德国大学的教职。作为活动论的先驱，魏格纳几乎是孤军奋战。无奈之下，他在 1924 年前往奥地利格拉茨大学，担任奥

地利卡尔·弗朗岑斯大学气象学和地球物理学教授，并继续搜集支持大陆漂移说的证据。为了回应传统的海陆固定学派“权威们”的种种责难和攻击，魏格纳在1929年重返格陵兰岛以期通过重复测量获得格陵兰岛向西漂移的证据，这是他的第三次格陵兰岛考察，为建立长期观测站奠定基础。1930年4月魏格纳带着由22位科学家和技术人员组成的团队，第四次前往格陵兰岛探险。在他的领导下，14名队员在该岛3000米高地上建立了3个考察站，进行格陵兰冰盖厚度测量与全年北极气象的观测。1930年11月1日，在他生日那天，魏格纳前往冰河地区，留守的队员们庆祝完他50岁生日后，却再也没能见到寿星归来。在白茫茫的冰天雪地里，他失去了踪迹。翌年5月12日，魏格纳的哥哥库尔特在搜寻中发现了他的遗体。魏格纳躺在帐篷中，冻得像石头一样，但他双眼睁着，面部表情平静，甚至带着一丝笑意。魏格纳的友人认为，他很可能因心脏病突发而离世。友人为他在格陵兰岛用冰雪做了一个陵墓，并在事发地点立起了6米高的铁十字架。

由于传统学派的围剿和魏格纳的去世，大陆漂移说在20世纪30年代后便日趋沉寂。魏格纳的灵魂被冰封在格陵兰的积雪中，大陆漂移说则被尘封在图书馆的书架上，无人问津。魏格纳在1930年逝世以后，大陆漂移说被扼杀得销声匿迹。甚至有的国家，像美国宣布，如果有学者在课堂上讲授大陆漂移说的理论，将会被学校解聘。在当时仅有在南半球和非洲工作的少数地质学家，还坚守着、主张着大陆漂移说，默默地进行着研究，进行着科学证据的寻找。在人们习惯用流行的理论解释事实时，只有少数杰出的人有勇气打破旧框架提出新理论。由于当时科学水平发展的限制，大陆漂移由于缺乏合理的动力学机制遭到正统学者的非议，但魏格纳的学说超越了时代。

海底扩张说的创立与大陆漂移说复活

第二次世界大战期间，由于军事需要，海底地形图的绘制变得重要起来。美国海军研究人员常常利用战事平静期间对海底进行测绘。一艘在东太平洋上巡航的美国军舰“开普·约翰逊”号常年在这一带海域进行巡逻，这艘军舰的指挥官名叫哈雷·赫斯（Harry H. Hess）。军舰从南驶向北，再由北驶向南，看似这艘军舰在巡逻，实际上军舰的指挥员正利用声呐测深技术对洋底进行探测。赫斯舰长1906年生于纽约，1932年毕业于美国著名的耶鲁大学。战前，他曾是一位航海家，在普林斯顿大学任教。战争爆发后，他应征加入海军，成为“开普·约翰逊”号的舰长。赫斯在海上执行任务期间，需要将海洋战区绘制成海底等高线图，进而知道潜艇行进时与海底的距离。赫斯舰长工作起来完全是个学者风度，他指挥军舰横越太平洋，把航线上的数据加以分析整理。在分析这些测深剖面时，一种奇特的海底构造引起了赫斯的注意：在大洋底部，有从海底拔地而起像火山锥一样的山体，它与一般山体明显不同的是没有山尖，这种海山顶部像是被刀削过似的，非常平坦。连续发现100多座这种无头山，让赫斯感到大惑不解。战争结束之后，赫斯又回到他原先执教的普林斯顿大学从事研究工作。他把自己发现的无头海山命名为“盖约特”，以纪念自己尊敬

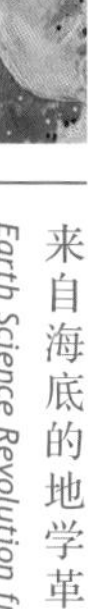

的师长、瑞士地质学家 A. 盖约特。这种海山的顶部都是平坦的，实际上就是人们统称的“海底平顶山”。这些海底山体和过去发现的海丘山峰均不同，具有一种顶部平坦的特殊形状。山顶部直径为 5 ～ 9 千米，如果把周围山脚计算在内，形成高数千米左右的高台；山腰最陡的地方倾斜达 32°，再往下形成缓坡，整个山体剖面呈梯形，这是所有平顶山的共同特征（图 1–2）。还有一个特点是，平顶海山的山顶，浅的在海面下 100 多米处，深的在海面下 2500 米处，一般多在海面下 1000 ～ 2000 米之间。这种海底平顶山，在世界大洋中均有发现。后来的调查证实，海底平顶山曾是古代火山岛，与大洋火山有相同的形态、构造和物质成分。那么，既然是海底火山，为什么又没有头了呢？赫斯教授的解释是，新的火山岛，最初露出海面时，受到风浪的冲击。如果岛屿上的火山活动停息了，变成一座死火山，在风浪的袭击下被侵蚀，天长日久，火山岛最终遭到“砍头”之祸，就变成略低于海面具有平坦顶面的平顶山了。赫斯教授的研究并没有到此为止。他发现，同样特征的海底平顶山，离洋中脊近的，地质年代较为年轻，山顶离海面较近；离洋中脊远的，地质年代较久远，山顶离海面较远（深）。最初人们对这种现象无法解释，到了 1960 年，赫斯大胆提出了海底运动假说进行解释。之前人们普遍认为，自大洋盆地贮积大量海水以来，其总的形貌特征和格局变化不大，即大洋盆地是地表相对固定的一个存在形态。而赫斯的假说则认为，洋底在发生扩张，其运动过程就像一块正在卷动的大地毯，从大裂谷的两边卷动（大裂谷是地毯上卷的地方，而深海沟则是下落到地球内部的地方），地毯从一条大裂谷卷到一条深海沟的时间可能是 1.2 亿～ 1.8 亿年。形象地说，托起海水的洋底像一条漂浮在地幔上不断循环的传送带。因为在地球的地幔中广泛存在着大规模的对流运动，上升流涌向地表，形成洋中脊，下降流在大洋的边缘造成巨大的海沟，洋壳在洋中脊处生成之后，向其两侧产生对称漂离，然后在海沟处消亡。在这里，陆地作为一个特殊的角色，被动地由海底传送带拖运着，因其密度较小，而不会潜入地幔。所以，陆地将永远停留在地球表面，构成了“不沉的地球史存储器”。1962年，赫斯教授发表了著名的论文——《大洋盆地的历史》，对洋盆形成做了系统的分析和解释，公开提出了“海底扩张学说”。赫斯在论文的引言中说：“我的这一设想可能需要很长时间才能得到完全证实，因此，与其说这是一篇科学论文，倒不如说是一首地球的诗篇。”如果事情确如赫斯自己所说的那样，也许他的遭遇会与魏格纳的情况很类似。但幸运的是，几乎是紧接着，瓦因（Vine）和马修斯（Matthews）从海洋磁异常（1963年）、威尔逊（Wilson）从热点（1963年）及转换断层（1965年），各自通过不同的途径，进一步寻找到了支撑海底扩张理论的一系列新证据。

在赫斯的论文公开发表的前一年，另一位科学家迪茨（R. S. Dietz）有关海底扩张的论文却先发表了。迪茨是美国海军电子实验室的一名科学家，他在20世纪50年代参加过海军的海洋探险和“先锋”号科学考察船的地磁填图工作，并在菲律宾以东的马里亚纳海沟见到与赫斯所见到的相似现象，因此也得到了与赫斯相同的结论。1961年，迪茨在英国《自然》杂志上发表论文，并明确提出“海底扩张”理论。他提出的理论与赫斯的海底扩张理论本质上完全相同，尽管赫斯的文

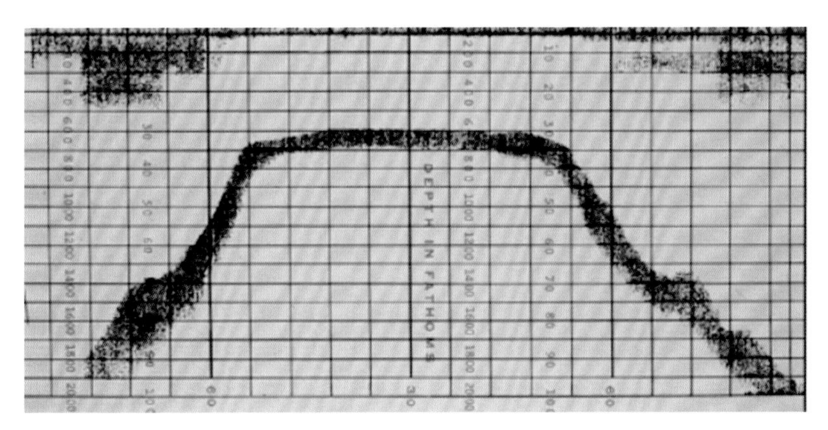

图1–2　海底平顶山地形示意图

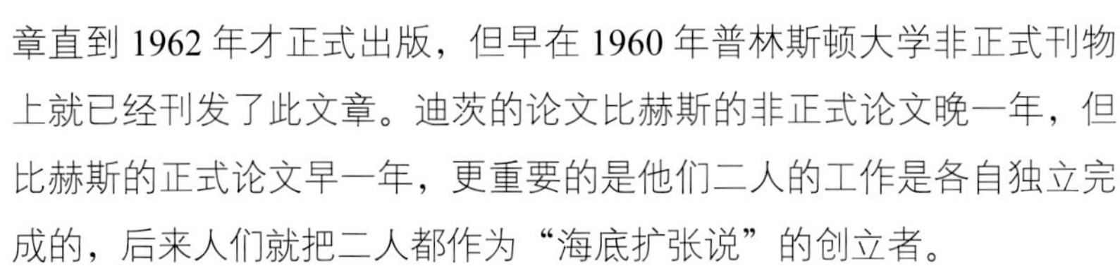

章直到 1962 年才正式出版，但早在 1960 年普林斯顿大学非正式刊物上就已经刊发了此文章。迪茨的论文比赫斯的非正式论文晚一年，但比赫斯的正式论文早一年，更重要的是他们二人的工作是各自独立完成的，后来人们就把二人都作为“海底扩张说”的创立者。

当时已经知道，地球是由地核、地幔、地壳组成的。地幔的厚度达 2900 千米，是由硅镁物质组成，占地球质量的 68.1%。因为地幔温度很高，压力大，像沸腾的钢水，不断翻滚，产生对流，形成强大的动能。大陆则被动地在地幔对流体上移动。形象地说，当岩浆向上涌升时，海底产生隆起是理所当然的，岩浆不停地向上涌升，自然会冲出海底，随后岩浆温度降低，压力减少，冷凝固结，变成新的洋壳。当然，这种地幔的涌升是不会就此停止的。在继之而来的地幔涌升力的驱动下，又涌出新的岩浆来，冷凝、固结，再为涌升流所推动。这样反复不停地运动，新洋壳不断产生，把老洋壳向两侧推移出去，这就是海底扩张（图 1–3）。在洋底扩张过程中，其边缘遇到大陆地壳时，扩张受到阻碍，于是，洋壳向大陆地壳下面俯冲，重新钻入地幔之中，最终被地幔吸收。海底扩张说可以解释当年魏格纳无法解释的大陆漂移的机制问题。迪茨提出：由于地幔中放射性元素衰变生成的热使地幔物质以每年数厘米的速度进行大规模的热循环，形成对流圈，它作用于岩石圈，成为推动地壳运动的主要力量。洋壳的形成与地幔对流有关。洋底就是对流圈的顶，它在洋底的离散带形成，并缓慢地向汇聚带扩张。总的来看，洋底构造是地幔对流的直接反映，洋脊是地幔物质上涌的部位，海沟是地幔物质的下降部位。赫斯认为，海底构造主要是由地幔对流作用引起。他明确强调地幔内存在热对流，洋中脊下的高温上升流使中脊保持隆起并有地幔物质不断侵入、遇水作用成蛇纹石化而形成新洋壳，老洋壳因此不断向外推移，至海沟、岛弧一线受阻于大陆而俯冲下沉、熔融于地幔，达到新生和消亡的消长平衡，从而使洋底地壳在 2 亿～ 3 亿年间更新一次。赫斯把现今地表大洋和陆地的形态特征，归结为过去数百个百万年来大规模海底扩张运动的结果。由于海底扩张的过程非常缓慢，很难用实验的办法加以验证，因而必须找到来自其他不同方面观测资料的证据以支持海底扩张学说。

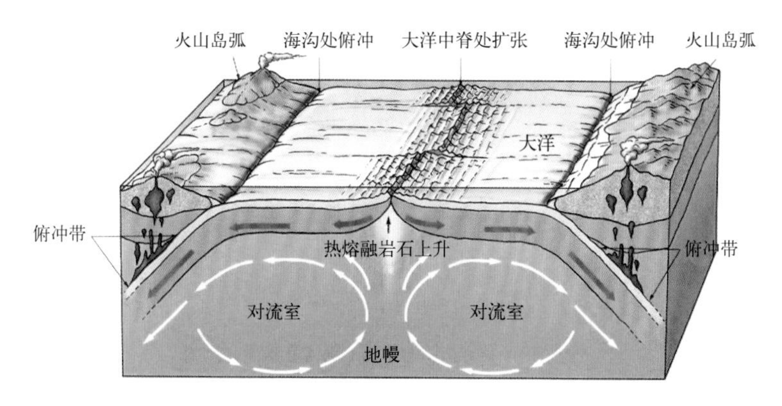

图 1–3　海底扩张示意图

比起魏格纳，赫斯、迪茨二人算是生逢其时，幸运许多。在不太长的时间内，海底扩张的学说便得到了更多不同来源的资料多方面的支持，包括地磁资料、地震震源、洋底地壳构造和地热流量分布等。其中最重要的证据来自古地磁的发现。实际上，自 20 世纪 20 年代起，科学家们就已经比较清楚，同一地方但不同地质年代的岩石经常显示出不同的磁场极性，其磁场的取向有时指向北极，如同现在的地球磁场一样表现为正常取向；但有时指向南极，因而表现为所谓的异常取向。通过测量陆地上火山岩石的磁场方向及使用放射性测年方法，澳大利亚的一个科学家小组于 1963 年终于建立了一个比较定量的磁场正反转时间表。20 世纪 50 年代前，人们对大洋盆地磁异常的特征，几乎一无所知。1955 年，美国的“先锋”号考察船到大西洋西海岸进行考察，在船上工作的英国访问学者梅森（R. G. Mason）根据测量资料绘制出一张磁场强度等值线图，这张图上清晰地反映出一系列南北走向的磁场强度的峰和谷。这个发现使科学家们兴奋不已。1958—1961 年，美国斯克里普斯海洋研究所的瓦奎尔（V. Vacquier, 1961）、

梅森（R. G. Mason, 1961）和拉夫（A. D. Raff, 1958）等又在东北太平洋发现条带状磁异常，即位于洋中脊两侧，存在具有对称且平行分布的强弱相间的磁性条带信号。剑桥大学学生瓦因（F. J. Vine）于 1962 年参加了“欧文”号海洋考察船对印度洋卡尔斯伯格中脊的地磁调查。瓦因是剑桥大学以布拉德（Edward Bullard）为首的海洋研究组的研究生，他对大陆漂移说十分赞赏。剑桥大学的地质学家马修斯（D. H. Matthews）则是与瓦因共住一室的瓦因的研究顾问。这两位勇于探索的年轻人在用计算机处理了印度洋卡尔斯伯格中脊的大量磁力异常数据后，也注意到了存在令人困惑而又非常清晰的磁性条带这一现象。他们分析对比了大西洋和太平洋的相关资料，根据地磁场极性的周期性倒转的分析，发现洋中脊区的磁异常呈条带状、正负相间、平行于中脊两侧、对称延伸，其顺序与地磁反转年表一致（图 1–4）。联系到赫斯的海底扩张学说，他们推断，由于新的熔岩物质从地幔涌出，当这些高温熔岩物质的温度降到居里点温度时，通过磁化记录到了当时地球磁场的方向，随着洋壳向两侧扩张，这些被交替磁化的物质因而平行对称地分布于大洋中脊的两侧。1963 年瓦因与马修斯合作发表了一篇论文，提出了“瓦因 – 马修斯假说”（Vine-Matthews Hypothesis）来解释磁异常条带，认为洋底磁异常条带并不是洋底岩石磁化强度不均匀引起的，而是由于地磁场反复倒转以及洋底在洋中脊的不断新生

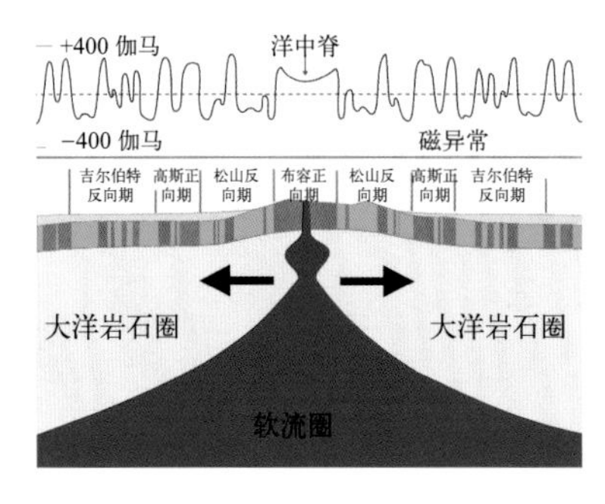

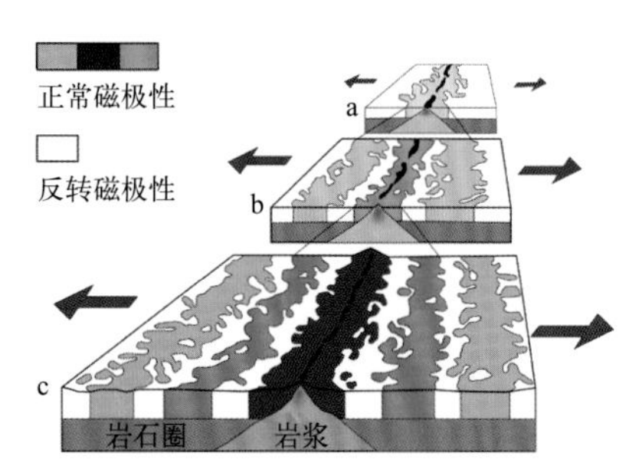

图 1–4　地磁条带图

并扩张共同引起的。瓦因－马修斯假说被后来更多的海洋地磁测量以及深海钻探和同位素年龄测定结果所证实。

1965 年，瓦因、赫斯与另一位加拿大学者威尔逊（J. T. Wilson）一起，开始进一步研究关于大洋中脊的现象。通过分析来自太平洋海底的岩芯样本记录到的垂直磁场反转时间和地质年代，他们发现自己的数据与澳大利亚的科学家小组 1963 年从陆地火山岩中采集的样本记录到的相关数据非常一致，并且消除了海底和陆地磁场反转条带最初认为存在时间差别的矛盾现象。不久，以观测到的正反转磁场的条带分布特征作为证据，他们一起提出了一个关于太平洋东北部洋底扩张的模型。1965 年威尔逊还提出了转换断层的概念。威尔逊认为“转换断层就是那种位移突然终止或者改变形式和方向的平移断层”。转换断层证明岩石圈板块的水平位移成为可能，并因此阐明了洋中脊的新生洋壳和海沟处的洋壳消减之间的消长平衡关系，即扩张速率与消减速率相等。通常用扩张速率来表示海底扩张作用的强度，太平洋的扩张速率为每年 5 ～ 7 厘米，大西洋的扩张速率为每年 1 ～ 2 厘米。威尔逊认为，海底转换断层应该是地壳存在破裂的证据，但只存在于各段大洋中脊之间，其余部分只发生漂移而没有断裂。从 1968 年开始，美国、法国、德国、日本、英国等国在各大洋进行深海钻探，结果表明，最老的洋壳年龄不超过 2 亿年，而且从洋脊向两侧其年龄由新逐渐变老。深海钻探结果表明，钻孔岩芯的年龄，与根据磁异常推测得出的年龄，具有惊人的一致性。1974 年，皮特曼（W. C. Pitman）等利用洋底钻孔的测年资料，编制出第一幅洋底年龄图。该图展示了从洋脊向两侧洋底年龄逐渐递增的规律，这正如海底扩张说所预言的那样。因此海底对称的磁异常条带、转换断层的发现以及深海钻探成果成为海底扩张理论的三大支柱。

海底扩张还有其他地球物理证据。20 世纪 40 年代，加利福尼亚理工学院的雨果·贝尼奥夫（H. Benioff）将南美地震的震源投影到一张图上，结果他发现这些震源大都集中在一个长长的斜坡带上。浅

源地震发生在海沟附近，而深源地震则发生在安第斯山之下，构成一个长达 4500 千米、呈 45° 角向大陆方向倾斜的斜面。这就是著名的“贝尼奥夫带”（图 1–5）。实际上日本地震学家和达（K. Wadati）早在 1938 年就进行了这方面的研究，首先提出了太平洋边缘存在着超深和倾斜的地震带。和达 – 贝尼奥夫带代表了海底地壳在海沟处消减的形态。50 年代，爱德华·布拉德（Edward Bullard）、马克斯韦（A. E. Maxwell）、勒维尔（R. Revelle），利用一种热流探针，穿入海底沉积层测量温度梯度。测量的结果令人吃惊，通过太平洋洋壳由地球内部释放的热流比预期值高 10 倍。大洋中脊的热流值更高，海沟处则比正常值低。这种热流分布体制表明，热流是从大洋中脊上升，在海沟处下降，这也反映海底在扩张。尤温兄弟（J&M. Ewing）在 50 年代末对大西洋沉积物的研究时发现，大西洋中脊几乎没有沉积物，大洋底的沉积物也不厚。尤其重要的是，这些沉积物的年龄都不超过 2.5 亿年，似乎大洋只是中生代以来的产物。德国著名的地球物理学家曼

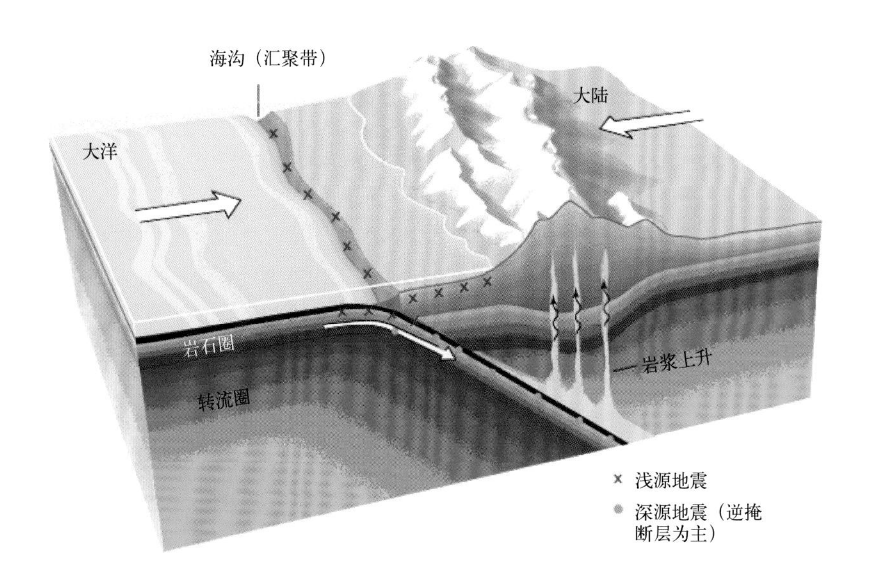

图 1–5　贝尼奥夫带示意图

尼兹（V. Meinesz）在对东印度洋的考察中发现了一条长达 8000 千米，宽 100 千米的负重力异常带。许多地球物理学家经过长达 30 年的不懈努力，终于认识到，海沟和负重力异常带相一致是地球表面最明显的特征，海沟向下俯冲表明有一种比重力更强大的拖曳力，将地壳拉向地球内部。这个认识有力地支持了霍姆斯在 1931 年提出的地幔对流假说。

海底扩张说可以解释大陆漂移说的动力学机制。因此 60 年代后，一度被人们摒弃的大陆漂移说又重新复活。1965 年英国地球物理学家布拉德（Bullard）等借助电子计算机把大西洋两侧边缘完美拼接起来。随着布拉德等对大西洋两侧所作拼接获得成功，人们进而考虑印度洋周缘古陆的拼接问题，对大陆漂移的历史进行了重建。海底扩张说的提出及其一系列证据的发现，说明大陆漂移的确是正在发生的事实。主张地壳存在大规模水平运动的观点终于取得了胜利，这为板块构造学说的建立奠定了基础。板块构造学说这一革命性地学理论至此将应时而生。

板块构造学说的诞生与地学理论革命

20世纪60年代中期，由于海底磁异常、转换断层、深海钻探等一系列振奋人心的发现，海底扩张说被越来越多的人承认，大量的事实吸引着科学家进行研究。1967—1968年有不少地学学会召开特别会议，专门讨论海底扩张问题。1967年4月，美国最大规模的地球科学盛会——美国地球物理学联合会（AGU）年会举行，来自各国的顶尖地球科学家在此聚会，交流各自最新的研究成果。在4月17日的“岛弧、洋脊和海底扩张”专题讨论会上，当时还是普林斯顿大学年轻教授的贾森·摩根（William Jason Morgan）宣读了一篇题为《洋脊、海沟、大断层和地壳板块》的论文。在这篇口头报告中，摩根将橘子类比地球，指出地球表面是由称为板块的刚性球冠构成；在洋脊部位，不断增生着新的板块，板块于地球表面发生不变形位移，直到海沟处才被俯冲吞噬；若确定出两板块运动的旋转轴及其角速度，便可对海底运动作出描述。摩根以北大西洋为例，指出怎样确定美洲板块和非洲板块的旋转极。这是世界上第一次在公开场合，以口头报告方式提出“板块构造”。1967年11月，英国《自然》杂志发表了英国剑桥大学的丹·麦肯齐（Dan P. McKenzie）和美国加利福尼亚大学的罗伯特·帕克（R. L. Parker）合写的一篇文章，文章以太平洋地震资料为依据，阐述了“球面构造运动学”的理论，其观点与摩根口头报告惊人的一致。而摩根自己的与其口头报告相一致的文章却是在麦肯齐等的文章发表后几个月（即 1968 年 3 月）问世。若按文章公开发表的先后来论，板块理论的创始者恐怕要属麦肯齐和帕克。但论及文章寄送的时间，摩根的文章大大在先，但他的文章被评审了几乎一年的时间才得以发表。对比两篇文章，摩根的文章在论述上更为完整，它并非像麦肯齐二人的文章那样仅就原理做介绍，而是借助大量转换断层对板块旋转轨迹作了实际计算。还有一个小插曲需要述及，麦肯齐也参加了美国 1967 年的地球物理年会，并且恰恰和摩根参加了同一组的专题讨论会，难怪有人怀疑麦肯齐后来在其文章中表述的观点来自摩根当时的口头报告。但麦肯齐予以否认，其解释是，在摩根宣读论文时，已近中午时分，他和许多人离开会议厅去吃午饭了，摩根报告中的观点他毫无所知。在许多人看来，麦肯齐的这种解释是有水分的，并对他会后竟对摩根的发现毫无所闻表示怀疑。至于摩根本人，虽因两种观点如此吻合而不免觉得蹊跷，但还是认为这样的巧合是可能的。他说：“假若没有人去注意板块观点，板块观点又怎能得到传播？再说，我是在近午时分宣读论文的，那时他已和大多数人去吃午饭了嘛！”

板块学说的创立者还有一位地质科学家，法国人勒皮雄（Xavier Le Pichon）。勒皮雄 1937 年出生于越南，他在上中学的时候就立志要成为海洋学家。1959 年，勒皮雄得到政府的奖学金，赴美国留学，在著名海洋地质学家尤因教授领导下的拉蒙特地质研究所学习。一年之后，回法国服兵役 3 年。服满兵役之后，又回到研究所工作，一直工作到 1968 年。在拉蒙特地质研究所工作期间，所里的研究人员都对“洋底扩张”说十分感兴趣。唯独勒皮雄对“洋底扩张”说的事实准确性有怀疑，甚至对英国剑桥大学两位学者瓦因和马修斯提出的海底磁异常理论也有自己的解释。勒皮雄认为，瓦因－马修斯假说的依据有某种缺陷，缺乏准确性和可靠性。尽管他的看法是少数派观点，他也没有轻易地转变自己的立场。1966 年，他随一个考察队到南太平洋

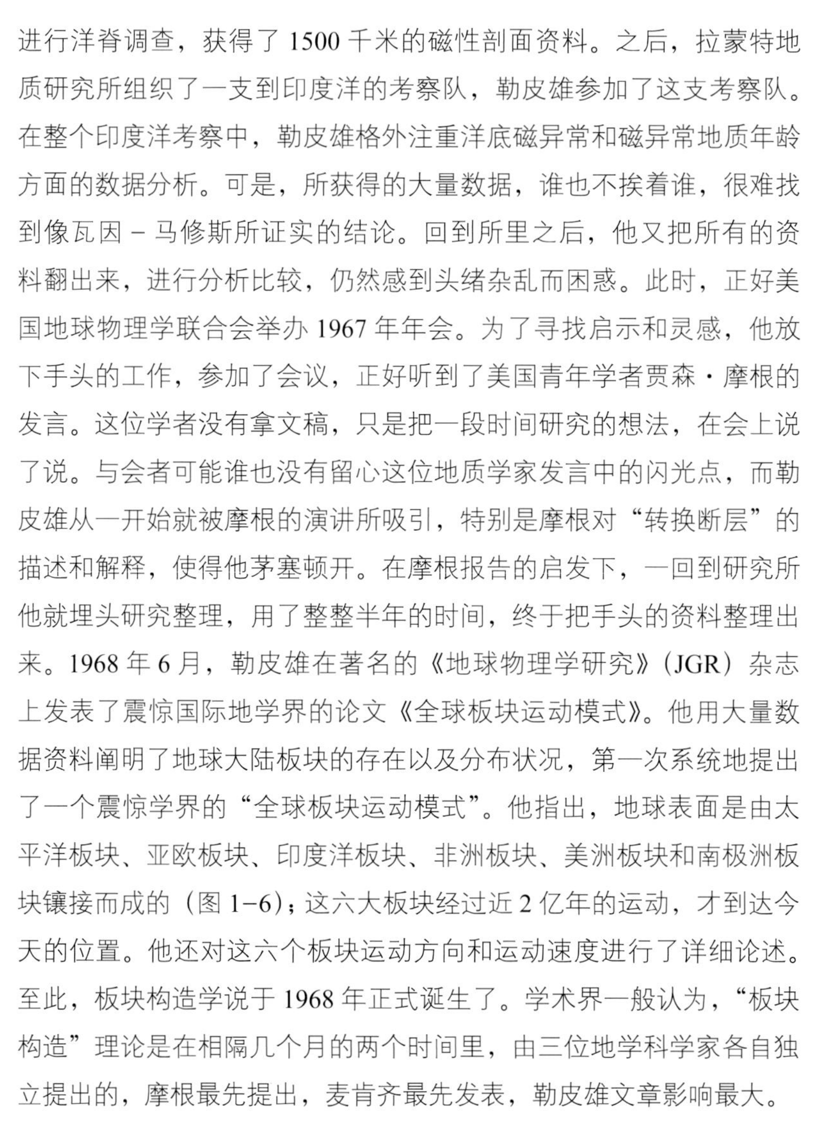

进行洋脊调查，获得了1500千米的磁性剖面资料。之后，拉蒙特地质研究所组织了一支到印度洋的考察队，勒皮雄参加了这支考察队。在整个印度洋考察中，勒皮雄格外注重洋底磁异常和磁异常地质年龄方面的数据分析。可是，所获得的大量数据，谁也不挨着谁，很难找到像瓦因－马修斯所证实的结论。回到所里之后，他又把所有的资料翻出来，进行分析比较，仍然感到头绪杂乱而困惑。此时，正好美国地球物理学联合会举办1967年年会。为了寻找启示和灵感，他放下手头的工作，参加了会议，正好听到了美国青年学者贾森·摩根的发言。这位学者没有拿文稿，只是把一段时间研究的想法，在会上说了说。与会者可能谁也没有留心这位地质学家发言中的闪光点，而勒皮雄从一开始就被摩根的演讲所吸引，特别是摩根对“转换断层”的描述和解释，使得他茅塞顿开。在摩根报告的启发下，一回到研究所他就埋头研究整理，用了整整半年的时间，终于把手头的资料整理出来。1968年6月，勒皮雄在著名的《地球物理学研究》（JGR）杂志上发表了震惊国际地学界的论文《全球板块运动模式》。他用大量数据资料阐明了地球大陆板块的存在以及分布状况，第一次系统地提出了一个震惊学界的“全球板块运动模式”。他指出，地球表面是由太平洋板块、亚欧板块、印度洋板块、非洲板块、美洲板块和南极洲板块镶接而成的（图1–6）；这六大板块经过近2亿年的运动，才到达今天的位置。他还对这六个板块运动方向和运动速度进行了详细论述。至此，板块构造学说于1968年正式诞生了。学术界一般认为，“板块构造”理论是在相隔几个月的两个时间里，由三位地学科学家各自独立提出的，摩根最先提出，麦肯齐最先发表，勒皮雄文章影响最大。

在板块构造理论创立过程中，还有一位非提不可的学者，那就是加拿大地球科学家威尔逊（John Tuzo Wilson）。威尔逊1908年生于一个移民到加拿大安大略省渥太华的苏格兰家庭，他是加拿大第一个修过地球物理学大学课程的大学生。1930年他毕业于加拿大多伦多大学的三一学院，之后他在剑桥大学圣约翰学院获得了几个其他的相关

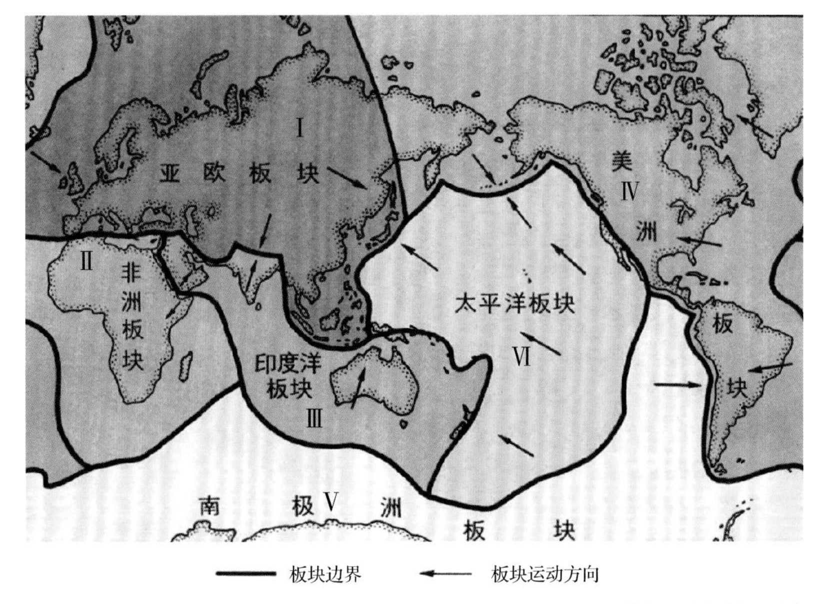

图 1–6 勒皮雄提出的全球板块分布

学位，再之后几年的学术研究生涯使他在 1936 年于普林斯顿大学获得地质学博士学位。威尔逊后来成为加拿大多伦多大学地质地球物理学教授、美国国家科学院外籍院士，是一位在地球科学的不同历史阶段，以他那过人的才干和创造力，都能提出独创性见解的伟大学者。早在 1963 年威尔逊就为解释夏威夷火山岛链年龄连续递变现象而提出了热点概念，后来热点作为板块运动轨迹的记录而成为板块学说的依据。1965 年威尔逊提出了转换断层的概念，转换断层证明岩石圈板块的水平位移成为可能，并因此阐明了洋中脊的新生洋壳和海沟处的洋壳消减之间的消长平衡关系，即扩张速率与消减速率相等。威尔逊认为，海底转换断层应该是地壳存在破裂的证据，但只存在于各段大洋中脊之间，其余部分只发生漂移而没有断裂。通过确定这些破裂带的位置，威尔逊将地球表面大致勾画成若干个大小不等的岩石块，并将之命名为“板块”。这是最早提出“板块”一词，用以代表大陆、海洋以及包括大陆和海洋的刚性地块。威尔逊原先是地球收缩说的无

条件支持者，不过随着全球大洋中脊等海底构造的发现，使得科学家们普遍放弃了关于地球的收缩学说，但同时却流行起关于地球的膨胀学说来了。科学家们试图以地球的膨胀解释洋中脊的成因——由于地球的膨胀，导致地壳张裂成为现代的大洋盆地，威尔逊又坚决地捍卫起地球膨胀学说来。后来威尔逊致力于对海底转换断层的研究，看到了海底扩张学说的意义，他转而开始支持板块构造学说，宣称其与哈维的血液循环学说一样具有划时代的伟大意义，并将其称之为“地球科学的革命”。1973 年，威尔逊提出了大洋盆地的产生演化模式的假说：从大陆裂谷、张裂海槽到广阔海盆直至俯冲缩小、消失，构成一个完整的旋回，他将大洋的起始和终结用胚胎期→幼年期→成年期→衰退期→终结期→地缝合线来表达，相对应的实例为东非裂谷→红海亚丁湾→大西洋→太平洋→地中海→喜马拉雅山。后人将这一板块运动模式命名为“威尔逊旋回”（图 1–7）。威尔逊旋回描述了岩石圈板块生成、运动、消减和消亡的全过程，是板块构造学说的经典内容。威尔逊著述颇丰，有《大陆起源与前寒武纪历史》《地幔热点与板块运动》《大陆漂移与大陆固定》等。威尔逊在板块理论的创立过程中做出了不可磨灭的贡献。

初期板块学说的基本内容是：漂浮于软流圈之上的刚性岩石圈被

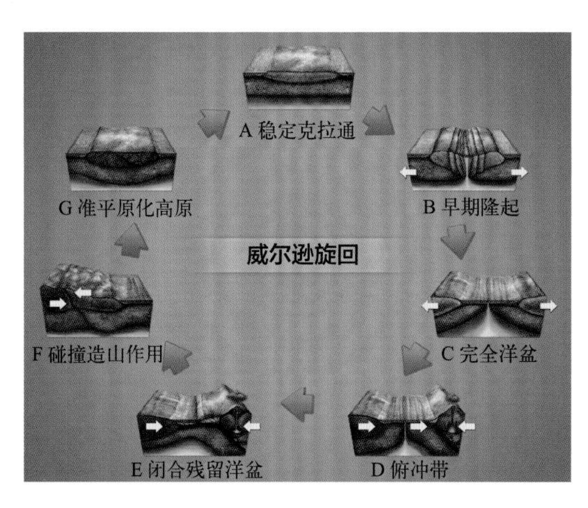

图 1–7　威尔逊旋回示意图

活动断裂带分割成若干大小不一的球面块体，即岩石圈板块，板块内部是刚性的和相对稳定的，按照球面运动规律不断改变着彼此之间的相对位置；板块边界为洋中脊、岛弧 – 海沟系、地缝合线和转换断层等活动构造带，世界上的地震、火山主要沿板块边界分布；板块在离散边界处扩张增生，在汇聚边界处俯冲消减，二者相互补偿，地球体积保持不变；地幔中的热对流是板块运动的驱动力。根据板块构造学说，大洋的发展与大陆的分合是相辅相成的。在前寒武纪时，地球上存在一块泛大陆（Pangea），到中生代早期，泛大陆分裂为南北两大古陆，北为劳亚古陆，南为冈瓦纳古陆。这两块古陆进一步分离、漂移，相距越来越远，其间由最初一个狭窄的海峡逐渐发展成现代的印度洋、大西洋等巨大的海洋；而大陆则因处于不同时代的板块，发生漂移、挤压、碰撞、断裂、拼合、隆起和增生而不断演化。在两个大陆板块相碰撞处，常形成巨大的山脉。在 3000 多万年前的新生代，印度已经北漂到亚欧大陆的南缘，两者发生碰撞，青藏高原隆起，形成宏大的喜马拉雅山系，古地中海东部完全消失；非洲继续向北推进，古地中海西部逐渐缩小到现在的规模，欧洲南部被挤压成阿尔卑斯山系；南、北美洲在向西漂移过程中，它们的前缘受到太平洋板块的挤压，隆起为科迪勒拉 – 安第斯山系，同时南、北美洲在巴拿马海峡处复又相接；澳大利亚大陆脱离南极洲，向东北漂移到现在的位置。于是，海陆分布发展成现今的格局（图 1–8）。

板块构造学说问世以后，立刻在地学界引起强烈反响，各国科学家纷纷参与研究，对板块理论进行检验和完善。1968 年，在美国国家科学基金会的资助下，加利福尼亚大学斯克里普斯海洋研究所与迈阿密大学海洋科学研究所、哥伦比亚大学拉蒙特地质研究所、伍兹霍尔海洋研究所联合华盛顿大学组成联合体，正式实施“深海钻探计划”（Deep Sea Drilling Program，DSDP）。“深海钻探计划”的专用钻探船是由环球海洋钻探公司建造的“格罗玛 · 挑战者”号。随着第一阶段（1 ～ 9 航次）、第二阶段（10 ～ 25 航次）和第三阶段（26 ～ 44

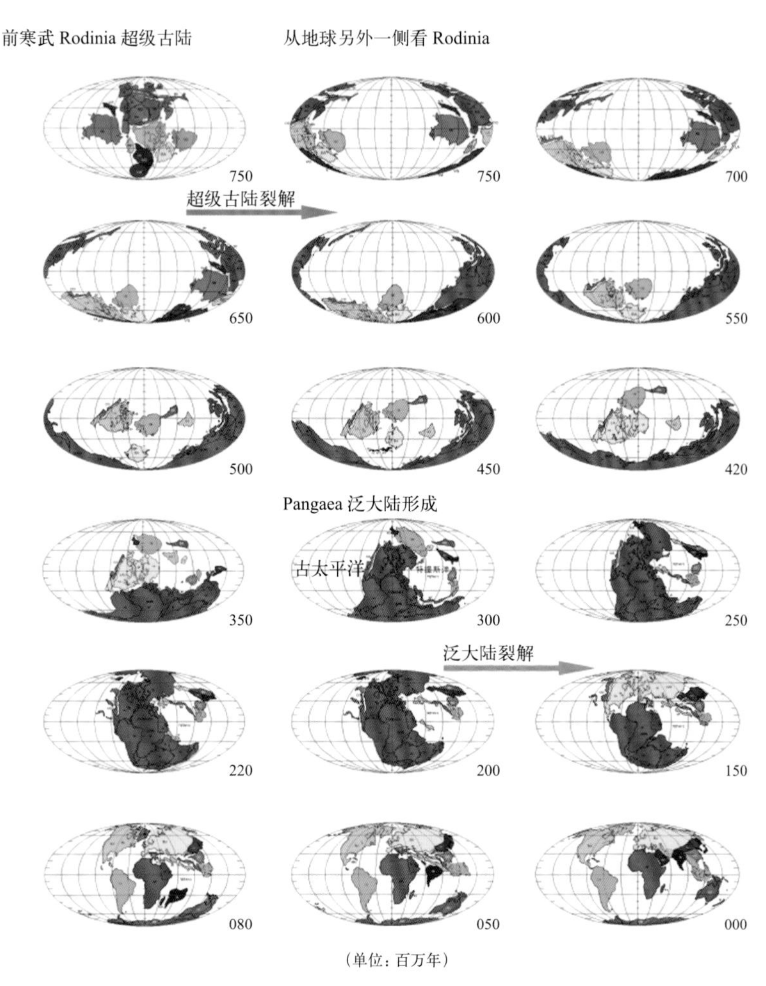

图 1–8　板块演化历史过程（引自 http://www.uwgb.edu/dutchs/platetec/plhist94.htm）

航次）的顺利展开，1975 年，苏联、联邦德国、英国、日本等国也加入了该项计划，“深海钻探计划”进入了大洋钻探的国际协作阶段（International Phase of Ocean Drilling，IPOD）。从 1968 年 8 月 11 日开始至 1983 年 11 月计划结束，“格罗玛 · 挑战者”号船完成了 96 个航次，钻探站位 624 个，实际钻井逾千口，航程超过 60 万千米，回收岩芯 9.5 万多米。除冰雪覆盖的北冰洋以外，钻井遍及世界各大洋。深海钻探的原始资料与成果按每个航次一卷汇编成《“深海钻探计划”初步报告》(*Initial Reports of the Deep Sea Drilling Project*),至1985年已出版80余卷。“深海钻探计划”最重要的成果就是验证了海底扩张说和板块构造学说。在实施海洋钻探之前,板块构造学说所有的证据都是通过各种地球物理方法来间接推断的,但DSDP的钻探使人类第一次从深海钻取岩芯,取得了直接的地质记录,证实了海底扩张与洋壳生长,证实了俯冲增生和构造侵蚀作用,阐明了洋底玄武岩的性质,揭示了中生代以来的板块运动史。此外还有许多新的重大发现,如从取得的深海沉积物中发现了古海洋环流,揭示了近2亿年来的古海洋的演变史,还证实了地质历史上的偶然事件(如地中海变干事件和白垩纪末期生物绝灭事件等)。除上述贡献外,“深海钻探计划”在全球性地层对比、成岩作用、地震火山形成机理、深海钻探技术以及海底矿产资源等方面,也有新发现、新进展。1983年11月,“格罗玛·挑战者”号退役,接替它的是更加先进的“乔迪斯·决心”号,“深海钻探计划”也随之改称为“大洋钻探计划”(ODP)。“大洋钻探计划”始于1985年墨西哥湾的第100航次,启用“决心”号作为新的钻探船,至2002年6月止,该船共接受来自40多个国家的近2700名科学家登船科考,钻取的岩芯累计长达215千米,钻探最深达海底以下2111米,钻探最大的水深达5980米,共在全球各大洋钻井近3000口(图1–9)。通过该计划,科学家揭示了洋壳结构和海底高原的形成,证实了气候演变的轨道周期和地球环境的突变事件,分析了汇聚大陆边缘深部流体的作用,发现了海底深部生物圈和天然气水合物,导致地球科学有了一次又一次重大突破。ODP计划于2003年结束并进入“综合大洋钻探计划”(Intergrated Ocean Drilling Program,IODP),“综合大洋钻探计划”在2013年结束后更名为“国际海洋发现计划”(International Ocean Discovery Program,IODP)。2011年6月,《2013—2023年国际海洋发现计划》公布。该报告阐述了未来10年新的IODP重点发展的四大领域:气候与海洋变化、生物圈前沿、地球表面环境的联系和运动中的地球。中国于1998年正式加入“大洋钻

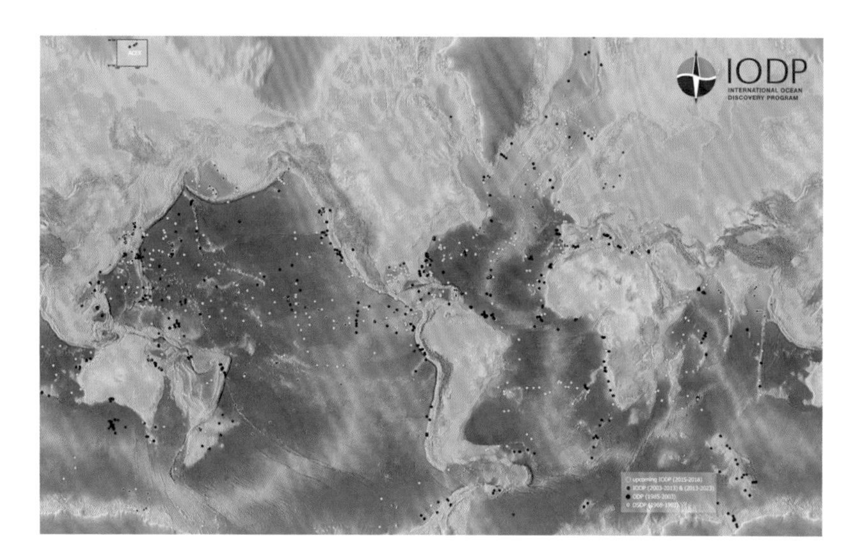

图 1–9　深海钻探计划（DSDP）和大洋钻探计划（ODP）站位分布（引自斯伦贝谢，2004）

探计划”组织，IODP 中国委员会办公室设在同济大学，中国科学家先后（1999 年，2014 年，2017 年）领衔组织了在中国南海大洋钻探的 4 个航次，取得了深海沉积物和玄武岩芯，为重建南海的发育演化史提供了直接依据。

自“深海钻探计划”实施以来，地学领域开展了许多大型国际联合研究计划，如 1992 年成立的国际大洋中脊协会（InterRidge）国际合作项目，1999 年各国联合实施的国际大陆边缘研究计划（InterMARGINS），这些项目研究丰富和完善了板块构造学说。全球定位系统（GPS）、遥感等技术的出现更是为板块运动提供了直接的观测数据。板块构造理论自身也在发展中，由定性到定量深化，由部分到整体扩展。随着越来越多证据的支持，板块构造学说很快获得了学术界的广泛认可，进而席卷全球，深入人心。大陆分久必合、合久必分，海洋时而扩张、时而封闭，已成为人们接受的地壳构造图景。板块构造学说彻底打破了海陆固定不变的传统地质学理论，把大陆漂移的活动生动而形象地勾画出来，使地球科学理论发生了根本性的变化，为统一全球构造格局做出了革命性贡献。到了 20 世纪 80 年代，人们普遍相信，从大陆漂移说的提出到板块学说的确立，构成了一次名副其实的现代地学领域的伟大革命。

新全球构造学说的发展

板块构造理论起源于大陆漂移说，得益于一系列新的科学探测手段在全球范围内获得的丰富资料以及海洋地质、地震地质、古地磁等学科研究成果，特别是地幔对流说和海底扩张说等理论的支持。板块构造作为固体地球的一个重要理论深刻揭示了许多全球性的地质现象和作用，阐明了全球性洋脊系和裂谷系、沟－弧－盆系以及环太平洋和地中海构造带，解释了洋盆、洋壳的形成和演化，解释了地震和火山活动、地磁和地热现象、岩浆和变质作用、生物演化和矿产分布，为一系列地质现象和作用提供了全球统一的、有规律可循的、协调的解释图像。板块构造学说归纳了大陆漂移和海底扩张的论点，还囊括了岩石圈和软流圈、转换断层、板块划分、板块俯冲和大陆碰撞等一系列概念，与传统阐述大陆的地槽学说相比，其在更广泛的基础上，阐明了全球活动和演化的许多重大问题，因而也被称为全球构造学说。因此，从大陆漂移说到海底扩张说，进而发展到板块构造学说，这“三部曲”组成了地球科学史上的伟大革命，一种全新的、全球性的、活动论的地球观成为当今地球科学的指导思想。

板块构造理论在 20 世纪 60 年代末已确立，我国地学界在 70 年代中期开始有个别学者接触到板块构造学说，从引进、消化到广泛接

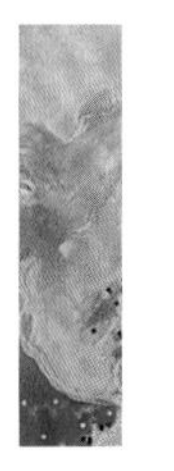

受则在 80 年代后了。在板块构造学说传入我国之前，我国地质学家基于各自实践提出了大地构造的五大学说：地质力学学说，断块构造学说，地洼学说，地壳波浪状镶嵌构造学说，多旋回构造学说。这些学说从不同角度对我国大地构造运动在一定程度上作出了解释，并对找油找矿实践做出了贡献。随着板块构造学说在我国的传播、接受并运用板块构造理论指导地质研究和实践，我国大地构造的五大学说逐渐衰落消亡。

板块构造理论自诞生以来，经过各国地球科学家的努力，这一理论在解释全球板块边缘上各种地质作用方面获得巨大成功，并形成了一门主要研究板块构造及其动力学的学科——地球动力学。板块构造理论虽然是现代最盛行的全球构造理论，然而在解释远离板块边缘或板块之下各种地质作用方面，板块构造理论却受到了挑战。由于板块构造学说起源于大洋岩石圈的研究，而大陆岩石圈与大洋岩石圈在物质组成、厚度和流变学强度方面有明显差异，板内造山和盆地变形及陆内俯冲不能照搬海洋板块的已有定则和演化形态，需要发展新的大陆动力学理论。另一个突出的挑战是大洋热点火山链（如夏威夷、冰岛）和大陆溢流玄武岩（大火成岩省，Large Igenous Province）的成因。热点是威尔逊于 1963 年为解释火山岛链年龄连续递变现象而提出的概念，是指地幔中相对固定和长期活动的热物质中心。80—90 年代以来，人们在大量的实际观测、地震层析成像、超高压实验、计算机模拟、比较行星学研究结果等基础上，又提出一个新的大地构造理论——地幔柱构造假说（mantle plume tectonics）。“地幔柱”一词最早是摩根（Morgan）在 1972 年为解释热点的成因而提出的概念。热点处的火山是地幔柱物质喷出地表而形成，热点是地幔柱在地表的表现形式，而地幔柱巨大的蘑菇状顶冠达到地表则形成大火成岩省。地幔柱是有别于地幔对流的一种板块运动的驱动机制（图 1–10）。地幔柱构造圆满解释了大洋热点火山链和大火成岩省的成因，在解释太古宙科马提岩、地磁极性反向、生物灭绝、全球气候变化和海平面上

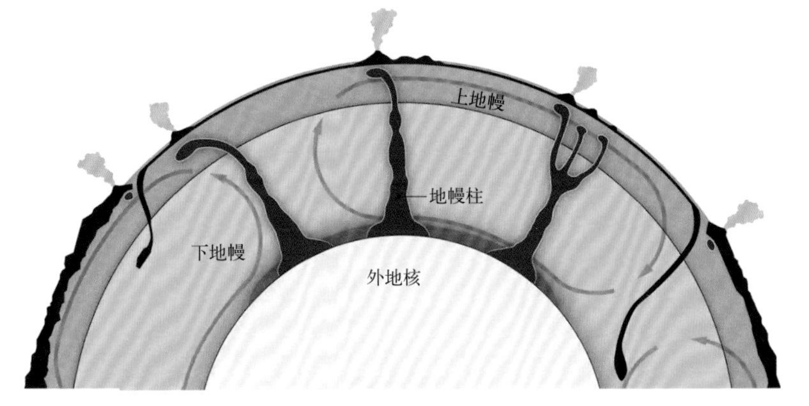

图 1-10 地幔柱构造示意图

升等诸多方面也获得成功，因而引起地质学家、地球物理学家、地球化学家、生物学家和气象学家的高度重视，被认为是超越板块构造（beyond plate tectonics）的一种新的大地构造理论。随着地球深部地质研究的不断深入，人们逐渐认识到板块构造所能支配的领域仅限于地球表层的刚性岩石圈，而在板块的下方，绝大部分领域受地幔柱构造所支配。板块构造主要是在通过地幔柱所形成的岩石圈固结之后才发生作用的，板块构造只是一个地球表面现象，占地球直径的近 1/10；而地幔柱构造则起主导作用。然而，尽管地幔柱构造与板块构造在支配领域和适用范围等方面存在明显差别，但二者并非相互否定，在一定程度上是互补相容的，具有一定的成因联系。科学理论发展规律之一就是新的理论总是在旧学说的基础上发展，对旧学说进行扬弃，而不是全盘否定。可以预见，随着科学技术的发展，更多观测数据和信息的获得，人类对大地构造的认识——从地壳至地核，从地球诞生至最终演化——都将越来越深入，也必定会诞生新的全球构造学说。

Chapter 2

第二章

气候演变米兰科维奇理论的海底验证

现代冰川学的创立

在欧洲和北美洲的中纬度地区，时常可见零零星星地分布着一些大小悬殊的石块，小者如卵，大者合抱（图 2–1）。地质学家们经过检测发现，这些石块的成分驳杂，与周边的基岩截然不同。瑞士人称这种石块为“漂砾”。毫无疑问，这些石块必定是经过某种方式从几

图 2–1　阿尔卑斯山区的“漂砾”

千米甚至上百千米的源区搬运而来。现在关键的问题是，它们究竟是如何被搬运至此的呢？

在“神创论者 ”眼里，这些石块恰恰是诺亚洪水的一种证据。这种原始的想法为早期的地质学家们提供了一种思路。数百吨重的巨石被洪水推行了上百千米，这在“洪水说”的支持者眼里似乎也不那么匪夷所思。瑞士博物学家、现代登山运动创始人奥拉斯－贝内迪克特·德索叙尔（Horace-Benedict de Saussure）就是“洪水说”的代表人物之一。他考察了阿尔卑斯山区的漂砾，认为这些漂砾是地质历史上数次大潮水的产物。他甚至断言，可以根据漂砾分布的位置、大小和方向计算出潮水的方向和强度，例如他根据阿尔卑斯山中的一块砾石计算出搬运它的潮水至少有1463米高。但当时颇为盛行的“均变论”是决不能接受这样一种解释的。“均变论”的缔造者、现代地质学创始人、英国著名地质学家查尔斯·莱伊尔（Charles Lyell）不得不对这些漂砾来源之谜寻求另外的解释。

莱伊尔在一次对丹麦－瑞典海峡的考察中观察到了冰山的崩裂。同时在圣劳伦斯海湾，他又发现了夹杂着巨大石块的冰山，而且就在这片海岸，分布着大量的石块（图2–2）。这促使他提出了“冰山说”，认为漂砾是随着冰山从万里之外漂来的“冰筏沉积”。“冰筏沉积”原是冻结在冰山里的一些大小混杂的碎屑物质，随冰山漂流到气候比较温暖的地方，冰山融化沙石下沉堆积而成的一种沉积物。在一些古代的沉积地层中，经常可以看到一些巨石孤“悬”在中细粒的砂质沉积物中间。地质学家称之为“落石”，这是一种常见的“冰筏沉积”。这种解释简单而又与“均变论”并行不悖。因此，甚至与莱伊尔处处针锋相对的“灾变论”支持者也同意，冰山搬运或许是漂砾的真正来源。于是“冰山说”在欧洲地质界逐渐盛行。

但是，瑞士的山民们在阿尔卑斯群山中长大，看惯了雪山冰川，他们凭着直觉，确信原野里的那些砾石堆积就是冰川撤退时留下的沉积物，用一句行话来说，就是冰碛物。瑞士山民中流传冰川随着气候

图 2-2　莱伊尔绘制的圣劳伦斯海湾的漂砾

变化进退变迁的思想，世代相传，已非一日。在他们看来，阿尔卑斯山的那些郁郁葱葱的壁立深谷都是古冰川的通道，气候冷的时候冰川进积，气候暖的时候冰川退缩。冰川融化以后在下方留的大小混杂的冰碛物，就是所谓的漂砾。

1742 年，日内瓦的一位名叫皮尔·马特尔（Pierre Martel）的工程师兼地理学家造访萨伏依附近的阿尔卑斯山，采集到许多这样的民间传说。两年后，他在一份调查报告中报道了当地居民关于冰川进退的思想，提出将漂砾作为冰川进退的证据。

1815 年，阿尔卑斯山区的一位名叫佩鲁丁（Jean-Pierre Perraudin）的羚羊猎人也注意到了散落在村庄附近的漂砾。但他没有像周围的人一样将它们视为理所当然，而是刨根问底，想弄明白它们究竟是哪儿来的、怎么来的。当然他从没听过什么“冰山说”，也不知道构造运动。虽然也耳闻过圣经故事中的大洪水，但他在日常生活中也从未见过石头像木头一样在水中漂浮。然而，在山间蜿蜒盘旋的似巨蛇一样的冰川却是生活在阿尔卑斯山区的佩鲁丁的常见之物。这些冰川从远处的山顶缓慢顺势而下，其中夹杂着不少石块和其他碎屑物。佩鲁丁想：如果很久以前，这些冰川面积比现在大得多，那它们不就可以将巨石挟带很远，最终融化后将巨石留在了如今我们发现的地方？这似乎是这位猎人在其知识范围内所能给出的唯一合理的解释，佩鲁丁也许会说他仅仅是根据自己的所见所闻而得出这样一个结论的，但这无疑是 19 世纪为数不多的具有原创性的伟大构想。

佩鲁丁将他的想法告知给了他那个小小圈子里的最伟大的科学家——卡朋提尔（Jean de Charpentier）。卡朋提尔是贝克斯的盐矿主管，早年在弗莱堡矿业大学师从于亚伯拉罕·维尔纳（Abraham Werner）。这位专业的地质学家当时对这位猎人粗陋的想法嗤之以鼻，过后也并没放在心上。就这样将近 10 年过去了，固执的佩鲁丁一直在跟周围的人讲解他的构想，却从没有人认真听过。直到有一天，他遇见了一位当地的工程师——文尼兹（Ignaz Venetz）。

1818 年，瑞士南部瓦莱州的瓦尔德班尼斯山谷发生了一次地质灾害。由于一个冰川形成的冰碛坝的垮塌，导致了非常严重的山体滑坡。文尼兹因此受命调查气候变化对冰川演化以及经济发展的影响。然而他的调查最终却远远超过了这个范畴。文尼兹根据自己的观察，发现冰川在不断演化，时而前进，时而后退。他就在一份调查报告中写道：气温的升降具有一定的周期性，但幅度却大小不一。在与佩鲁丁的这次谈话结束后，文尼兹深受启发，并将研究的目光投向了这些大大小小的漂砾。后来，他把最后的结果总结在一份报告中，于 1829 年在瑞士自然科学家协会的一次会议上公开。他说，在不久前的地质历史上，曾经有过一次大冰期。巨大的冰川沿着山谷向外漫流，在平原地区连成了一片广袤的冰席，覆盖了整个瑞士及中欧的万里平川。现代阿尔卑斯山、侏罗山和北欧的一些山脉里发现的巨砾都是无可争辩的冰川砾石。这显然与“均变论”背道而驰。与会者群起指责，使文尼兹几无容身之地。

但这份报告却让卡朋提尔重拾了对“冰川说”的兴趣。卡朋提尔经过在阿尔卑斯山区的实地调查之后，发现之前那个猎人的构想居然几乎都是正确的。他开始变成一个“冰川说”的强烈支持者。1834 年，瑞士自然科学家协会在卢塞恩再次聚会。卡朋提尔发表了一个关于气候问题的演讲，竭力为文尼兹翻案。他说，在历史的长河中，地球的气候曾多次发生变化，既有温煦的暖期，也有酷寒的冷期。每当气候

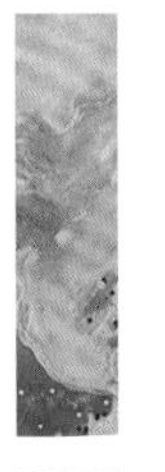

变冷时，瑞士的山岳冰川就向外扩展。17 世纪的“小冰期”光顾地球时，山岳冰川的前锋也曾推进到现代花草芳菲的谷地，留下了累累的冰碛层。在更遥远的冰期时代，气候更冷，瑞士的大部分地区都被埋在冰席之下。缓慢流动的冰川像推土机一样，将大大小小的石块推向山谷和平川。冰川消融时期，冰川又退向它们在高山上的大本营，将一堆堆的石块扔在了草原上，那就是“漂砾”。他由此得出结论，地球上的气候并不是一成不变的。

尽管这是一个充满理性的逻辑推理，而且后来的实践也证明了它的正确性，但在当时，卡朋提尔的报告却毫无反响。除了参加会议的当地学者，外界几乎一无所知。当时，莱伊尔的“均变论”已经深入人心。卡朋提尔的冰期理论恰恰与之背道而驰。萤烛之光，岂能与日月争辉，从瑞士那样的一个蕞尔小国冒出来的一株野花，又怎能与莱伊尔的参天大树相比？更莫说文尼兹、卡朋提尔也要等待。他们在等待路易斯·阿格西兹（Louis Agassiz）（图 2-3）。

阿格西兹是当时一位在国际上颇有名望的古生物学家，25 岁受聘为纳沙泰尔大学地质学教授，27 岁当选为瑞士自然科学家协会的主席。他曾荣获英国皇家学会的奖学金，在英国学习过鱼化石，在那里结识了一批有影响的英国朋友，算得上半个英国人。1838 年 9 月 14 日，

图 2-3　现代冰川学之父路易斯·阿格西兹

瑞士自然科学家协会在巴塞尔开会。卡朋提尔又一次就他的冰川理论作了发言。这一次，协会主席阿格西兹站到了卡朋提尔一边。阿格西兹的行动激怒了当时的科学权贵。名重一时的大权贵威埃利·德·鲍蒙特终于忍无可忍，站出来大声鞭挞这一新生事物。

面对权贵们的鞭挞，阿格西兹难免有些惴惴不安。1840 年初，他到阿尔卑斯地区去实地考察冰川漂移后留下的冰碛物。看到巨砾表面一条条的擦痕和冰川后撤时磨光的峡谷，阿格西兹再也没有什么怀疑了。在当年举行的瑞士自然科学家协会的纳沙泰尔会议上，他做了一个关于冰期理论的十分精彩的演说。

阿格西兹的演说使他的英国友人布克兰吓了一跳。布克兰决定亲赴瑞士，劝说阿格西兹放弃这种离经叛道的想法。但是，当这位资深学者实地考察了阿尔卑斯冰川后，他本人也动摇了。于是，阿格西兹来到了英国。1840 年 8 月，在爱丁堡举行的英国科学发展协会的一次学术会议上，他又发表了一次关于冰川的演说。莱伊尔的首肯对于这个新学说的生死存亡是举足轻重的。但是莱伊尔不是轻易改变观点的人。布克兰决定亲自陪同阿格西兹到金诺迪去拜会莱伊尔。他们在离莱伊尔的屋子约 3 千米的地方就发现了一组典型的冰碛物。在事实面前，莱伊尔不得不放弃他的“冰筏说”，接受冰期理论。以后，阿格西兹又去美国，发现北美的大部分地区也曾一度为冰川所覆盖。

阿格西兹不但测量了冰川的运动速度，现代冰川学中的许多名词也是阿格西兹当年创造的，并且阿格西兹的后半生也完全献身于冰川学。争论的结果，科学界逐渐抛弃了“洪水说”而接受了“冰川说”。“冰川说”向人们揭示，在北欧广阔的平原上，曾经被巨大的冰盖所覆盖，当时的北欧很像现在的南极，是茫茫无际的白色世界。后来又发现，北美和西伯利亚也有类似的大冰盖，说明当时地球比现在冷得多，被称为冰河时代或冰期。由于阿格西兹的杰出贡献，被后世誉为“现代冰川学之父”，他的研究不但奠定了现代冰川学的基础，也是第四纪地质学研究的重要里程碑。

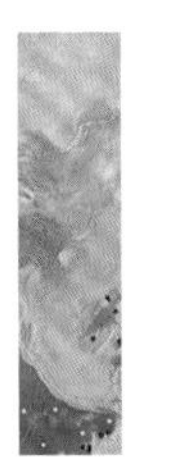

德国学者接受冰期理论是比较晚的。即使是莱伊尔自己都纠正了他的错误之后很久，柏林的一些教授们还在喋喋不休地重复着莱伊尔的冰筏搬运说。这种情况差不多持续了 40 年。1875 年一位瑞士的北极研究家奥托・马丁・特里尔来到柏林，费了九牛二虎之力说服了一批德国的青年学者，才有人相信"漂砾"上的擦痕是冰川摩擦留下的印记。1880 年前后，"老兵们"先后退出舞台。阿尔布雷特・彭克（Albrecht Penck）（图 2-4）后来居上，一下子把德国的冰川研究推到了世界的前列。

彭克是一位地理学家，在德国南部的巴伐利亚阿尔卑斯山区度过了他的童年时代，那是冰川十分发育的地区之一。彭克耳濡目染，从小就对冰川有着浓厚的兴趣。那里的河床底部铺满了砾石，蛇曲概不发育，现代河流要搬运那么大的砾石，显然力不能逮。除了冰川没有其他机制可以解释砾石的成因。再研究山谷两侧的阶地，他发现阶地的下面也有砾石。如果河流的砾石是一次冰川的产物，那么阶地砾石必定是更早的冰川留下的遗迹。他分出了四级阶地，并据此推测历史上有过四个冰期。彭克以他们勘探过的河流来命名这四个冰期，这就是玉木冰期、里斯冰期、明德冰期和群智冰期的由来。群智冰期最老，玉木冰期最年轻。冰期之间就是间冰期。间冰期气候温暖，与现代相

图 2-4　德国地理学家阿尔布雷特・彭克

仿，或许还更温暖。

无独有偶，北美地质工作者居然殊途同归，得出了相似的结论。根据他们的观察，冰川前进过程中，总是将泥石碎屑推向前缘和两侧，形成所谓的前冰碛、侧冰碛和底冰碛。芝加哥大学教授张伯伦（T. C. Chamberlin）及其助手根据北美平原上底冰碛的层数计算冰期的次数。真是无巧不成书，他们在美国也发现了四个冰期。他们用冰碛物发育最好的州来命名这四个冰期，由新到老分别为内布拉斯加、堪萨斯、伊利诺伊和威斯康星。一般认为，美洲的四个冰期是与欧洲的四个冰期一一对应的，代表了晚近历史时期地球上的四次重大的气候变化。但是，地球是否真的只经历过四次冰期呢？人们的心里并不踏实。而在这段时期，其他领域的科学家们在研究地球的气候变化上也有了巨大的突破。

气候天文学的进展

1820 年，法国数学家傅里叶（Joseph Fourier）计算出，一个物体如果有地球那样的大小以及到太阳的距离和地球一样，如果只考虑太阳辐射的加热效应，那该物体应该比地球实际的温度更低。他试图寻找其他热源。虽然傅里叶最终建议，星际辐射或许占了其他热源的一大部分，但他也考虑到另一种可能性：地球大气层可能是一种隔热体。这种看法现在被公认为是“温室效应”的首次提出。

在阿尔卑斯冰川研究进行得如火如荼的时候，科学家们也逐渐把注意力集中到两极的冰盖上来。法国数学家艾德马（Joseph Adhémar）通过计算发现，南极冰盖的理论厚度居然达到 100 千米！他意识到这个厚度几乎是不可能的，并大胆地猜想冰期一定是周期性的，导致冰盖会增厚也会消融。1842 年，艾德马在他出版的一本书中支持了阿格西兹的冰期理论，并提出依据地球轨道的岁差周期，地球上的冰期绝不止一次。

之后，苏格兰一位名叫詹姆斯·克罗尔（James Croll）的科学家在艾德马的基础上更进了一步（图 2-5）。克罗尔出身贫寒，13 岁辍学，曾经先后当过挤奶工、木匠、保险推销员，开过茶叶店、旅店。然而他天资聪明，勤奋好学，虽不是科班出身，但也被地质学那场大争论

图 2–5 苏格兰天文学家詹姆斯·克罗尔

深深地吸引着，并试图解开冰川之谜。他的经营连连亏本，而他的研究却在不断地深入。最后他提出了关于冰川成因的天文说，认为地球围绕太阳旋转的岁差和偏心率联合作用，造成了地球上冰期、间冰期的交替变化，并计算出冰川消长的周期。由于他的成就，被接纳为英国皇家学会会员。然而很不幸的是，他生命的最后 10 年，是在严重的头痛病中度过的。

克罗尔提出的假说认为，决定冰期形成的一个决定性的季节是冬季，而春秋分的岁差周期是影响冬季接受太阳辐射量的关键因素。的确，地球处于近日点的冬季地区一定比处于远日点的冬季地区要温暖不少。此外，地球绕太阳公转的轨道形状也会对此造成影响。克罗尔认为偏心率大的时候，地球会出现极端的寒冬或暖冬。不仅如此，克罗尔后来还将地球自转的倾角考虑进去。他提出在地轴倾角小的时候，两极地区接受的阳光也更少，因而更容易导致冰期的出现。当然他承认轨道参数的变化仅仅是引起地球气候变化的一个触发机制。据此，克罗尔计算出最近的一次冰期始于 25 万年前而止于 8 万年前。然而，

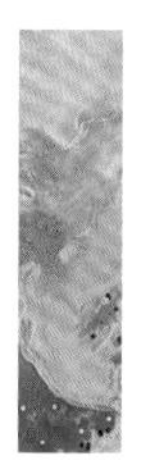

随着欧洲和美洲越来越多的证据表明，末次冰期的终结晚于 1.5 万年前，而非克罗尔计算的 8 万年前，因此在 19 世纪末，克罗尔的理论也逐渐遭到科学家们的反对。就在此时，地球科学史上迎来了又一位巨匠，这就是米卢廷・米兰科维奇（Milutin Milanković）（图 2–6）。

1879 年，米兰科维奇出生于奥匈帝国的一个名叫达利的小镇（现位于克罗地亚）。他的父亲是一名商人兼地主，家境较为殷实。小时候由于身体原因，米兰科维奇并没有接受正规的小学教育而是在家中由父亲和家庭教师给他授课。在他 8 岁时，父亲不幸去世了，米兰科维奇的叔叔继而照料他并支持他的学业。1896 年，17 岁的米兰科维奇高中毕业，进入维也纳科技大学学习市政工程。1902 年以优异成绩毕业后，米兰科维奇进入部队服完一年的兵役。之后在叔叔的资助下，他回到维也纳继续深造并于 1904 年拿到了博士学位。随后他进入了维也纳的一家建筑公司任职。

1909 年，米兰科维奇受贝尔格莱德大学之邀，成为该校应用数学系的一名教授。大概从 1912 年起，他的兴趣逐渐转到天文参数对

图 2–6　塞尔维亚天文学家、气候学家米卢廷・米兰科维奇

气候的影响上来，而他关注的重点之一，就是冰期的成因。1914年，他在贝尔格莱德与克里斯汀·托普佐维奇（Christine Topuzović）成婚，并赴他的故乡——达利度蜜月。不幸的是，当时奥匈帝国和塞尔维亚爆发了战争，而米兰科维奇也作为塞尔维亚公民被抓，关进了奥斯杰克的一所监狱。在一名教授的帮助下，米兰科维奇得以免受牢狱之灾，但必须流放到布达佩斯。在布达佩斯的四年里，他又遇见了一位志同道合的人，这就是匈牙利科学院图书馆的馆长科隆·冯·赛利亚（Koloman Von Celia）。他也是个不折不扣的数学狂，并欣然为米兰科维奇使用图书馆大开绿灯。就是在这所图书馆，米兰科维奇完成了对火星气候的理论研究，这也为他日后地球气候模型的建立打下了基础。1919年，米兰科维奇和自己的家人终于回到了贝尔格莱德，并在大学继续任教。

1920年，米兰科维奇出版了自己的第一部科学专著。他在这本书中详细分析了当时有关天文气候学的各种假说。令人惊异的是，米兰科维奇的天文学理论中的绝大部分基本概念都在该书中进行了详尽阐述。这本书首先介绍了计算地球表面瞬时日射量和日均日射量的方法。其次，米兰科维奇用表格罗列了从50万年以前至今地球主要轨道参数的数值，并据此推算出偏心率、斜率和岁差的周期分别为91 800年、40 040年和20 700年（图2–7）。最后，根据地球轨道参数的变化，米兰科维奇计算出13万年前至今地球各纬度的日射量变化情况。其中，他尤其关注北纬70°的日射量。

米兰科维奇的专著吸引了德国气象学家弗拉德米尔·科本（Wladimir Koppen）的注意（图2–8）。他提出和米兰科维奇合作研究古气候。科本和他的继子阿尔弗雷德·魏格纳（Alfred Wegener）于1924年出版了《地质历史时期的气候》一书，在书中他们将米兰科维奇关注的北纬70°日射量推广到北纬55°、北纬60°和北纬65°，并着重探讨了南北纬65°夏季日射量的重要意义。这本书的出版让米兰科

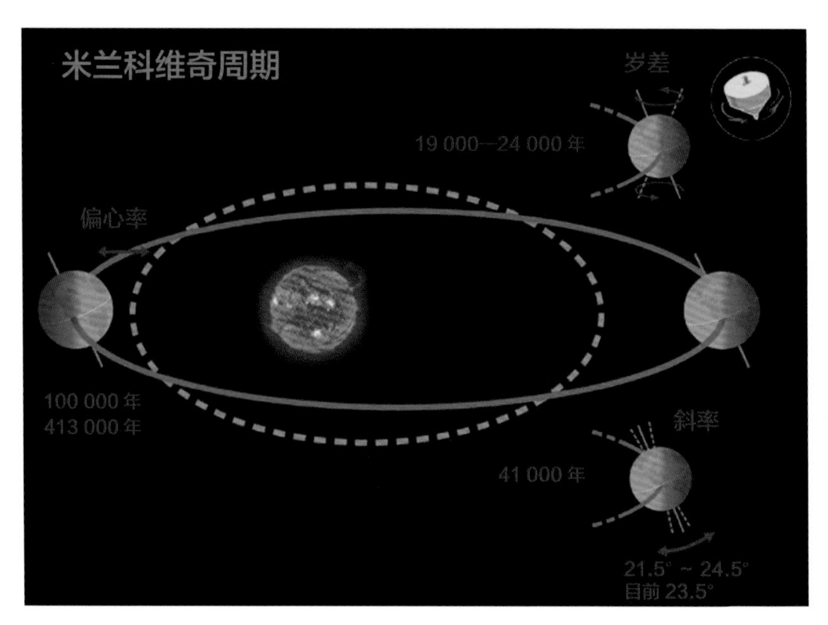

图 2–7　米兰科维奇理论中三个主要的轨道参数：偏心率、斜率和岁差

维奇假说逐渐为人所知。

1939 年，米兰科维奇决定将他早年的论文整理成一本著作，这就是于 1941 年问世的德文版《地球日射量及其在解决冰期之谜中的应用》。该书不仅是米兰科维奇近 30 年研究的结晶，囊括了大量的公式、方程和图表，更重要的是他提出地球气候的变化存在着一定的周期，即著名的米兰科维奇旋回。全书分为六个部分。第一章、第二章的核心是地球的自转和公转，详尽地介绍了偏心率、斜率和岁差的含义以及计算方法；第三章、第四章的中心是日射量，提出了日均太阳辐射量、季节太阳辐射量等概念；第五章重点阐述了日射量对地球表层和大气温度的影响；第六章的核心内容是冰期的形成机制、结构和演化周期。相比于 1920 年出版的专著，这本书已经翔实完整得多，是一本真正意义上的气候天文学理论的纲要。

第二次世界大战期间，米兰科维奇决定撰写一本回忆录，并不是他认为自己是个多么伟大的科学家，而是他为没人知道自己和自

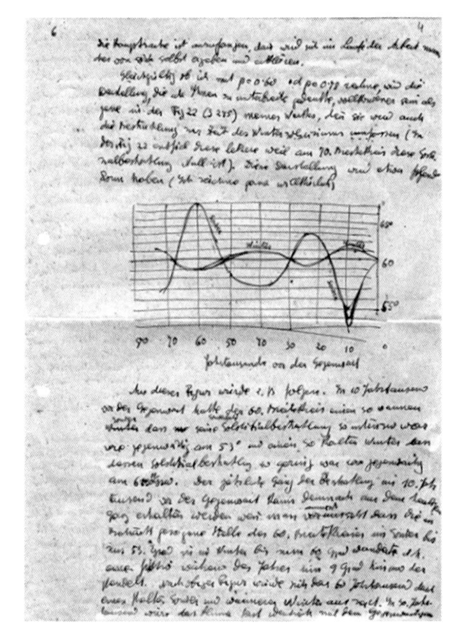

图 2–8　在米兰科维奇 1922 年 9 月 29 日写给科本和魏格纳的一封信中，他首次绘出日射量曲线

己为之骄傲的研究成果而感到遗憾。1950 年，这本题为《记忆，经验和知识》的书由塞尔维亚科学院出版。该书用塞尔维亚 – 克罗地亚语撰写，并且没有其他译本。这也是 1995 年，米兰科维奇的儿子——瓦斯科·米兰科维奇（Vasko Milankovitch）将他父亲一生的经历汇集成书的原因。

第二次世界大战后，米兰科维奇还出版过数本关于天文学历史的书。1958 年 12 月 12 日，米卢廷·米兰科维奇在贝尔格莱德逝世。米兰科维奇假说的核心是：偏心率、斜率和岁差等地球轨道参数的变化，造成了到达北半球中高纬度的夏季日射量变化；同时这种变化通过日射量 – 地表温度 – 冰雪覆盖 – 反照率反馈，引起冰期 – 间冰期旋回。在米兰科维奇去世后，由于没有地质记录的支持，科学界对他的气候天文假说更加怀疑，米兰科维奇的研究成果也如一块未经雕琢的璞石，等待着璀璨夺目的一天。

冰期旋回的发现

深海是沉积物的储库，气候的冷暖变化和冰期、间冰期交替的信息无疑也将以某种形式保存在深海沉积物中。我们能不能从深海沉积物中找出气候的指示标志、寻找气候变化的信息呢？深海沉积物的长处是它的连续性，那里不会出现后期冰川将前期的冰川遗迹剥蚀殆尽的现象，但难处是取样。1872—1876 年间，“挑战者”号考察船虽然获取了一些海底表层沉积物的样品，但对冰期的研究却毫无价值。

1925—1927 年，德国“流星”号考察船远航大西洋，用重力取样管取到了长达 1 米的柱状样。那是人类历史上最早的海底岩芯，万分珍贵。伍尔夫根·斯科特研究了从赤道大西洋中取回的一段柱状样，发现其中的有孔虫组合颇为耐人寻味。

在这段柱状样的顶部，有着多种有孔虫。其中有一个种名叫 *Globorotalia menardii*（图 2–9），是热带海洋里典型的属种。这并不奇怪，因为该柱状样本就取自赤道大西洋。然而，在柱状样的中段，竟连一个 *Globorotalia menardii* 都没有，这就有些奇怪了。斯科特推论，该柱状样的中段一定是在最后一次冰期，即玉木冰期时沉积的。当时，赤道大西洋要比现在冷得多，*Globorotalia menardii* 不耐苦寒，早已逃之夭夭了。

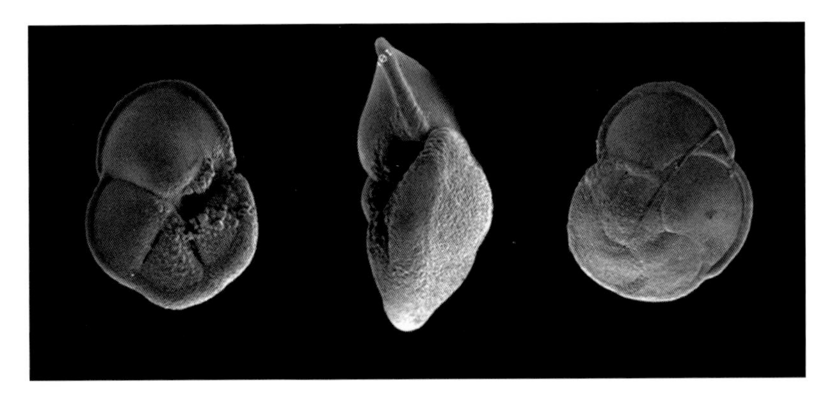

图 2-9 浮游有孔虫 *Globorotalia menardii*

再往下，到柱状样的底部，又出现了大量 *Globorotalia menardii*，似乎代表玉木冰期前的间冰期，即里斯 – 玉木间冰期的历史记录。

斯科特的资料与冰期理论不谋而合，为划分冰期提供了一个新的判别方法，在彭克的基础上迈进了一大步。但是，热带大洋沉积物的堆积速度高于每千年 1 厘米。1 米长的岩芯提供的历史信息充其量只有 10 万年。与漫长的地质时代相比，只不过一瞬间。而重力取样要超过 1 米在当时简直是不可思议，要取得无扰动的岩芯更是难上加难。问题聚焦到取样技术上来。

若干年后，一位名叫波尔奇 · 库伦堡的瑞典工程师设计了一种活塞取样管，人称“库伦堡取样器”，可以取到较长的无扰动岩芯，在 1947—1948 年瑞典“信天翁”号的深海调查中试验成功。获取深海长岩芯有了希望，由斯科特开创的、用统计 *Globorotalia menardii* 来推断古气候的方法就有了用武之地。拉蒙特地质研究所的戴维 · 埃列克逊和格斯坦 · 伍林利用从大西洋和加勒比海取回的样品，统计 *Globorotalia menardii* 的多寡，在过去 200 万年的沉积记录中分出了四次气候寒冷时期。他们认为，这四个冷期就相当于欧洲和美洲的四次冰期。

由斯科特首创，埃列克逊和伍林加以发展，用有孔虫特征属种的多寡来划分冰期和间冰期的方法，归根结底，还是一种传统的地质学

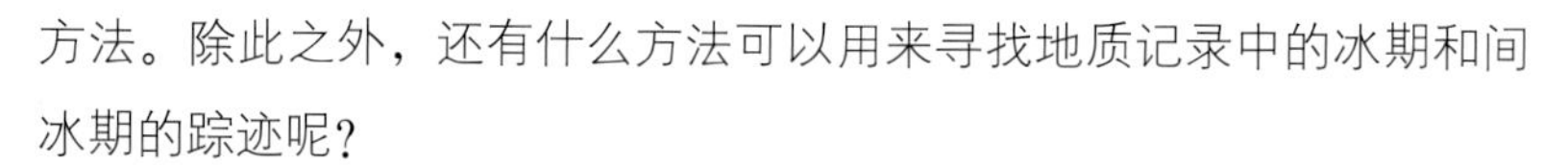

方法。除此之外，还有什么方法可以用来寻找地质记录中的冰期和间冰期的踪迹呢？

斯克里普斯海洋研究所的古斯塔夫·阿伦尼乌斯（Gustaf Arrhenius）是一位海洋沉积学家。他发现，气候变化直接影响海水循环和海洋沉积作用，势必在沉积物的化学成分和矿物成分尤其是碳酸盐矿物的含量上有所反映。于是，他开始埋头研究大洋的沉积记录，果然发现热带深海沉积物中碳酸钙的含量随着时间有着大幅度的高低振荡。他认为碳酸钙含量的这种变化就是历史上气候变化的沉积记录。斯克里普斯海洋研究所的弗勒格尔和帕克尔按照阿伦尼乌斯的想法研究了瑞典深海考察船从大西洋带回的岩芯，碳酸钙含量的高低变化赫然在目。令他们更为惊讶的是，他们在碳酸盐含量曲线上看到的，不是经典的四次冰期，而是更多的冷暖交替的气候旋回，至少有九次。他们所研究的就是斯科特用过的柱状样，但结果却大相径庭。

争论由此而生。地球历史上的最后一次大冰期是不是只有四次？抑或还有更频繁的气候旋回？学者们各抒己见，莫衷一是。冰期理论遇到了前所未有的危机，那时已经是 20 世纪 50 年代的后期，氧同位素测温技术刚刚问世。历史把解决这场争论的钥匙交给了艾密连涅（Cesare Emiliani）（图 2–10）。

艾密连涅 1922 年生于意大利，1945 年获得波伦尼亚大学古生物专业博士学位，专攻浮游有孔虫。那是一种单细胞的小动物，以浮游的方式生活在洋面上。死亡后，它们的钙质骨骼沉到海底，保存在洋底沉积物中成为微体化石。1948 年，艾密连涅获得萨利斯堡奖学金来到美国芝加哥大学从事博士后研究工作，1950 年获同位素古气候学博士学位。在此期间，有幸与汉斯·盖斯和萨姆·爱泼斯坦等明日之星共同工作在同一个屋檐下。当时，盖斯和爱泼斯坦都是芝加哥大学核化学实验室的青年科学家，都曾在诺贝尔奖得主哈罗德·尤里（Harold Clayton Urey）、威拉德·利比（Willard Frank Libby）和恩利科·费米（Enrico Fermi）等大家的手下工作过。

在这些诺贝尔奖得主中，尤里是一位化学家。他在无意中与地球科学不期而遇，却因此与地学结下了不解之缘。尤里获奖是因为他发现了氘。学过化学的人都知道，一个正常的氢原子只有一个质子，原子物理学家们把它们定为一个标准单位，用来计算原子的质量，所以其原子量为 1。可是，尤里发现，氘虽然也只有一个质子，具有与氢全然相同的化学性质，但却比氢多了一个中子，其原子量为 2，因此也称重氢。尤里进而又发现，氧原子也有较重的变种。正常氧原子的原子核中，有 8 个中子和 8 个质子，外层轨道有 8 个电子，其原子量为 16。然而，极少量的氧原子却多了一个或两个中子，其原子量分别为 17 和 18，称作氧 17（^{17}O）和氧 18（^{18}O）。质子数和电子数相同而中子数不等的原子，原子量不等，化学性质相同，在物理学和化学中称同位素。氢和氘是氢的同位素，^{16}O、^{17}O、^{18}O 则是氧的同位素。

当氧与其他元素结合形成化合物时，化合物中也会按比例掺进去少量的重原子 ^{17}O 和 ^{18}O。化合物中轻重氧同位素的比值，称为化合物的同位素组成。通常，^{17}O 原子极少，无法准确测定其含量，因此习惯上采用 ^{18}O 和 ^{16}O 的比值来表示化合物的氧同位素组成，以 $\delta^{18}O$ 表示。正常海水是一种含氧化合物，由于经历了彻底的均一化过程，世

图 2-10　美国古生物学专家艾密连涅

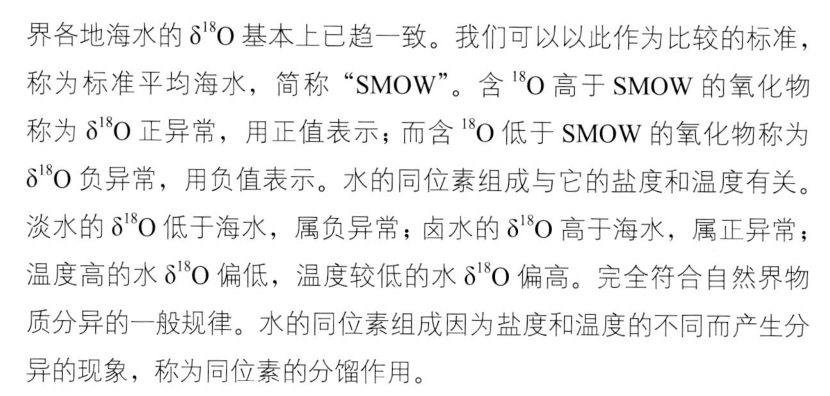

界各地海水的 $\delta^{18}O$ 基本上已趋一致。我们可以以此作为比较的标准，称为标准平均海水，简称“SMOW”。含 ^{18}O 高于 SMOW 的氧化物称为 $\delta^{18}O$ 正异常，用正值表示；而含 ^{18}O 低于 SMOW 的氧化物称为 $\delta^{18}O$ 负异常，用负值表示。水的同位素组成与它的盐度和温度有关。淡水的 $\delta^{18}O$ 低于海水，属负异常；卤水的 $\delta^{18}O$ 高于海水，属正异常；温度高的水 $\delta^{18}O$ 偏低，温度较低的水 $\delta^{18}O$ 偏高。完全符合自然界物质分异的一般规律。水的同位素组成因为盐度和温度的不同而产生分异的现象，称为同位素的分馏作用。

1946 年，尤里应邀到瑞士苏黎世联邦理工大学访问，报告了他在稳定同位素研究中的新发现。言者无心，听者有意。该校结晶学和岩石学研究所所长、著名岩石学家保尔・尼格里敏感地意识到，这一发现在地质学中具有广阔的应用前景。

在放射性测年技术问世以前，地质历史的年代标尺完全靠古生物化石确定。化石不仅是确定年代的依据，也是判别沉积环境的工具。没有化石，判别沉积地层的成因或者形成环境也就有了困难。例如，石灰岩是一种常见的岩石，其成分都是 $CaCO_3$。但是，有的形成于淡水湖泊环境，有的形成于海洋环境。如果没有化石，我们就无法判断它们的成因，地质记录中不乏所谓的“哑地层”，其中根本就没有化石。地质学中的许多历史争论即由此而来。而如果淡水中的 $\delta^{18}O$ 与 SMOW 相比为负值，那么湖水中形成的淡水碳酸钙与海水中析出的海相钙质生物骨骼相比，会不会也出现一个负值异常呢？尼格里这样问自己。

实践证明尼格里的推想是正确的。淡水灰岩的 $\delta^{18}O$ 相对于海洋生物骨骼而言，确实要低得很多。于是，氧的同位素，作为判别沉积环境的一种新式武器在地质界很快得到普及，测量方法也日趋先进。为了更有利于全球性的对比，人们又选择鱿鱼的远祖箭石作为正常海相沉积物的标准样品，其他碳酸钙的同位素组成来与它比较。这就是氧同位素 $\delta^{18}O$ 的 PDB 标样。PD 是美国北卡罗来纳州皮迪组地层的首字母，代表标准箭石的采集地；B 是箭石的首字母，PDB 意即“皮迪组箭石”的千分比。

自此，尤里及其在芝加哥的同事们锲而不舍，一直致力于稳定同位素地质应用的研究。他们发现，氧同位素的分馏作用不仅受到介质盐度的影响，同时也受到介质温度的控制。因此，在理论上说，如果我们能够知道海相沉积物氧同位素在时间和空间上的变化，就不难追踪海水温度的时空变化。海水温度取决于气候。那么，根据海洋生物的氧同位素组成来反演气候变化的历史就顺理成章了。1949 年，尤里和他的学生们分析了侏罗纪的一块箭石标本，这块化石保存得非常完整，切开以后发现了 24 个同心层。他们逐层进行氧同位素分析。结果表明，氧同位素异常是有周期性的，相当于 14 ～ 20℃的温度变化，说明这个侏罗纪的浮游动物出生以后曾经经历了三个夏天和四个冬天，在 4 岁的时候夭折。

尤里和他的学生们为地球科学开辟了一条新路，为古海洋学的诞生奠定了第一块基石。

艾密连涅是一个幸运儿，他在最佳时刻站到了尤里的旗下，成为运用同位素地球化学手段研究古气候的一代巨匠。1955 年，他分析了取自加勒比海的几段岩芯，挑出两种有孔虫红拟抱球虫和袋拟抱球虫分别进行碳氧同位素分析，做出了第一条氧的稳定同位素曲线（图 2-11）。尤里欣喜地发现，艾密连涅的测量结果显示大洋沉积物的氧同位素存在明显的旋回，更让人惊奇的是，在大洋各处的沉积物氧同位素旋回都非常类似。然而，尤里和他的同事们也意识到，有孔虫壳体的氧同位素不能简单地解释为海水温度的变化。对降雪和降水

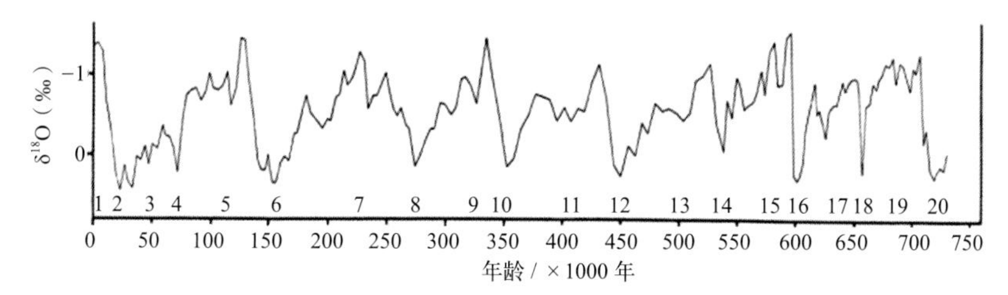

图 2-11　艾密连涅 1955 年发表的第一条氧同位素曲线

的氧同位素测量结果表明，纬度越高，大气降水的氧同位素越轻，即富含 ^{16}O。这就意味着在冰期的时候，会有较多的 ^{16}O 进入两极冰盖，而海水中 ^{18}O 富集。也就是说，冰期海水的氧同位素偏正。那么该如何将氧同位素中的冰盖信息与海水温度信息区分呢？这也是个相当棘手的问题。

当艾密连涅首次看到深海有孔虫壳体氧同位素曲线时，他自己也对氧同位素这么规律的旋回大为吃惊。他马上就想到这或许是米兰科维奇的冰期天文学理论最有力的证明。事实上，他也照着米兰科维奇的高纬度夏季太阳日射量图，给氧同位素曲线标注精确的时间。就这样，艾密连涅发明了将大洋沉积物氧同位素与轨道参数进行对比从而定年的方法，这也是我们现在进行高分辨率大洋地层学研究的基础。

然而，要让大家信服艾密连涅的大洋有孔虫氧同位素曲线证明了米兰科维奇理论，还需要解决两个主要问题。首先，我们并不清楚这条氧同位素曲线中有多大比例反映了冰盖的变化，又有多大比例是受其他因素的影响。其次，当时的年龄框架建立的一个前提假设是年龄控制点之间的沉积速率一直保持稳定，而当时对沉积速率的估计有相当大的误差，因此最终得到的氧同位素曲线是不是和米兰科维奇的曲线一致也颇受质疑。为了解决这两个问题，科学家们又花了将近20年的时间。

最后，艾密连涅也不得不承认他的氧同位素曲线并不能证明米兰科维奇理论。他非常不情愿地承认了这点，而其实他心里一直坚信，就算他的氧同位素曲线的年龄有很多漏洞，但假以时日，这个结论一定会被证明是正确的。然而无论如何，艾密连涅确实发现了冰期旋回的证据，而这恰恰是地球气候变化和轨道参数之间非常重要的联系。同时，艾密连涅将有孔虫壳体氧同位素应用到了地球科学上来，这恰恰是全球冰盖变化的最明显的反应。至此，获得地质历史上冰盖演化途径的方法已经明晰，而只要准确知道其年龄，将之与米兰科维奇理论的高纬度夏季日射量曲线进行对比，就可以对该理论进行验证。

年龄框架与轨道周期

米兰科维奇理论认为，冰期旋回是由地球轨道参数的周期性决定的。20 世纪 50 年代，大洋沉积物氧同位素旋回的发现，是米兰科维奇理论研究的一次飞跃。然而，科学界并没有普遍接受氧同位素曲线证明了米兰科维奇理论。其中最主要的原因无非是氧同位素曲线缺乏精确的年龄框架。离开了这个框架，两者的对比便无从谈起。

在 20 世纪 60 年代，进行米兰科维奇理论验证工作的两位主角分别是当时就职于迈阿密大学的艾密连涅和拉蒙特地质研究所的华莱士·布勒克（Wallace Broecker）（图 2–12）。他们都认为米兰科维奇理论是对的。然而他们用的却是不同的年龄框架。这说明当时接受米兰科维奇理论只是个信与不信的问题，这个假说并没有被证明。艾密连涅的年龄框架建立于大洋沉积物样品的放射性碳定年。在当时，放射性碳定年刚刚被引入科学界，是对 5 万年以来含碳样品进行测年的一种新手段。有了这些放射性碳年龄，我们便可以计算出岩芯顶部的沉积速率。假设该段岩芯一直保持这种沉积速率，岩芯底部的年龄就可以逐一计算出来。艾密连涅就是用这样的方法得到了他的氧同位素曲线的年龄框架。他得出的结论表明，在过去 10 万年以来，地球气候都像现在那么温暖。

图 2–12　美国海洋地质学家华莱士·布勒克

在 20 世纪 50 年代末 60 年代初，人们利用铀和钍的放射性衰变获得了另外一种定年方法——铀钍定年法。这种方法可以确定的年龄范围要比放射性碳定年法大得多。这种方法在对加勒比海和太平洋海岛的珊瑚礁定年中被证明十分有效。布勒克用铀钍定年法对珊瑚礁阶地的研究表明，海平面最高的时期在 12 万～12.4 万年前，这个年龄只有艾密连涅宣称的 1/4。

布勒克认为他利用铀钍法确定的年龄框架要比艾密连涅的放射性碳测年加外推的方法要可信得多。1966 年，布勒克利用铀钍测年，提出了一个新的氧同位素年龄框架，同时宣称在他的年龄框架下，氧同位素曲线与米兰科维奇曲线能更好地类比。同时在这篇文章中，布勒克提出了一个全新的概念，他认为大洋环流在冰期—间冰期转型的过程中也会发生“模式转换”。

几年后，布勒克为了完善自己的大洋环流模式转换假说，和自己的学生让·唐克提出了冰盛期向间冰期快速转换的假说。他们在过去

44 万年的地质记录中辨别出了六次这样的快速转换事件。就这样，布勒克为冰期 – 间冰期理论带来了一种全新的概念：冰期逐渐缓慢增强，到达冰盛期之后又快速过渡到间冰期，从而形成一种锯齿状的旋回。这个概念被后来证明是十分有意义的。

最终，布勒克的年龄框架被认为比艾密连涅的要准确。20 世纪 60 年代末，巴巴多斯岛的一处珊瑚礁测年显示末次间冰期的年龄在 12.5 万年前。这与布勒克的年龄框架不谋而合。与此同时，又出现了另外一种测量更长年龄的方法——地磁地层学。地磁地层学是一种测定海洋沉积物年龄的新工具，它应用的基础就是大洋沉积物记录了它们沉积时候的地球磁场。而当时人们知道，大约在 78 万年前，地球磁场方向发生了调转。1964 年，斯克里普斯海洋研究所的地球物理学家克里斯托弗·哈里森（Christopher Harrison）和古生物学家布莱恩·弗纳尔（Brain Funnell）发现了大洋沉积物中蕴含的古地磁信息。

拉蒙特地质研究所的古地磁学家内尔·欧普戴克（Neil Opdyke）最早将这项发现应用于实际研究。他为拉蒙特岩芯库中的大量岩芯绘制了地磁曲线。不久之后，他和他的同事詹姆斯·海斯（James Hays）就萌发了把氧同位素曲线与古地磁曲线进行对比的想法。他们将如今著名的一段岩芯 V28-238 的样品，寄给英国剑桥大学的物理学家尼古拉斯·沙克尔顿（Nicholas Shackleton）（图 2–13）进行同位素分析。

图 2–13　英国海洋地质学家尼古拉斯·沙克尔顿

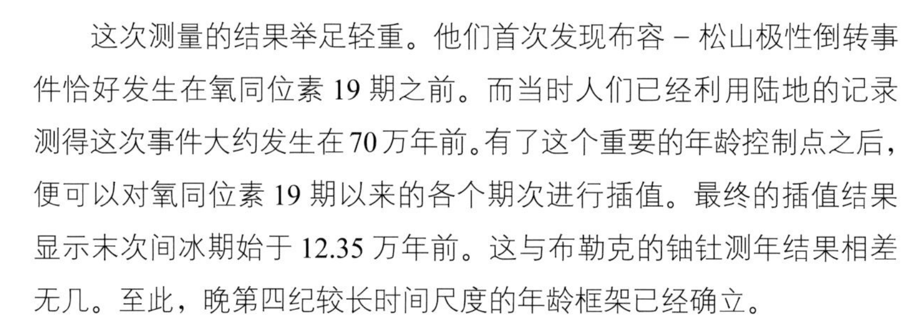

这次测量的结果举足轻重。他们首次发现布容－松山极性倒转事件恰好发生在氧同位素 19 期之前。而当时人们已经利用陆地的记录测得这次事件大约发生在 70 万年前。有了这个重要的年龄控制点之后，便可以对氧同位素 19 期以来的各个期次进行插值。最终的插值结果显示末次间冰期始于 12.35 万年前。这与布勒克的铀钍测年结果相差无几。至此，晚第四纪较长时间尺度的年龄框架已经确立。

随着铀钍测年的年龄框架被地磁地层学证实，这个年龄框架也逐渐为大家所接受并被广泛地应用于古海洋研究中，成为对比海洋沉积物中各种信号的标尺。这些被定年的信号也被称之为“时间序列”，有点类似于物理海洋学中的潮汐记录。工程师们和物理学家们还对这些时间序列进行各种频谱分析。频谱分析可以鉴别出时间序列中蕴含的周期。

当海斯、沙克尔顿和约翰·尹布里（John Imbrie）对深海记录进行傅里叶分析之后，他们发现深海氧同位素序列主要记录了三个周期，分别是 10 万年、4.1 万年和 2.3 万年。而这三个周期恰恰是米兰科维奇理论中影响地球气候的 3 个轨道参数偏心率、斜率和岁差的周期。因此，1976 年海斯和他的同事们的文章《地球轨道的变化：冰期－间冰期的起搏器》被认为是冰期－间冰期变化机制研究中的里程碑。大洋沉积物中的主要周期与地球轨道参数周期完全一致。毫无疑问，在较长时间尺度上，轨道参数是影响气候变化的重要因素。

在随后的几年中，围绕着米兰科维奇这一理论的研究有了长足的进展。天文学家们完善了地球轨道参数的计算，使得地球上各个纬度月均的日射量更为精确；海洋地质学家们发现了冰期－间冰期沉积记录中的周期性；地质学家们在古代岩石中同样发现了气候周期性变化的证据。同时，地球物理学家们模拟了地球气候对轨道驱动周期性的响应，发表了大量文章。在 20 世纪 70 年代，相关科学都出现了革命性进展，人们对地球气候历史的理解达到了一个前所未有的高度。

1982 年，几乎气候研究领域的所有专家齐聚拉蒙特，开会总结近年来米兰科维奇理论研究的进展。与会专家们也提出了很多问题。米兰科维奇理论现在能否作为地球气候变化的法则？为何在晚第四纪 10 万年周期最为显著，而与此对应的偏心率对地球日射量的影响却微乎其微？在中更新世为何气候变化的周期由以 4.1 万年为主改变为以 10 万年为主？米兰科维奇理论最早从何时起对地球气候产生显著影响？这些讨论最终汇聚成了一部包含约 900 篇论文的会议纪要《米兰科维奇和气候》。这些文章象征着应用米兰科维奇理论解决冰期旋回等问题的一次伟大胜利。米兰科维奇理论也终将在气候历史的研究中熠熠生辉。

Chapter 3

第三章

海底电缆断裂与深海浊流

海洋沉积学是研究现代海底沉积物形成作用的科学，包括沉积物及沉积岩的描述、分类、成因及其环境意义。由于海底油气和自生矿产资源主要产于深海，而且古海洋学、古气候学的发展也有赖于深海沉积研究，因此，海洋沉积学的研究在过去几十年取得迅猛发展，并且日益受到重视。

现代海洋沉积学诞生的标志，是浊流沉积的发现。20 世纪 50 年代初浊流理论建立，开辟了沉积学研究的一个新领域，被认为是沉积学的一次大革命。这次大革命经历了长时间的酝酿、观察和研究。

有系统、有目标的近代海洋科学考察是“挑战者”号科学考察船创始的（图 3-1）。英国“挑战者”号的环球航次，是海洋科学创业史上的第一次“长征”，当时从深海海底采集了大量的沉积和生物样品，标志着深海沉积研究的开始。

图 3-1 “挑战者”号的航行是第一次对海洋进行全面的研究

“挑战者”号的探险

1872 年 12 月 7 日，伦敦东方 48 千米的夏念斯港，一艘英舰准备驶向英格兰南方的朴次茅斯，这次航行是人类海洋探险的一次创举，至今在科学上仍然具有重大意义。不明所以的旁观者对它的装备和仪器会觉得奇怪：船上的 18 门大炮，因为要安置过多的科学仪器而被拆掉了 16 门，所以这艘船不适合与敌人作战。而三年半的航海期间内，所遇到的敌人，也只是冬天和坏天气而已。这次的冒险旅行，除了北极以外，世界上各地区的海洋皆列入航程之内，所预定的航程是 68 890 海里（约 127 600 千米）。

“挑战者”号是一艘由军舰改装的木制调查船，长 68 米，排水量 2306 吨，依靠风帆和蒸汽机的动力推进。船上配备有当时最先进的调查仪器、设备和实验室。英国爱丁堡大学博物学家查尔斯·威维尔·汤姆森（Charles Wyville Thomson）任科学调查队队长，调查队员是 6 名科学家；乔治·纳雷斯（George S. Nares）任船长（图 3–2）。

在航行途中，科学家们在设备完备的实验室中从事研究工作（图 3–3）。其中一个研究室设有分析海水物质的装备，另外一个研究室则安装着研究海中动植物的仪器。船下方的储藏室，堆放着搜集不同水层样本的瓶子和勘查海深的测深绳，绳长数千米，另外还有用

图 3-2 “挑战者”号船上的小组研究人员

来挖掘大洋底砂的装置以及捕捉海中奇异动物的拖网，这些用品在当时号称为科学装备，但是与现在的仪器比较，则显得极为落伍。尽管如此，“挑战者”号还是进行了举世瞩目的大量科学调查，调查内容包括海洋生物学、海洋地质学和地理学、海洋化学、海洋物理学等。在 362 个站位上进行了水文观测；在 492 个站位上做了深度测量；在 133 个站位进行了深水拖网。这次考察活动第一次使用颠倒温度计测量了海洋深层水温及其季节变化，采集了大量海洋动植物标本和海水、海底底质样品，发现了 715 个海洋生物新属及 4717 个新种，验证了海水主要成分比值的恒定性原则，编制了第一幅世界大洋沉积物分布图。此外还测得了调查区域的地磁和水深情况。

值得注意的是，“挑战者”号首次在大西洋加那利群岛、太平洋塔希提岛和夏威夷群岛附近深海底采到了锰结核，并发现了深海软泥和红黏土。海洋地质学家约翰·默里（John Murray）认真分析考察所取得的 12 000 个底质样品，写成深海沉积学的经典论著，将深海堆积物加以分类整理归纳为一个体系，这个体系至今仍被沿用。由于采

图 3–3　在“挑战者”号船上实验室，科学家在显微镜下观察微生物

到的沉积物不是深海黏土就是生物软泥，产生了陆架之外全是细粒沉积、深海海底一片静寂的错觉。依据他的分析，远洋性堆积物主要是因为大洋表面之粒状物由于波浪、海流的冲击，从而不断地如密集的雨点般落入大洋而成。这些粒状物质由无机物质的红黏土、有机物质（曾经活着的）构成；陆地性堆积物主要是由附近陆地或岛屿上的粒状物质堆积而成，默里将陆地性堆积物细分为蓝、绿、红三色泥层，即火山性泥、珊瑚砂、珊瑚泥三种。

通过现代实际观测手段我们知道，深海沉积物在性质上不均匀，是通过不同的沉积作用形成的。现代大洋沉积物的组成多种多样，不仅仅有深海黏土、深海软泥，还包括了丰富的陆源碎屑沉积物、硅质沉积物、钙质沉积物、与冰川有关的沉积物和大陆边缘沉积物等（图 3–4）。深海沉积物的来源主要是生物作用和化学作用的产物，还包括陆源的、火山的与来自宇宙的物质。其中浊流、冰载、风成和火山物质在某些洋底也可以成为主要来源。但根据当时的观点，沉积物质以“降雨”的形式从海表到达海底后，就不再有任何运动，没有日

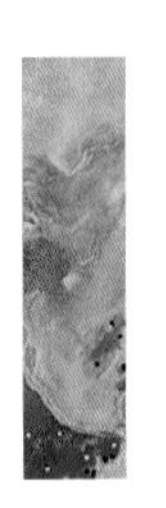

光的照射，没有风浪的影响，深海是地球上一切过程的终点。直到 20 世纪 30 年代，发生的一起地质事件，使人们对深海沉积物形成过程的认识开始发生转变。

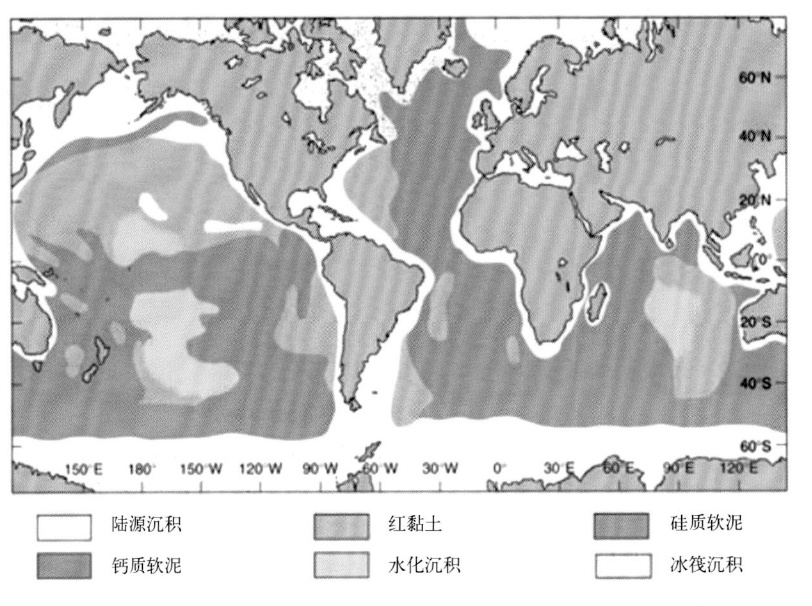

图 3-4　洋底沉积物类型（引自中国数字科技馆）

海底电缆断裂与浊流革命

1929年12月纽芬兰南部海底发生一次7.5级地震，震中附近的海底电缆立即被切断，而分布在数百千米内的其他5条电缆也在13个小时内由北向南依次被切断（图3-5）。

2009年第八号热带风暴“莫拉克”于2009年8月4日凌晨在西北太平洋洋面上生成，2009年8月5日凌晨加强为强热带风暴，14时加强为台风。2009年8月7日登陆我国台湾花莲后离开台湾地区。“莫拉克”台风吹袭台湾地区时，恰为1959年我国台湾史上最严重水患——“八七水灾”50周年之际。又因为在8月8日“莫拉克”在中南部多处降下刷新历史纪录的大雨，亦称“八八水灾”。截至9月8日，在我国台湾地区已至少造成681人死亡、18人失踪，农业损失超过新台币195亿元，是我国台湾气象史上伤亡最惨重的侵台台风，所造成的农业损失亦仅次于“赫拔”台风。由于“莫拉克”台风长时间滞留台湾地区附近，引发屏东及台东外海严重海底土石流，台湾地区东南部海域多条海缆中断。海底土石流造成台湾地区绕经巴士海峡的多条国际海缆发生故障。其中，法新欧亚三号海缆（SWM3）9日11时16分及14时55分，在枋山外海及台东外海发生故障。亚太海缆网络二号（APCN2）、亚太海缆网络（APCN）第一系统与第二系统，分别在

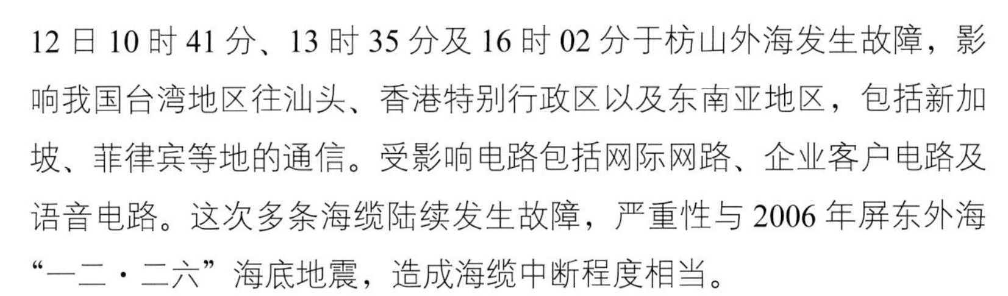

12 日 10 时 41 分、13 时 35 分及 16 时 02 分于枋山外海发生故障，影响我国台湾地区往汕头、香港特别行政区以及东南亚地区，包括新加坡、菲律宾等地的通信。受影响电路包括网际网路、企业客户电路及语音电路。这次多条海缆陆续发生故障，严重性与 2006 年屏东外海“一二・二六”海底地震，造成海缆中断程度相当。

1952 年，美国海洋学家布鲁斯・查尔斯・希森（Bruce Charles Heezen）等研究了 1929 年纽芬兰岸外海底电缆在一昼夜间沿陆坡向下依次折断的事件，判定肇事者正是强大的海底浊流。浊流是一种海底泥石流，含有大量悬浮物质，因而比重大（可达水密度的 2 倍左右），并以较高流速向下流动。浊流中的悬浮物质是砂、粉砂、泥质物，有时还带有砾石。浊流发源在大陆架之上或大河流的河口前缘。

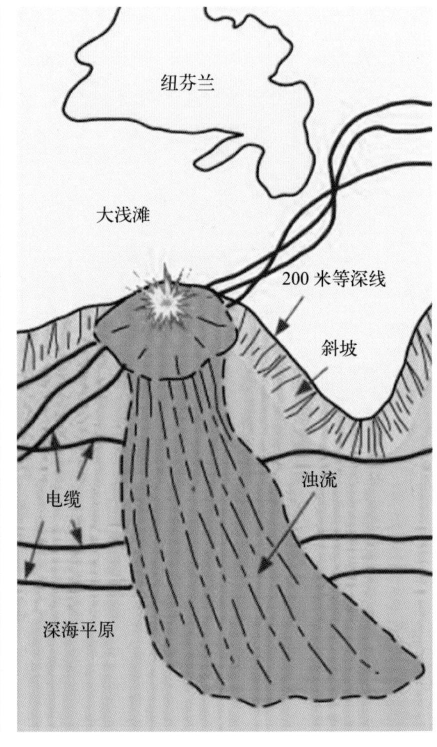

图 3–5　海底电缆被切断事件

希森等还根据海底电缆依次折断的时间推算出这股浊流在坡度最大处流速高达 28 米 / 秒，在到达水深 6000 米的深海平原时，流速仍有 4 米 / 秒。浊流自陆坡至深海洋底流动达数千千米之遥。

海底电缆切断事件使人们认识到，海底并非一潭死水，同样存在着激烈的水动力过程，浊流就是其中的一种。但是这一发现在当时并没有引起人们的重视，学者们并没有认识到浊流作为一种重要的海洋沉积动力过程在陆源物质向深海输运以及重塑海底地貌等过程中的作用。

再回到“挑战者”号科考航次，1876 年 5 月，“挑战者”号沿着英吉利海峡返回朴次茅斯港，结束了这次伟大的航海。这次航行中，一名科研人员因丹毒（一种皮肤病）而病故，另有一船员因事故坠海身亡；但是“挑战者”号仍然带着宝贵的资料回到英国，这些调查获得的全部资料和样品，经 76 位科学家长达 23 年的整理分析和悉心研究，最后写出了 50 卷共计 2.95 万页的调查报告。他们的成果极大地丰富了人们对海洋的认识，成为现代海洋时代开拓先锋，被称为“海洋学的圣经”，为海洋物理学、海洋化学、海洋生物学和海洋地质学的建立和发展奠定了基础。

“挑战者”号环球海洋考察极大地提高了人们对海洋的兴趣。此后，德国、俄国、挪威、丹麦、瑞典、荷兰、意大利、美国等许多国家都相继派遣调查船进行环球或区域性海洋探索性航行调查。第一次世界大战以后，海洋学研究开始由探索性航行调查转向特定海区的专门性调查。其中成果较为突出的是德国“流星”号科考船，1925—1927 年德国“流星”号在南大西洋进行了 14 个断面的水文测量，1937—1938 年又在北大西洋进行了 7 个断面的补充观测，共获得 310 多个水文站点的观测资料。这次调查以海洋物理学为主，内容包括水文、气象、生物、地质等，并以观测精度高而著称。这次调查的一项重大收获是探明了大西洋深层环流和水团结构的基本特征。另外，第一次使用回声测深仪探测海底地形，经过 7 万多次海底探测，结果发现海底也像陆地一样崎岖不平，从而改变了以往所谓“平坦海底”的概念。

占地球总面积71%的海洋，它的底部也像陆地一样，有着许许多多纵横交错的峡谷（图3–6）。海底峡谷，也称水下峡谷或海底谷地，一般横切大陆坡和大陆架，呈直线状，峡谷的两壁是阶梯式的悬崖陡壁，它的横断面呈V字形。根据海洋地质学家的测量和描绘，海底峡谷异常壮观，许多海底峡谷的气势超过了长江三峡，谷壁陡急，深度可达数百米到千余米；源头大多数始于大陆坡，有的与陆地河口相连接，末端一般止于水深2000～3000米处，也有的伸进更深的海底，出口处往往具有扇状堆积体。如从恒河口到孟加拉湾有一条海底峡谷，宽7千米，深百余米，长达1800多千米，一直伸展到5000多米深的印度洋洋底。又如刚果河口的水下峡谷，则在海底延伸260千米，直达2150米深处的大西洋之中。海底峡谷分布最多的是北美洲东西两岸。在全球范围内目前已发现的海底峡谷有几百条，它们像一条条巨龙，龙尾留在大陆架，龙头却探进了海洋深处的“龙宫”。

关于海底峡谷的成因，诸家学派众说纷纭。对其成因的解释，

图3–6　世界海底地形

使人们首先认识到浊流作为一种地质侵蚀营力的存在。1887 年瑞士自然科学工作者福莱勒对当时流入日内瓦湖的罗讷河进行了研究。他观察到流入日内瓦湖的罗讷河携带着大量悬浮物质，沿湖底流入湖内，他称之为密度底流或水下密度流。1936 年，美国学者戴利（Daly）在阅读福莱勒对日内瓦湖的研究论文时，猛然意识到，海底峡谷很可能就是由海底浊流开拓出来的。戴利提出携带大量泥沙，沿海底斜坡奔腾而下的浊流，应具有强大的侵蚀能力。这种浊水层在地震触发下，像一股巨大的激流从大陆架流出，沿着大陆坡流到大洋深处。而大陆坡又是地壳活动的频繁地带，地壳的断裂形成海底峡谷的雏形。强大的海底浊流顺着海底裂隙滑动，经过漫长的岁月，不断修蚀，便形成了今天宏伟而神秘的海底峡谷（图 3-7）。不过，当时还从未有人直接观察过海底浊流现象，所以人们对这一说法仍然将信将疑。直到四五十年代，海洋地质学界通过深入研究，才认可了浊流具有强大的侵蚀能力的结论。

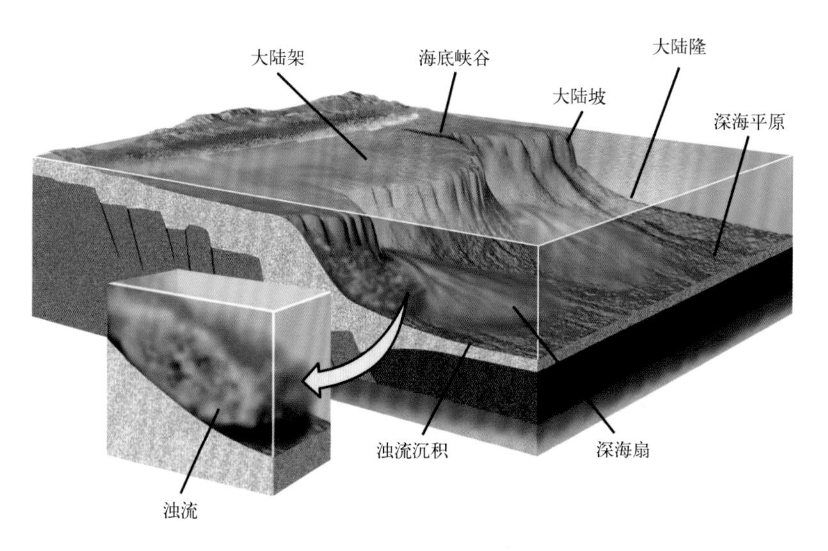

图 3-7　海底浊流示意图

人们对浊流沉积所形成的一些特殊原生沉积构造（特别是粒序层）的成因研究，触发了对浊流性质及其搬运和沉积机制的探讨。在这方面，以奎年（Philip Henry Kuenen）的研究工作最为突出。奎年是荷兰地质学家，现代沉积学的奠基人之一，1902 年 7 月 22 日出生于苏格兰邓迪，作为为数不多的实验地质学家，他阐述了高密度浊流向深海搬运泥沙的机理。早在 1937 年，奎年就通过实验研究了浊流的性质。1950 年在长期的野外观察和一系列水槽试验的基础上，奎年和米廖里尼（Migliorini）联名发表了《浊流是递变层理的成因》一文，这属于划时代的事件，标志着浊流研究取得了巨大进展。奎年将海底沉积与意大利亚平宁山脉的岩层相比较，发现深海浊流和地槽的复理石具有同样的结构——递变层理，据此认为浊流可以在深海中形成砂质沉积，这是十分重要的见解。

复理石一词源于阿尔卑斯山的复理石地区，指厚度有几千米、几乎是连续的沉积。它具有沙纹层理及底模构造，为递变的灰色杂砂岩与粉砂质页岩及页岩呈韵律互层（图 3-8）。1938 年，琼斯正式将其命名为复理石沉积（flysch）。在当时，复理石的研究对探讨构造与

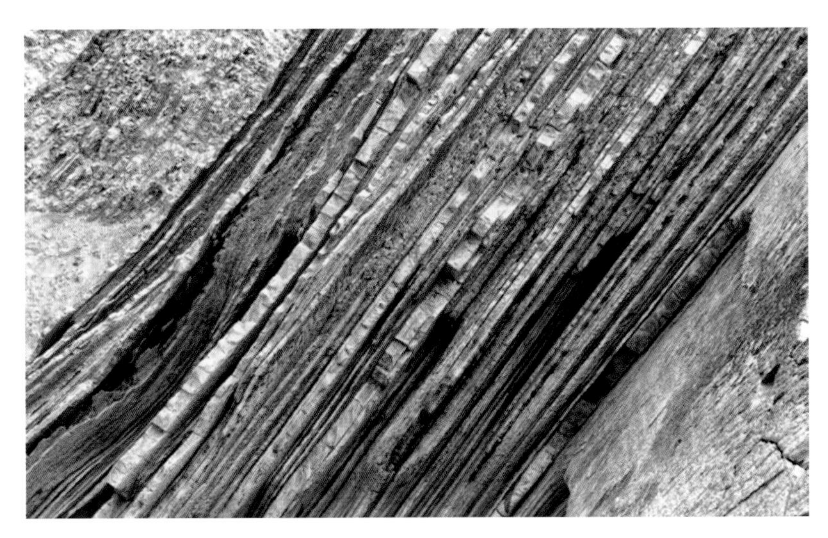

图 3-8　复理石沉积的递变层理

古地理环境具有重要意义。复理石所具有的砂岩、页岩互层结构长期被解释为垂直的构造运动。由于复理石沉积往往出现在地槽构造环境，所以复理石曾被作为构造名词使用，是地槽－地台学说的主要支撑点之一。

地槽－地台说是传统的大地构造学说。1859 年美国地质学家霍尔通过对阿巴拉契亚山地的研究，认为山脉是在地壳的巨大坳陷中形成的。1873 年美国地质学家达纳把这种坳陷地带称为地向斜（又译为地槽）。1885 年，奥地利地质学家休斯（Eduard Suess）又首先提出地台概念，他认为地台是地壳上稳定的地区。1900 年法国地质学家奥格（Emile Gustave Haug）在他的《地槽和大陆块》一书中，才把地壳划分为地槽和地台两种基本构造单元。地槽－地台学说自 19 世纪末产生后一直占据统治地位。从大地构造动力来源的看法上又分为两种观点：一种观点认为以地壳的垂直运动（升降运动，振荡运动）为主；另一种观点认为以地壳的水平运动为主。槽台论支持垂直运动论，认为地球表面分布高峻的山脉或岛弧的地区，都曾是地壳的活动地带——地槽，这里地壳升降运动的幅度和速度都较大，沉积物达到很大的厚度，构造变动和岩浆活动强烈，变质作用显著。地槽发展到一定阶段时，就由下沉而转为上升，经过褶皱变质，逐渐变成稳定的陆台。在地壳演化的不同地质时期内，都有一部分地槽向陆台转变，因而地槽的面积逐渐缩小，陆台的面积逐渐扩大。

20 世纪 50—60 年代，居主导地位的地槽学说以垂向振荡运动作为复理石成因的一种解释。1950 年奎年通过一系列的水槽试验，并结合现场观察提出了浊流理论。该理论认为大陆架上的沉积受到强烈地震、构造运动或海啸等因素的触发，使大量的泥沙被搅动、掀起，呈悬浮状态，形成巨大的浊流。一旦流动开始，浊流能够以自悬浮运动形式维持悬浮状态，即由于流体的扰动而引起沉积物的悬浮。在水体中形成密度差，密度差又促进流体的运动，而流体的运动又引起了沉积物悬浮，形成完全反馈回路。要保持这种循环，就要增加流体顺坡移动的重力能量，补偿摩擦而损失的能量，只要坡度保持不变，浊流可做远距离的搬运，并在海底形成海底泥石流、浊积岩（具有很大厚度的砂、泥、砾沉积，含浅水生物碎片）（图 3–9）。浊流沉积与复理石具有相似的“粒序层理”，均为深海浊流沉积作用的产物，这一概念突破了传统的机械沉积分异学说，动摇了大陆上无深海沉积的传统观点，引起了地学界的广泛关注，标志着浊流理论的正式建立。这才在地学界掀起了一场风波，带来了沉积学的“浊流革命”，开创了现代海洋沉积学。

图 3–9　海底浊流示意图（引自中国数字科技馆）

鲍马层序与浊积相

20 世纪 50—60 年代浊流理论得到了极大的丰富和发展，人们认识到浊流不仅是海底峡谷和递变层理成因的主要机制，也是现代海洋乃至所有沉积盆地中搬运和沉积物的重要活动营力。60 年代初，奎年的学生鲍马（Arnold Bouma）根据野外观察，在对法国东南部阿尔卑斯山脉地区阿诺砂岩浊流沉积研究基础上对浊流沉积构造和浊积岩层序进行了全面和详细的总结，建立了著名的鲍马序列，这一浊积相模式至今仍在沉积岩研究中得到广泛的应用。一个鲍马序列是一次浊流事件的记录，一个完整的鲍马层序自下而上分为五段（图 3–10）。

A 段——由大量砂石堆积而成，底部含砾，向上粒度变细，反映浊流能量逐渐减弱的过程。底面发育由水流冲刷形成的充填构造。A 段厚度比其他岩相单元厚度大。

B 段——由细砂或中砂岩组成。与下伏 A 段为渐变关系，反映水流强度逐渐减弱。

C 段——由细砂岩和粉砂岩组成。以发育小型波状层理为特征，与下伏 B 段呈突变接触。

D 段——水动力强度进一步减弱，沉积物由泥质粉砂岩和粉砂质泥岩组成，具有清晰的水平层理。

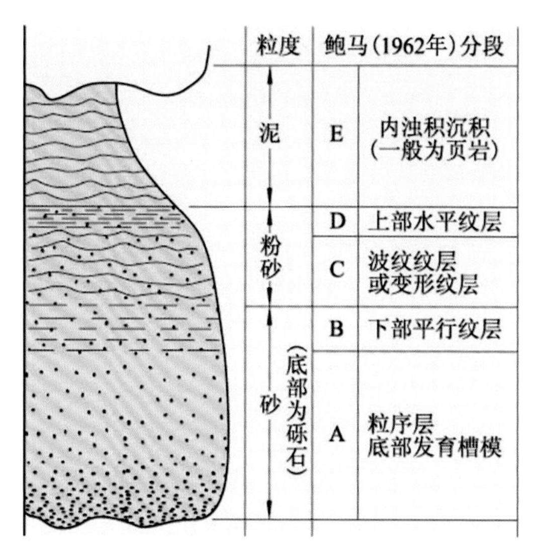

图 3-10　完整鲍马层序模式图

E 段——由块状泥岩组成，与下伏 D 段呈过渡关系。

完整的鲍马层序的厚度与浊流的规模有关，可从数厘米到数米不等。由于沉积阶段的不同以及浊流流动过程中存在的侵蚀作用，浊流沉积在地质体中很少有完整的鲍马层序。但不论缺少哪一层段，底面总有侵蚀面，并发育底模构造；并且由于是减速流动，浊流沉积中很少见有层序颠倒的现象，一般均符合鲍马的向上变细序列。因此，鲍马模式得到广泛的承认。鲍马自己也对鲍马序列做过总结，认为完整的鲍马序列只占 10%～ 20%，仅仅在较厚的复理石沉积中才能发现。

为了解释这种缺失层段的现象，鲍马假定浊流沉积的各个层段都发育成舌状瓣。较细的段比其下较粗的段有更大的展布面积。鲍马还指出，由于受到再一次浊流的侵蚀冲刷，或当第一次浊流发生沉积作用后不久又发生第二次浊流，后者前锋赶在第一次的层段前沉积，或位于海底扇的末梢部分，则仅有上部层段的较细粒物质沉积，即浊积岩层序的完善程度由浊流的频率和强度所决定。结果就形成了缺失底部的层段、顶部层段被削蚀或者顶部、底部层段均缺失的各种层序。

近年来，不少学者提出新的观点认为，鲍马层序不能作为解释浊积岩的最终标准，无论是对广义的浊积岩还是狭义的浊积岩，它都是存在一定问题的。但无论如何，鲍马序列对深海浊流沉积的识别还是具有非常现实的指导意义。

20世纪的50—60年代是大量发现并研究浊流的阶段，总体上是浊流沉积相的建立时期。沉积相是反映一定自然环境特征的沉积体。从沉积物（岩）的岩性、结构、构造和古生物等特征可以判断沉积时的环境和作用过程。沉积相概念首先由瑞士地质学家格雷斯利（Amanz Gressly）于1838年提出。他认为具有相似的岩性和古生物两方面特征的岩石单元才能作为同一个“相”。以后由于从不同角度运用“相”这个术语，出现了不同的提法。表示岩性特征的，如“砂岩相”；表示沉积物与大地构造关系的，如造山后期“磨拉石相”；表示沉积时的作用过程的，如“浊积相”；表示沉积环境的，如“浅海相”。现今一般学者主要从沉积环境和作用过程来理解相的含义。沉积环境主要指海、陆、河、湖、沼泽、冰川、沙漠等分布及其地势高低。因此，它是地貌学研究的重要内容。在浊积岩概念之上建立起来的海底扇相已经成为石油工业用来解释深水模式的最有影响力的沉积学工具（图3-11）。

1967年沃克通过综合野外观察结果和现代实验研究，提出了一个浊积岩相模式，首次用于确定浊流沉积距源区的相对远近，从而将浊积岩沉积构造以及岩相参数结合起来恢复浊积盆地的几何形态。而在1960年，萨尔伍德已经认识到古代海底浊积岩的扇状几何形态特征了。但直到60年代末，杰卡等才建立了第一个深水扇的标准形态模式图，反映各浊积相的平面组合关系。进入70年代以后，海洋地质学家和大陆地质学家们纷纷建立了许多浊积扇的相模式，例如意大利人穆蒂和路奇、美国人诺马克以及加拿大人沃克都对海底扇沉积相模式进行了更为详细的研究，其中以沃克的海底扇模式最为经典，应用也最为广泛。

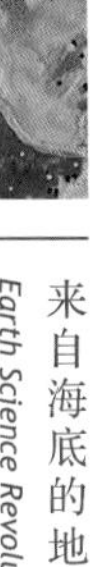

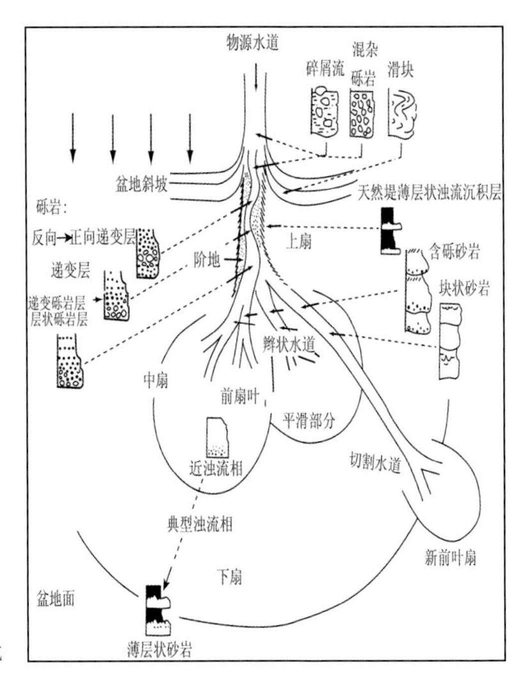

图 3-11　海底扇沉积模式

广义上说，只要满足沉积物重力流的四大条件：足够的水深、充沛的物源、必要的坡度、一定的触发机制就可能形成浊流。前两点是浊流存在的物质基础，尤为重要。对于海相环境而言，浊流主要形成于陆棚坡折以下的相对深水区，特别是平行于克拉通（大陆地壳上长期稳定的构造单元，即大陆地壳中长期不受造山运动影响，只受造陆运动发生过变形的相对稳定部分，常与造山带对应）边缘的深海槽、大洋盆地中的海底峡谷口、盆地中的前三角洲等环境。浊流的分布形态主要有扇状或类扇状（不规则扇状）体系，沟道或槽谷体系，层状、带状或舌状体系三大类（图 3-12）。其几何形态主要受控于地形地貌、沉降速率和过程、浊流的密度或浓度、触发方式等因素。

海底扇相模式

浊流沿海底峡谷流动，穿过陆棚和大陆斜坡流入深海盆地时，常形成浊积扇（深海扇、海底扇）。海底扇一般分布在谷口处，也常常

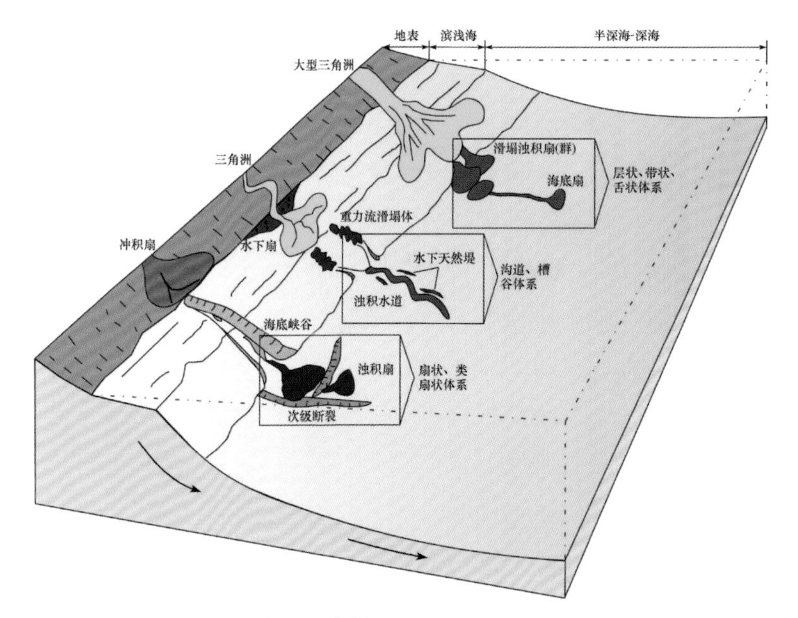

图 3-12　浊流分布体系示意图（引自姜辉，2010）

彼此连接成陆隆，但有时也分布到深海平原上。扇体分布在补给水道下倾方向的大陆斜坡外，标准的海底扇相模式以沃克于 1973 年所建立的为代表，由内扇、中扇、外扇三部分组成。推进的海底扇形成一个类似三角洲的向上变厚、变粗的沉积层序。在一些大河流的三角洲沉积体之外的深海盆地中可以形成规模很大的海底扇沉积体，如恒河外的孟加拉深海扇扇体长达 3000 千米，厚 10 千米以上（图 3-13）。由于现代海底扇沉积多发育在太平洋区，故有人将这种具有海底水道和深海扇的沉积称为太平洋深海沉积模式。

海槽型重力流沉积相模式

槽相模式最早起源于对深海平原（或称为盆地平原）的研究。深海平原最早发现于大西洋。北大西洋广阔的深海盆地几乎是水平的平原，一些深海丘陵和海山在这些极平的平原上突兀凸起。深海平原多数呈长条形，最长的长轴可达数千千米，最大宽度数百千米。沉积物

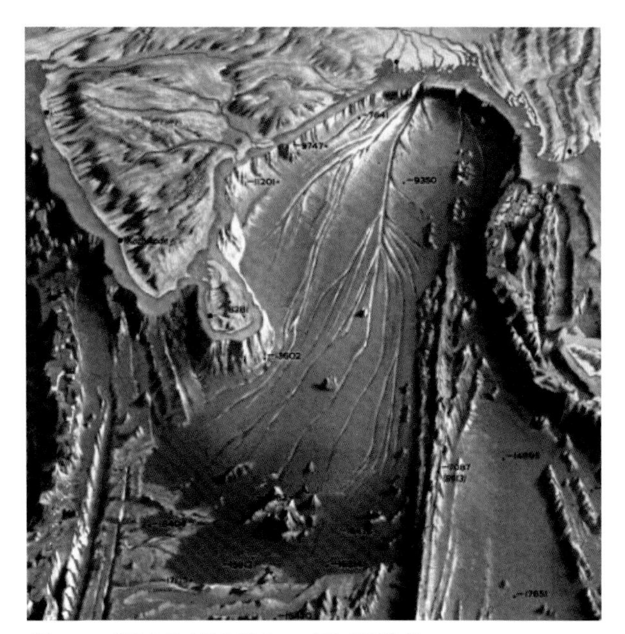

图 3–13 世界上最大的海底扇——孟加拉深海扇

主要是浊流沉积和远洋、半远洋沉积。深海平原上的浊流沉积是多源的，可以来自海底峡谷、深海水道和盆地斜坡。通过对浊积砂层中流向资料的研究表明，各种来源的浊流进入深海平原后转向长轴方向流动，故这种沉积模式常被称为深海盆地浊流沉积的槽相模式。与太平洋深海沉积模式相对照，也称这种深海平原沉积为大西洋沉积模式。典型的实例来自加拿大魁北克寒武 – 奥陶系 Cap-Enrage 组具有阶地的辫状水道沉积，沉积充填物为砾质高密度浊流。冲刷出的沟道深 300 米，宽约 10 千米，沿平行于大陆斜坡的凹槽方向延伸。

层状、带状或舌状体系

层状、带状或舌状体系主要为低密度浊流特征，可由大型扇体前缘或水道延伸而存在。但这一观点受到学者尚穆加姆等的质疑，认为砂质砂屑流也可以形成深水舌状砂体，绝大部分的高密度舌状砂体很可能并非浊流成因，目前争议仍在继续中。

20 世纪 80 年代以来，人们对浊流沉积体系作了进一步研究，除海底扇外，对非扇浊积岩模式、碳酸盐斜坡重力流沉积模式进行了探讨。斯托等还对深海沉积进行了研究，提出了包括浊积岩在内的所有深水沉积相的划分方案，并对其中每个相的形成机制进行了探讨。可以说，这一划分方案是对浊流及相关重力流沉积研究比较全面的概括。

浊流沉积体系的研究一直是一个很活跃的领域，这不仅在于它的理论意义而且还在于它的经济价值。随着油气的勘探，人们发现，在世界范围内，浊流沉积体系是一类重要的储集层。例如，在洛杉矶盆地，产自浊积岩储层的油气产量占了 90% 以上；在巴西的坎波斯盆地 83% 的油气产自浊积岩油气藏；在北海地区产自浊积岩油气藏的油气产量也占了 22%；许多学者认为，在我国尤其是东部的第三纪盆地，湖相浊积岩作为储层也具有重要意义。浊流沉积体系研究已引起了石油地质学家的兴趣，国外许多石油公司已把浊积岩油气藏列为今后的一个重点勘探目标。浊积岩油气藏的勘探对我国东部老油区的挖潜具有现实意义。浊积岩油气藏是一个值得注意的油气藏类型。

在世界上，浊积岩储层分布广泛，最发育的地区是北美的加利福尼亚地区、南美巴西的东海岸、欧洲的北海地区以及我国东部地区。有些盆地还发育多套不同时代、不同构造背景的浊积岩储层（如北海地区白垩系和古新统）。浊积岩储层的时代从奥陶纪到更新世都有，其中以中新生代为主，新生代浊积岩储层占已发现的 57%，中生代占 30%，古生代只占 13%。但最多的是白垩纪，占已发现的 25%，其次是中新世占 21%。

在一些大油气田中浊积岩也是一类重要储集层。据统计，世界上有 32 个大油气田已发现浊积岩储集层。随着油气勘探的发展，这个数目还会增多。在美国前 25 个大油气田中，有 6 个油气田的储层主要为浊积岩，估计储量有 106 亿桶油当量，占这 25 个大油气田探明储量的 16%。它们都分布在加利福尼亚州，每个油气田的储量均超过 10 亿桶油当量。北海 28 个大油气田中有 7 个产自浊积岩储层，产量

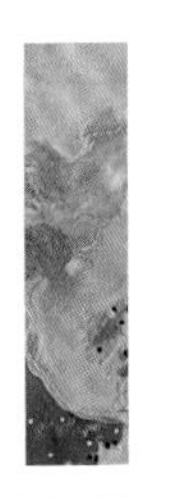

占北海油气产量的22%以上。在我国的13个大油气田中，有4个油田见有湖相浊积岩储层，它们是胜利油田、大港油田、中原油田和孤岛油田。尽管在这些油田中湖相浊积岩储层还不是主要的产层，但是湖相浊积岩储层是一个值得注意的勘探目标，正在引起人们的注意。

进入21世纪，浊积岩油气藏仍将是一个主要的油气勘探目标。新的勘探成果也说明了这一点。但是由于许多浊积岩油气藏分布在现今的深水区或边远地区，因此它们的勘探和开发将受到油价、技术和资金投入的影响（图3–14）。

图3–14 我国首座深水钻井平台“海洋石油981”

沉积物重力流及其形成与演化机理

最近30年以来，沉积物重力流（sediment gravity flow）及其连续统一体的研究越来越受到关注。随着科学技术的发展和对海洋、湖泊研究的不断深入，对这些环境的沉积作用有了许多新的认识，从而大大地充实了对深水浊流沉积的看法，使浊流概念发展为沉积物重力流的概念。沉积物重力流是指沉积物与流体的混合物在重力作用下形成的流动，是一种弥散有大量沉积物的高密度流体，而这种非牛顿流体不服从内摩擦定律。它常被简称为沉积物流或重力流，也有称其为块体流。沉积物重力流搬运的驱动力主要是重力，属于再搬运沉积体系，它的发生地点主要是海底或湖底的斜坡地带。沉积物重力流理论的兴起，是沉积学大革命的高潮。

米德尔顿（G. V. Middleton）和汉普顿（M. A. Hampton）分别于1973年和1976年按支撑机理把水底沉积物重力流沉积系统划分为四个类型，即泥石流（或碎屑流）、颗粒流、液化流（或称液化沉积物流）和浊流（图3-15）。

劳氏（Lowe）等1979年根据沉积物－流体混合物的流变学特征，提出了沉积物重力流的分类和命名：先根据流变学性质划分出流体流和岩屑流两大类（图3-16）。其依据是：在减速过程中，这两类流体

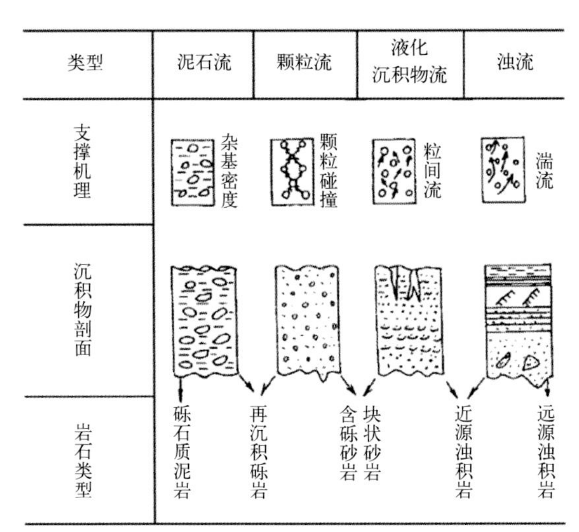

图 3-15　沉积物重力流连续统一体示意图（引自姜在兴，2001）

卸载的机理明显不同。流体流中的质点由牵引沉积作用或悬浮沉积作用分别降落至底床，物质由底向上依次堆积。而对于岩屑流，当其所受的剪应力降低到屈服强度以下时，就会停积下来，即在颗粒的摩擦阻力和黏结性质点的相互作用下，流动物质整体地发生冻结。

综合前人划分方案，现代多将沉积物重力流划分为泥石流、颗粒流、液化沉积物流和浊流四种，它们是统一机制下的连续统一体，是沉积物重力流不同阶段的演化产物。

泥石流

泥石流，也称为碎屑流，是在山麓环境中常见的在水流中含大量分散的黏土和粗细碎屑而形成的黏稠的呈涌浪状前进的一种流体。

颗粒流

颗粒流这一术语由拜格诺（R. A. Bagnold）于 1941 年提出，指由颗粒互相碰撞产生的扩散力所支撑的粗砂和砾石。因而颗粒流沉积中常常含有较为粗大的颗粒。近 20 年来，在陆地冲积系统中发现了大

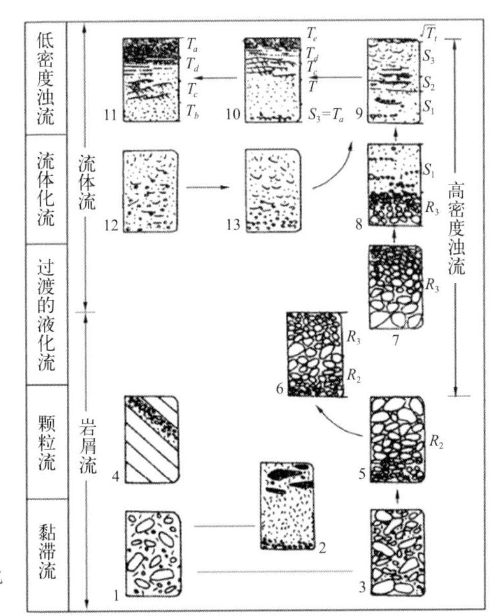

图 3-16　沉积物重力流按流变学演化示意图（引自姜在兴，2001）

量颗粒流堆积。重要的实例是谢泼德和迪尔于 1964 年报道的海底峡谷上端的这种流体，他们称之为砂河，也可以说是砂流。这种砂流的侵蚀能力很强，足以侵蚀海底峡谷。

液化沉积物流

沉积物中的流体连同颗粒一起向上移动，变得像流砂一样，即所谓“液化”。在此过程中，部分流体会上逸至砂的表面。在重力作用下“沸腾化”的沉积物沿斜坡迅速运动，形成液化沉积物流。在流动过程中，孔隙压力很快消散，液化沉积物流减速，可形成堆积层状悬浮沉积物。

浊流

浊流是一种在水体底部形成的高速紊流状态的浑浊的流体，是水和大量呈自悬浮的沉积物质混合成的一种密度流，也是一种由重力作用推动成涌浪状前进的重力流。据拜格诺1954年、米德尔顿（Middleton）1967年和沃利斯（Wallis）1969年的资料，根据粒度可将浊流划分为两类：低密度浊流和高密度浊流。低密度浊流为工程学家所重视，高密度浊流在深海和深湖中有重要意义。最简单的高密度浊流的沉积负载主要是黏土、粉砂和砂级质点，不含或极少含细砾和细砾以上成分。

米德尔顿和汉普顿在1973年把浊流分为头部、颈部、主体（体部）和尾部四段（图3-17）。浊流在流动时有很多旋涡，使携带的沉积物呈自悬浮状态。浊流体的四部分往往依次超越沉积，即在头部沉积后，体部可超越头部和颈部沉积物，沉积在其上面或更远处，而浊流尾部则沉积在最上面和最远处。浊流头部密度较大，常携带砂和卵石，所以粒度最粗；体部粒度较细，常发育递变层理。浊流侵蚀能力较强，尤其是头部，因而浊流在下伏的深水软泥表面上可形成冲刷痕或刻划痕，这些痕迹很快就被砂质充填成为浊积砂岩的底而铸模。

除此之外，人们还对浊流的形成与演化机理进行了进一步研究，提出了新的浊流触动机制，探讨了浊流的运动学特征及其对沉积物的搬运和沉积的控制机制。关于浊流的触发机制存在两方面问题：浊流流体启动的初始原因是什么？触发机制的主要控制因素有哪些？这些问题涉及非弹性力学、流体力学、沉积学、地质力学、湖泊海洋学等方面的知识。目前，对这些问题的探索只能是尝试性的，浊流的启动问题仍然是需要解决的问题中研究和了解得最少的方面之一。

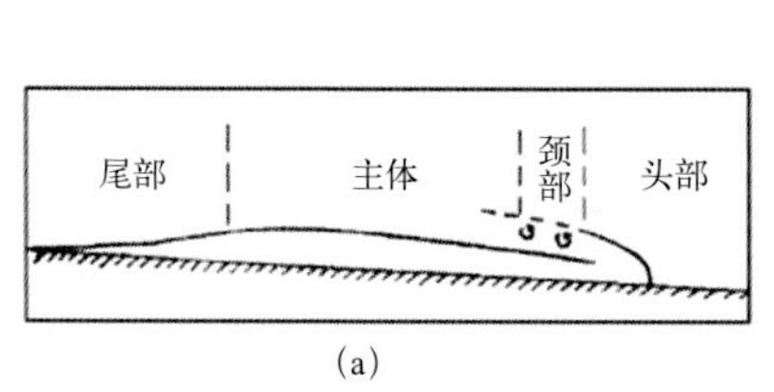

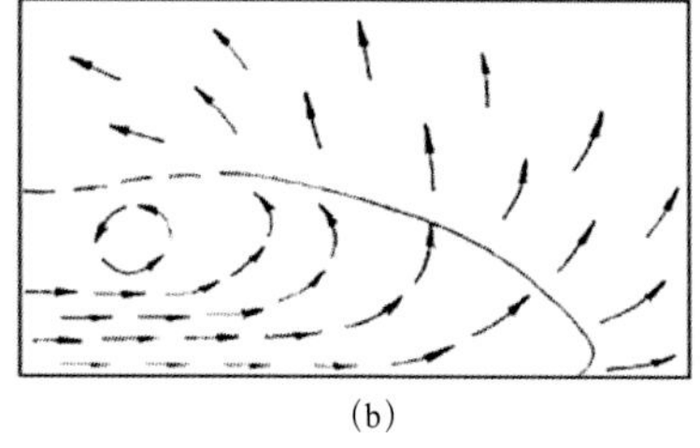

图3-17　浊流的分段（a）及浊流头部区内及周边水体的流动情况（b）（引自姜在兴，2001）

一般认为，浊流的触发机制有季节性洪水、地震、海啸巨浪、风暴潮、火山喷发、超压释放、底辟活动、气体渗漏等诱因。其实海洋沉积的重力搬运，并不一定要求滑坡、坍塌一类的突然事件。如果入海河水悬移物浓度达到一定限度（如 36 ～ 43 千米 / 米 ^{3}），就会产生高密度流，这种浓度界限在对流不稳定时还可以大大降低。湖泊里的高密度流早在 100 多年前已经报道；海洋里的高密度流最先是 20 世纪 80 年代在黄河流入渤海处发现。山区中小型河口的洪水季节，最容易造成这种高密度流，属于陆源沉积物由河口输入海洋的一种重要途径。入海以后，还会造成海底峡谷，成为向深海输送沉积物的通道，法国南岸外瓦尔峡谷，在洪水期的高密度流便是一例，法国南部瓦尔河入海后形成的海底峡谷，洪水期形成高密度流，将泥质沉积输送入深海扇（图 3-18）。我国台湾南部的高屏溪集水盆地高差达 3000 米，年降雨量逾 3000 毫米，平均年输沙量 3500 万吨，洪水期河水入海后成为高密度流，切割陆坡形成的高屏峡谷，深度从起点的 166 米增到陆架外缘的 400 米，在洪水、台风和地震时快速输送沉积，是高密度流的典型。可见，经典的浊流不是陆地沉积物向深海输运的唯一形式，广泛出现的是悬移物浓度超过一定阈值的高密度流，只要有微小的坡度，甚至陆架内的缓坡，就可以向海盆运送沉积，所以，细颗粒重力流是深海沉积过程的一种常见形式。

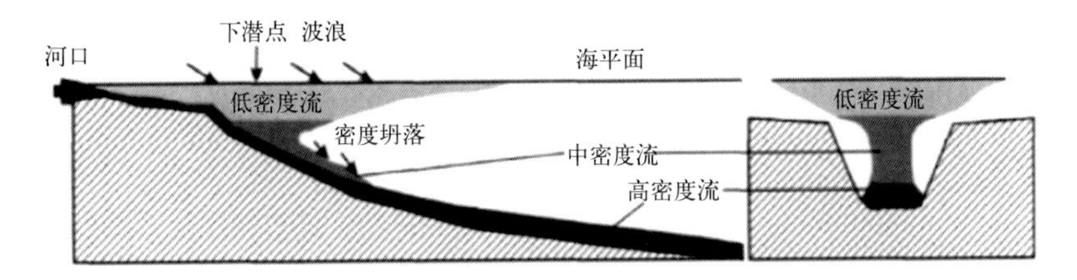

图 3-18　地中海瓦尔峡谷高密度流示意图（左：纵剖面；右：横剖面）

浊流原位观测技术

多年来，由于观测技术的限制，浊流的不可预测性和破坏性以及实地观测的困难，使沉积学家和海洋学家对浊流的研究一直局限在实验室、数值模拟和浊积岩露头等工作。少量的野外实测数据来自浊流对海底通信电缆的有序破坏或根据仪器所受破坏进行的非定量推测，一直没能捕捉到浊流的流速及沉积物浓度的内部结构。近来的动向，就是把观测点放到海底去：在海底布设观测网。用电缆或光纤供应能量、收集信息，多年连续进行自动化观测，随时提供实时观测信息（图 3-19）。其优点在于摆脱了船时与舱位、天气和数据延迟等种种局限性，科学家从陆上通过网络可以实时监测和操控深海实验，这是地球科学又一次来自海洋的革命。如果说在船上或岸上进行观测，是从外面对海洋作“蜻蜓点水”式的访问，那么，从海底设站进行长期实时观测，则是深入到海洋内部做“蹲点调查”，是把深海大洋置于人类的监测视域之内。

地球系统的观测不仅贵在实时，而且有许多内容还必须在原位进行分析。到现场采样，回室内实验，这是多少年来地球科学的传统。但是，有许多现象是不能“采样”分析的，如热液的温度、pH 值，采回来就变了；还包括沉积物颗粒，本来的团粒一经采样也就散了，

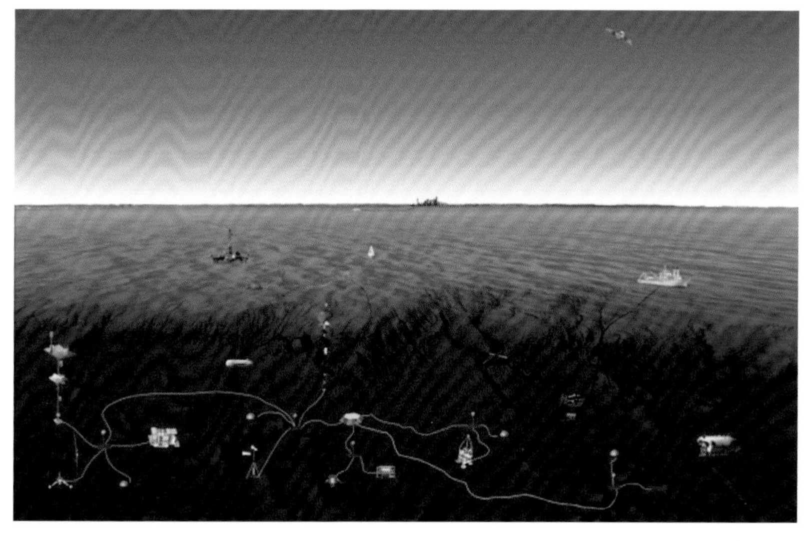

图 3-19 我国设计的海底观测系统

分析的结果不能反映真实情况。新的方向是倒过来：不是把样品从海里采回实验室做分析，而是把实验室的仪器投到海里去分析样品。进入 21 世纪以来，世界各国科学家开展了不同规模的浊流过程原位观测，进一步证明细颗粒重力流是深海沉积过程的一种常见形式。

自 1993 年至今，美国地质调查局的科学家及其合作伙伴在美国西海岸的蒙特雷海底峡谷进行了针对现代浊流过程的一系列基础性研究，并成功地在世界上首次实地测量到高精度浊流流速及粒度参数。近 20 年来的数据和知识积累为解释海底峡谷内沉积物和其他颗粒物质输运的机理以及浊流在维持深海峡谷中生机勃勃的生态系统所起的重要作用提供了直接依据。

1993 年 8 月，美国地质调查局（U. S. Geological Survey，USGS）在蒙特雷海底峡谷深水区（图 3-20）布放了 3 套潜标（海洋潜标系统是系泊于海面以下的可通过释放装置回收的单点锚定绷紧型海洋水下环境要素探测系统，主要配置声学多普勒海流剖面测量仪、声学海流计、自容式温深测量仪和自容式温盐深测量仪及海洋环境噪声剖面

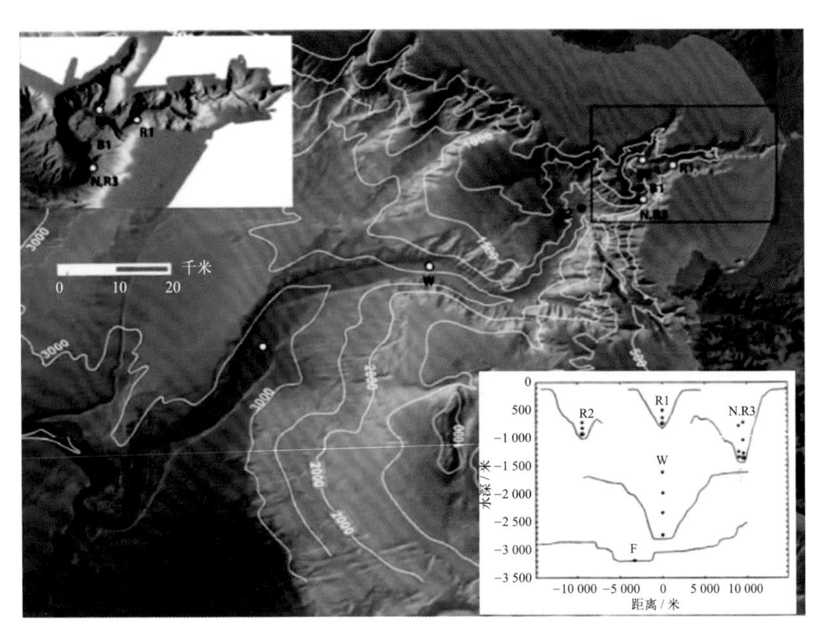

图 3-20 1993 年以来 USGS 在蒙特雷海底峡谷布放的潜标站位（引自徐景平，2013）
左上角插图为峡谷顶部的放大图。右下角插图为在各站位的峡谷水深横剖面图，潜标上挂靠仪器的位置和水深由剖面图里的圆点示意，各个站位的水深分别为：F：3223 米；W：2837 米；B2：1860 米；N，R3：1445 米；B1：1300 米；R2：1020 米；R1：820 米

测量仪等，用于水下温度、盐度、海流、噪声等海洋环境要素长期、定点、连续、多要素、多测层同步监测）。此项研究的主要科学目标是通过实地观测数据来帮助我们理解对峡谷内环流和悬浮体输运起控制作用的复杂过程和机理。1993 年观测结果里的一项“偶然”发现，推动了此后 20 年在蒙特雷海底峡谷的浊流研究。

在 1993 年 2 月 8 日的这次非正常事件中，峡谷底部的垂直温度梯度倒转。同时，底部水体里的沉积物浓度急剧升高。在此事件过程中，温度梯度倒转的现象发生两次，而且时间上与落潮流（向峡谷深处流）时间吻合。离谷底 100 米高度的沉积物浓度在快速上升后也逐渐降低，而且降低速度很慢，表明水体内有不少的细颗粒物质。峡谷底部的高温、高沉积物浓度水体只可能有两个来源：一是潜标附近的峡谷谷坡顶部滑塌将温度较高的水体一起带到谷底；二是由峡谷上游来的浊流。虽然没有证据确定是哪种原因，但浊流的可能性更大。这是因为两次温度梯度倒转都发生在落潮流时（来自峡谷的上游）。遗憾的是离谷底最近的单点式海流计距谷底 100 米，无法直接测量到此次浊流（其厚度应该小于 100 米）的流速资料。不过这次峡谷实测除了提供间接的浊流发生证据，还从空间上对蒙特雷海底峡谷里的浊流提供了重要的界定参数，如此次浊流没有到达位于 2800 米水深的站位、浊流的厚度要小于 100 米等。这些参数为将来在峡谷浊流研究中的科学问题的提炼和实地观测的技术要求打下了良好的基础。

10 年后，美国地质调查局联合蒙特雷湾海洋研究所（MBARI）和美国海军研究生院对蒙特雷海底峡谷浊流又进行了一次观测研究，其规模与 1993 年相当。这次观测试验是到目前为止在峡谷浊流研究中最成功的一次。从 2002 年 12 月至 2003 年 11 月连续观测捕捉到了 4 次浊流事件。有史以来首次实地观测得到了浊流的流速剖面等宝贵资料。实测的流速剖面数据对浊流的一些无量纲参数，如最大流速与垂直平均流速的比值，提供了权威性的界定。4 次浊流事件中的每一次都在至少 2 个站位上有记录（有两次事件同时在 3 个站位全有记录），使得我们能够更好地理解浊流在沿峡谷运行时的演变过程。同样重要的是 3 个潜标上近底部的沉积物捕获器成功地收集了几次浊流过程中的悬浮 / 沉积物样品（图 3-21），为进一步研究浊流的动力学性质和沉积过程提供了宝贵的第一手资料。

2010—2011 年进行了第三次峡谷观测，试验的主要目标是能对现代浊流在蒙特雷海底峡谷里的流经距离有更好的认识。流经距离是浊流研究里的一个重要参数，对理解浊流随海底地形的变化和浊流沉积物的形成和分布有直接的指示作用。在蒙特雷海底峡谷的地质历史上，大型浊流时有发生。蒙特雷海底峡谷之所以存在至今也是依靠浊流的不断冲刷和维护。但是这种大型浊流近一个世纪以来没有发生过。

得益于近 20 年来海底制图技术的快速发展，自 21 世纪初开始，蒙特雷湾海洋研究所的科学家将多波束声呐搭载于自动水下航行器

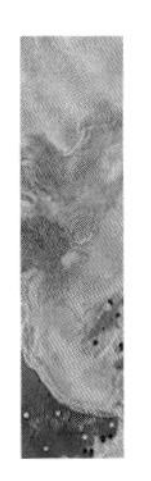

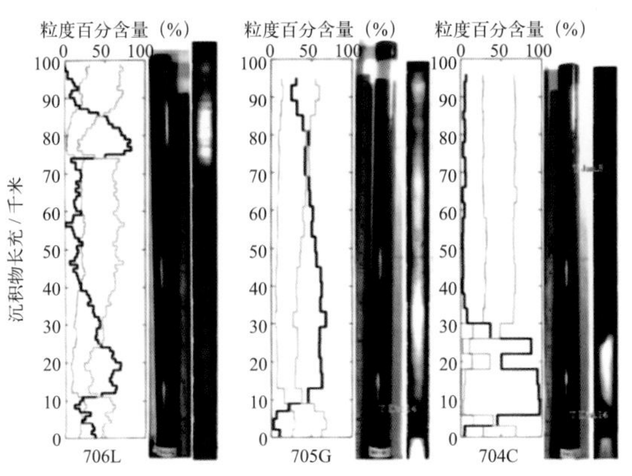

图 3-21　在 2002—2003 年峡谷浊流观测试验中获得的沉积物捕获器样品（引自徐景平，2013）
自左至右为潜标 R3（706L），R2（05G）和 R1（704C）（见图 3-20）；这里的 3 个捕获器均距离峡谷底约 70 米；黑、蓝、红曲线分别代表砂、粉砂、黏土粒级的垂相分布；在 X 光负片里亮度越高代表粒径越大

上，沿着蒙特雷海底峡谷的谷轴测绘了水平精度达厘米级的峡谷地形资料。这些精确资料清楚地显示了自蒙特雷海底峡谷的最上游（海岸线）一直到大约 1800 米水深处有随处可见的沙波地形。虽然在这些沙波状地形的成因上目前仍有争议，但是有证据显示峡谷浊流可能是一个主要的驱动机制。

在这一年的观测记录里有两次浊流事件。第一次浊流事件发生在 2010 年 5 月，是迄今为止在蒙特雷海底峡谷所有观测中最强的一次(其最大流速达 260 厘米 / 秒)。这次浊流事件丰富和提高了对现代浊流在蒙特雷海底峡谷流经距离的认识，并提供了浊流与谷底沙波地形相关性的直接证据。第二次浊流事件发生在 2010 年 12 月底。虽然其流速强度远远小于第一次浊流，但其流速、流向和沉积物浓度的时空变化不但确切地锁定此浊流事件的发源地，而且详细解释了往复潮流对这一弱小浊流的调控作用。与地质历史上的大型浊流相比，这种小浊流事件的沉积物搬运能力微乎其微，可是，如果像第二次事件的峡谷坡坍塌能在不同时间、不同地点、以各种规模发生的话，这将是峡谷内沉积物以递推方式向深水输运的重要机理，同时也对维持深海峡谷中生机勃勃的生态系统起到了重要作用。

中国深海浊流沉积研究

我国对浊流沉积的研究虽然从 20 世纪 70 年代中期才陆续开展，较国外晚了 20 年，但近 20 多年来，它已逐渐成为我国沉积学的一个重要的、非常活跃的领域，其研究程度有了长足的进步，并取得了很多喜人的成果。

70 年代是我国对重力流研究的初始阶段，研究选题、研究方法等均在不断探索中前进。中国科学院地质研究所做了许多开创性工作，成为该领域研究的先行者。其后，西南石油学院、贵州省地质矿产勘查开发局、北京石油勘探开发研究院、辽河油田、新疆维吾尔自治区地质矿产勘查开发局、西北大学、江汉石油学院等许多单位均先后开展了这方面的研究工作。重力流类型以浊流为主，后期研究涉及碎屑流等其他类型。然而，由于此期研究大多具有试探性，尚处于积累资料和逐步加深认识阶段，因而完成的成果不多。但是该期的探索性工作对其后研究的奠基作用是不可低估的，80 年代初期重力流沉积研究的迅猛发展和累累硕果的取得正是基于此期研究的良好基础之上的。

80 年代是我国重力流研究非常重要的发展阶段，重力流沉积研究在全国范围内全面展开，其发展速度之快、范围之广、成果之丰都是罕见的。深水重力流沉积研究已从单一类型延伸到多种类型，从陆源

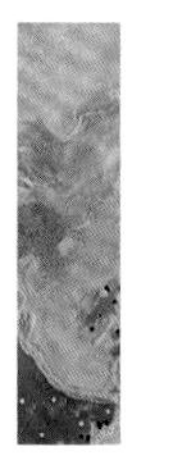

碎屑重力流沉积扩展到碳酸盐和火山碎屑重力流沉积，从海洋发展到湖泊，从一般性描述转入沉积模式、控制因素及含矿性的探讨，出现了突飞猛进、硕果累累的可喜局面。

重力流沉积研究，在80年代的突飞猛进之后，90年代进入了更加成熟、更加深入的研究时期。90年代的研究对于重力流中复杂的、疑难的及有争议的问题，则是下气力精雕细刻，如对重力流沉积内部纵、横向各部位的层序结构进行分析、归纳、组合，重塑沉积时大地构造环境及演化史，分析重力流的物源方向和沉积盆地水深，判断浊流的流体性质演化过程和持续时间；有的学者还进一步总结深水遗迹化石属的分布规律，并给以生态分析和环境解释；还有的学者深入研究深水扇的储油物性、生储盖组合的空间演化与构造活动关系，进而指出研究区油气远景区和有利勘探区块；近年有的学者用新技术、新方法查明浊积扇体中油层分布规律，为增储增产和采油方案的制定提供科学依据。

在重力流沉积产物及影响因素的广泛性研究的同时，有的学者把重点放在重力流沉积体自身特点的规律研究上，如针对重力流在不同性质物源、不同古地理环境下的沉积体特点，建立起最具代表性模式和浊积岩系的岩石相类型及其组合规律，借以重塑浊流活动规律和构造——古地理环境。

总结浊流沉积的研究历史，可以看出，人们对浊流及相关重力流沉积的研究和认识不外乎体现在以下三个方面：①对浊积岩形态学的研究和认识：包括对浊积岩的内部结构、构造及其垂向组合序列的识别，对浊积相的划分及其相模式的建立。这方面的认识是浅层次的，表面的，但也是最基础的。②从运动学的角度研究浊流的搬运与沉积过程，包括对浊流性质、流态及其在流动过程中变化情况的研究，由此来解释浊积岩的形态学特征；而对于古代浊流沉积来说，这一过程是无法通过沉积物记录进行研究的，只有通过现代一些浊流实验模拟来加以研究、推断。③从动力学角度出发研究浊流的成因，包括其触发机制，搬运机制与沉积机制的研究，由此而解释浊流的运动学机制。以上三个方面的研究，也是浊流研究中的三个不同层次，由表及里，正符合人们认识事物的一般规律。

总之，目前对浊流沉积的研究无论在深度上还是广度上均有了很大的突破，其研究方法与研究手段也都有了长足的进展，浊流的概念也被赋予新的内容。浊积岩作为一种重要的油气储层正日益受到人们的重视。

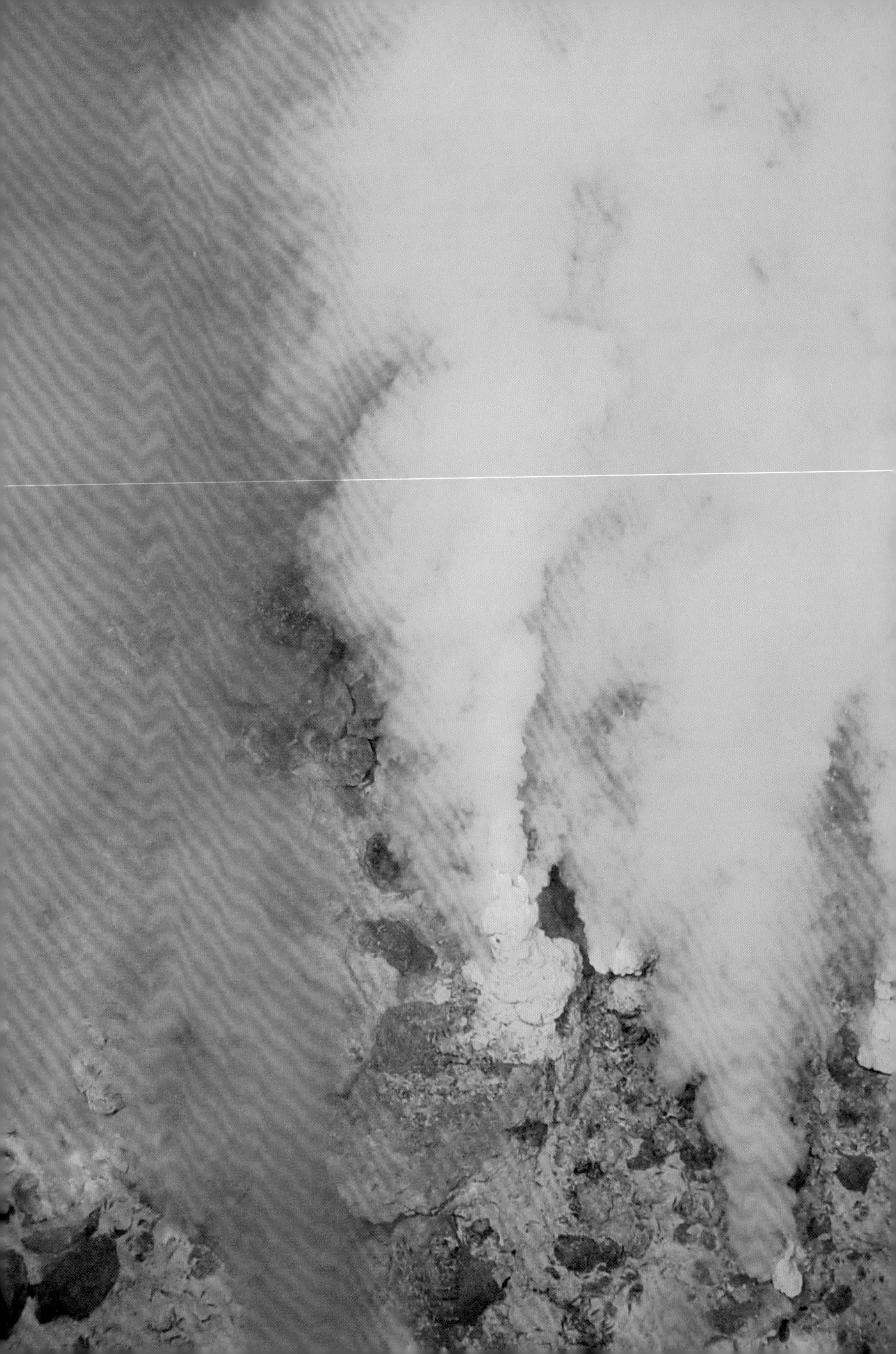

Chapter 4

第四章

海底热液系统与“迷失之城”

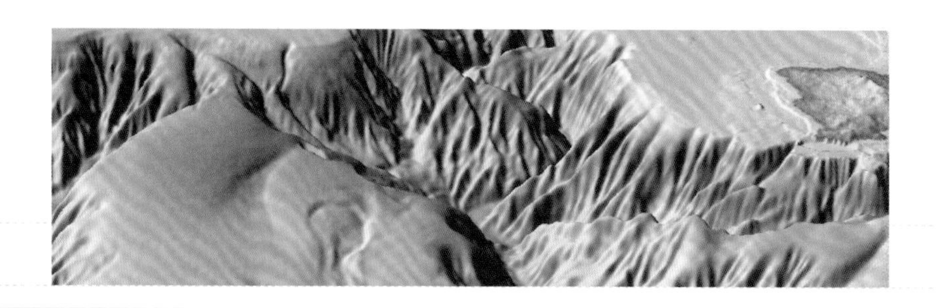

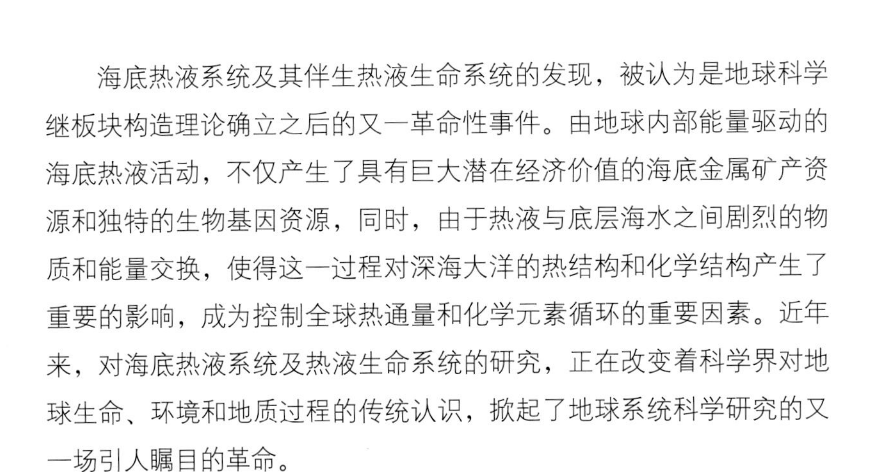

海底热液系统及其伴生热液生命系统的发现，被认为是地球科学继板块构造理论确立之后的又一革命性事件。由地球内部能量驱动的海底热液活动，不仅产生了具有巨大潜在经济价值的海底金属矿产资源和独特的生物基因资源，同时，由于热液与底层海水之间剧烈的物质和能量交换，使得这一过程对深海大洋的热结构和化学结构产生了重要的影响，成为控制全球热通量和化学元素循环的重要因素。近年来，对海底热液系统及热液生命系统的研究，正在改变着科学界对地球生命、环境和地质过程的传统认识，掀起了地球系统科学研究的又一场引人瞩目的革命。

热液活动的发现历史及全球分布

1976年5月，彼得·朗斯代尔（Peter Lonsdale）利用装载了温度－盐度－深度传感器（CTD）、采水器和摄像装置的深海拖体，发现太平洋2500米水深的加拉帕戈斯洋脊扩张中心有0.1℃的海水温度异常。同时，摄像装置拍摄到了喷口周围生机勃勃的生物群落影像，首次获取了海底存在热液喷口的证据。1977年，地质学家乘坐深潜器"阿尔文"号重返加拉帕戈斯洋脊，在此处发现了正在活动的热液喷口，用人类的双眼第一次直接看到了海底热液生物群落（图4-1）。1979年4月，生物学家探索加拉帕戈斯洋脊热液喷口，美国国家地理杂志摄像组同时拍摄专题纪录片，向公众首次展示了海底热液喷口的奇异景象。

自首个海底热液系统被发现以来，科学家们一直致力于发现更多新的热液喷口，大规模有组织的热液活动系统调查已经覆盖全球海底扩张中心。迄今为止，科学家已在全球范围内观测到活动的热液区有140余个，共计520多个活动热液喷口。它们大部分位于水深1300～3700米的区域，平均水深为2500米。从地理位置上看，在全球发育的海底热液系统中，太平洋占75%、大西洋占16%、印度洋占3%、其他海区占到6%左右。就地质构造部位而言，喷口主

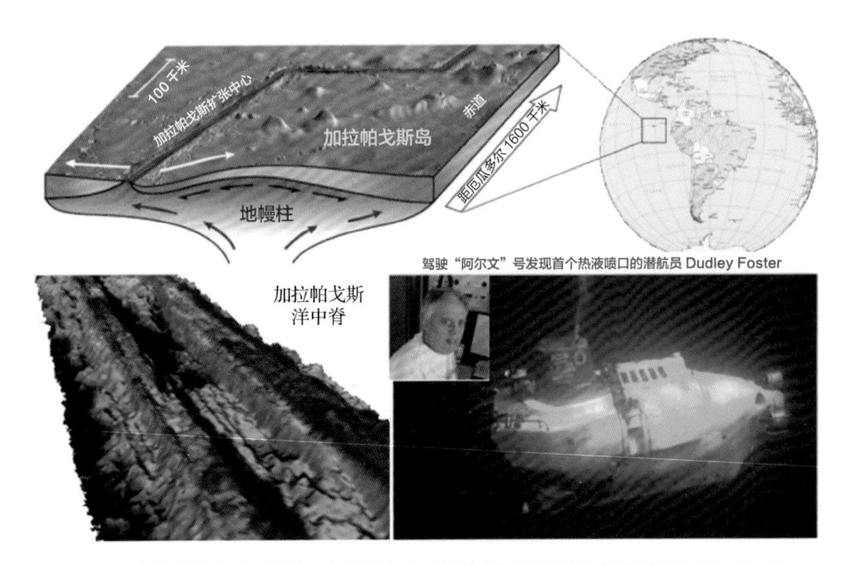

图 4-1　加拉帕戈斯扩张中心位置，发现热液喷口的深潜器“阿尔文”号及其潜航员 Dudley Foster（引自 www.whoi.com）

要分布在构造－断裂活动区、板块边界地带。科学家们通过对全球热液喷口地点进行的统计，发现海底热液系统的分布并不均衡。其中，洋中脊扩张中心的喷口约占已知活动喷口总量的 52%，火山弧处的喷口约占 25%，弧后扩张中心的喷口约占 21%，而剩余的 2% 则分布在板内或其他构造单元处。显然，世界各大洋发现的热液喷口，主要分布在洋中脊扩张中心，如东太平洋隆、东北太平洋中脊、大西洋中脊、印度洋中脊和北冰洋中脊等（图 4-2）；其次分布于火山弧及弧后扩张中心，如劳盆地、北斐济盆地、马里亚纳海槽、伊豆－小笠原弧、冲绳海槽等构造活动区。有科学家推测，在全球洋中脊或弧后扩张等地活动的热液喷口可能多达 1060 个。随着调查范围的不断扩大以及研究的深入，将会有越来越多的海底热液喷口被陆续发现。

我国的海底热液活动调查工作起步较晚。20 世纪 80 年代，在中－德合作的“第 57 航次”（简称 SO57）中，我国对马里亚纳海槽热液硫化物及其地质环境进行了首次调查。1990 年，我国继续与德国、美

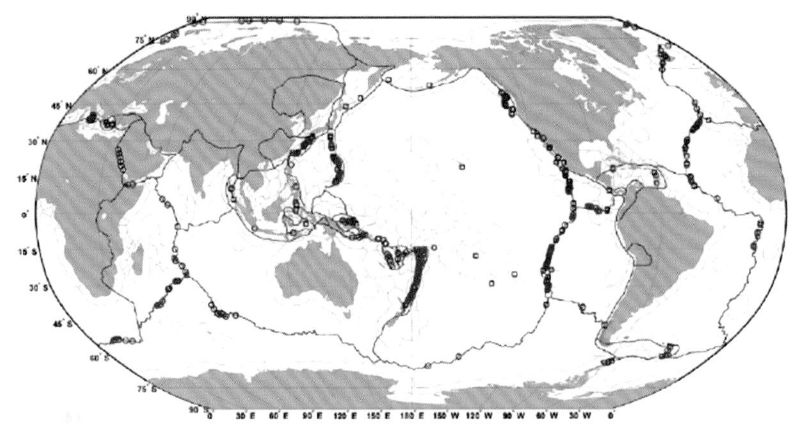

图 4–2 全球热液喷口分布示意图（方框表示已经证实的活动热液喷口，圆圈表示推测的热液活动区域，蓝色表示 2000 年前已证实和推测喷口区域，红色表示 2000 年后证实和推测喷口区域）

国等国的科学家合作，执行了 SO69 航次，再次对马里亚纳海槽进行了详细调查。1992 年 6 月，在我国国家自然基金委的支持下，中国科学院海洋研究所对冲绳海槽的海底热液活动独立地进行了调查和采样工作。自 2003 年以来，在中国大洋矿产资源研究开发协会的组织下，我国开始自主独立地进行大洋中脊热液活动及硫化物资源的科考调查工作。

2005 年，利用美国著名的“亚特兰蒂斯 / 阿尔文”载人深潜科考船，中美双方的研究人员在胡安・德富卡洋脊热液区执行了两国首次联合深潜科考航次。除完成热液硫化物样品采集任务之外，科考队员利用自行设计和研制的高温帽和培养篮等设备，成功地进行了海底热液烟囱原位生长和矿物培养实验，为阐明热液烟囱的生长机制及生物与矿物相互作用机理获得了宝贵的样品。通过此次联合深潜，我国科学家得到了宝贵的深海热液样品，学习了国外深海考察装备的技术和管理经验，促进了我国深海科学研究能力的提升。

2005 年 4 月 2 日至 2006 年 1 月 22 日，“大洋一号”考察船从青岛起航，历时 297 天，航行 43 230 海里，横跨三大洋，完成了我国首

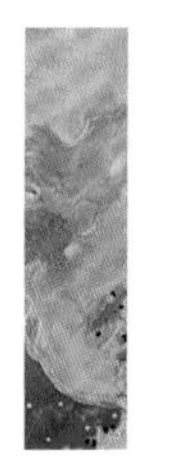

次环球大洋科学考察任务。在2007年的第19航次考察中，科考队在西南印度洋中脊成功地发现了新的海底热液活动异常区域，实现了中国人在该领域“零”的突破。同时，这也是世界上首次在超慢速扩张的西南印度洋中脊发现海底热液活动，证实了在超慢速扩张的洋中脊上也存在热液喷口活动的推断。这是中国科学家对于海底热液系统科学研究所做出的重要贡献，它推动了世界超慢速扩张洋中脊的研究。继环球科考活动后，中国科学家相继在劳盆地、东太平洋海隆、南大西洋洋中脊发现了多处新的海底热液活动区。

海底热液系统的形成

海底热液喷口主要集中在洋中脊地区。根据洋脊扩张速率，可分为快速（80 ~ 140 毫米 / 年）、中速（55 ~ 80 毫米 / 年）、慢速（20 ~ 55 毫米 / 年）和超慢速（< 20 毫米 / 年）洋中脊。一般而言，洋中脊热液喷口的热通量与扩张速率呈正比。

海底并非密不透水，事实上，海底是“漏”的。由于海底基岩中存在大量的裂隙，冰冷的海水通过它们得以向海底深处渗漏。在下渗的过程中，海水与周围基岩将发生一系列复杂的化学反应，使得下渗海水的成分产生巨大的变化。在岩浆房的加热下，原来正常的海水“摇身一变”成了高温的热液，密度也变得比海水轻，因此会折身向上运动，最终从海底喷发而出，形成海底热液喷发的奇观（图 4–3）。

高温、还原性的热液流体从海底喷发后，会与低温、富氧的海水发生剧烈的混合，导致大量的热液矿物（例如，铜、锌、铁等硫化物）从流体沉淀出来。与此同时，热液流体被海水稀释，再形成所谓的“热液羽状流”，如烟囱喷发出来的“烟雾”一样在海水中迁移扩散。在海流的作用下，这些“烟雾”的迁移距离可达几十千米至上百千米。在这一过程中，各类化学元素在一定条件下沉降，在海底形成铁、锰等有用的矿物资源。

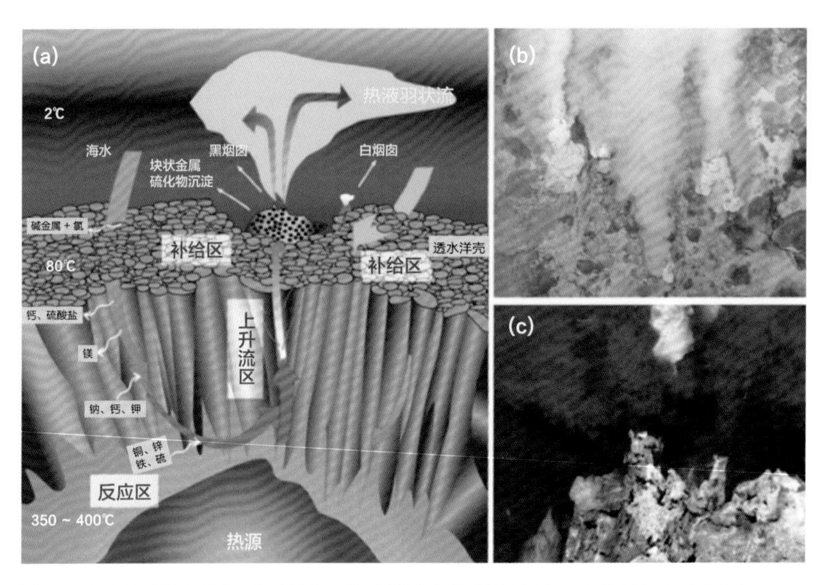

图 4–3 （a）海底热液系统形成示意图（引自伍兹霍尔海洋研究所）；（b）白烟囱；（c）黑烟囱

海底喷涌而出的“烟雾”，不仅释放出了地球内部的热量、金属离子和气体，为生命群落提供了能量和物质，同时，热液黑烟囱在地层中的保存也能为研究大洋古环境及古生态系统提供重要信息。例如，在塞浦路斯的 9000 万年前铜矿床中的黑烟囱化石和在西澳大利亚 32 亿年前的硫化物矿床中，均发现了保存良好的大量丝状微生物化石，为研究地球早期生命的起源和演化提供了重要的线索。

热液烟囱的类型

由于热液与海水在化学成分和温度上存在着巨大的差异，高温热液在与冷的海水混合后会迅速降温，同时部分离子会从热液流体中析出而形成矿物。这些沉淀物就近堆积在喷口的四周，日积月累下来就形成了一个个高高低低、像烟囱般的喷口。这些烟囱或大或小，高度可达 10 米（图 4–4），根据颜色称之为“黑烟囱”或“白烟囱”。黑烟囱喷出流体的温度一般高于白烟囱喷出流体的温度。

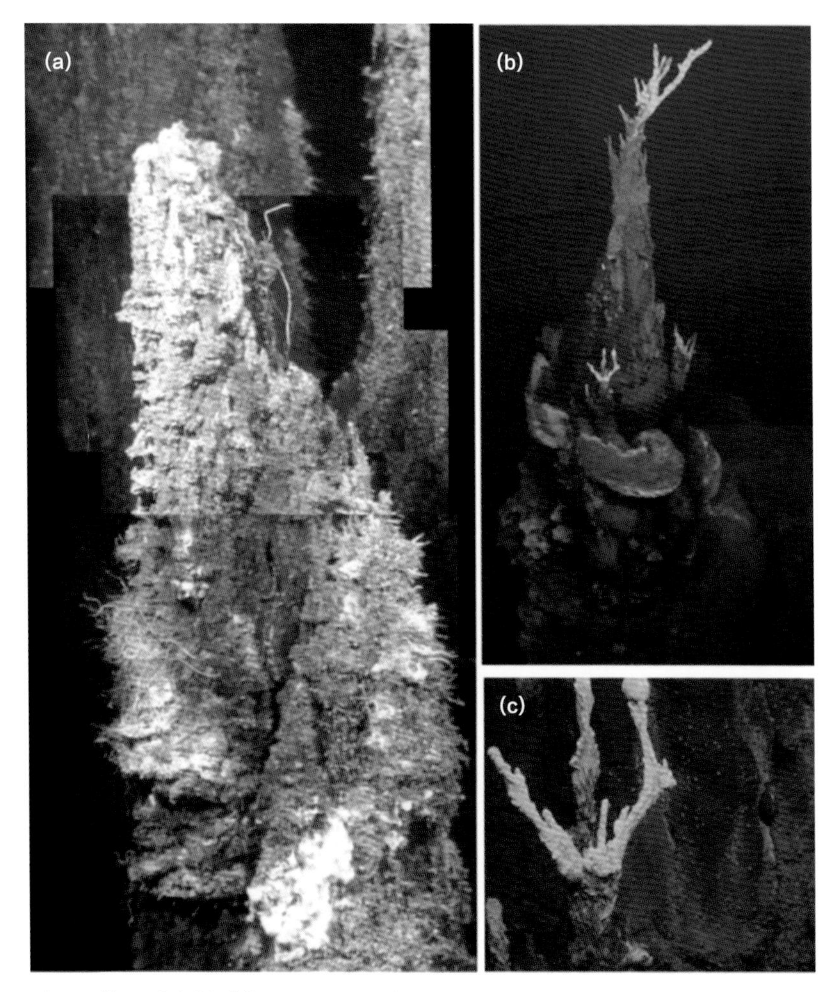

图 4–4　耸立于海底的烟囱体。(a)硫化物烟囱体;(b)热液场;(c)为(b)图的局部放大图

实际上，海底黑烟囱喷发只是热液喷发的一种表现形式，当然也是最壮观的一种。然而，热液并不是总由黑烟囱集中、剧烈地喷出。在有些地方，比如加拉帕戈斯海域，有些热液就是从海底的一些十分细小的喷口中缓缓流出，它们与海水混合的速度比较慢，热液温度也仅逾 20℃，科学家们将这种热液喷发形式称为扩散流喷发。热液喷

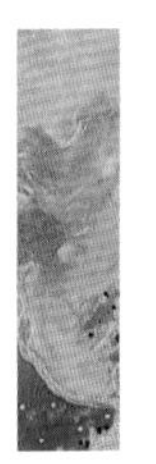

发还有另外一种表现形式，被称为“悬液池”喷发。东北太平洋北纬47° 胡安·德富卡洋脊热液区，这种热液喷发特征就比较明显。热液喷发过程中形成了类似“屋檐”的遮挡，“屋檐”下面则流淌着温度高达 370℃的热液流体，形成悬浮于海水中的高温热池。

一般认为，海底黑烟囱的形成可分为早期硫酸盐形成阶段和晚期硫化物形成阶段（图 4–5）。在早期硫酸盐形成阶段，高温热液流体喷出海底与冷的海水接触。当冷的海水被加热到 150 ～ 200℃时，硫酸钙达到饱和生成硬石膏沉淀，形成以硬石膏为主要矿物组成的烟囱基本结构。在晚期硫化物形成阶段，由于硬石膏结构的存在，高温的热液流体不再与大量的海水直接接触，此时 Cu-Fe-Zn 硫化物开始在烟囱内沿各个方向沉淀并交代硬石膏。由于硫化物的沉淀，烟囱体同时向烟囱内部（主要沉淀方黄铜矿、黄铜矿）、外部（主要沉淀黄铁矿、闪锌矿、磁黄铁矿、斑铜矿和硬石膏）和上部（主要沉淀硬石膏）生长，并最终形成完整、壮观的烟囱结构。

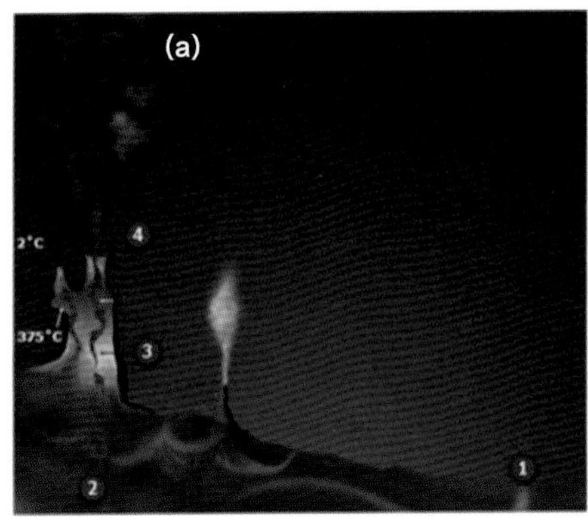

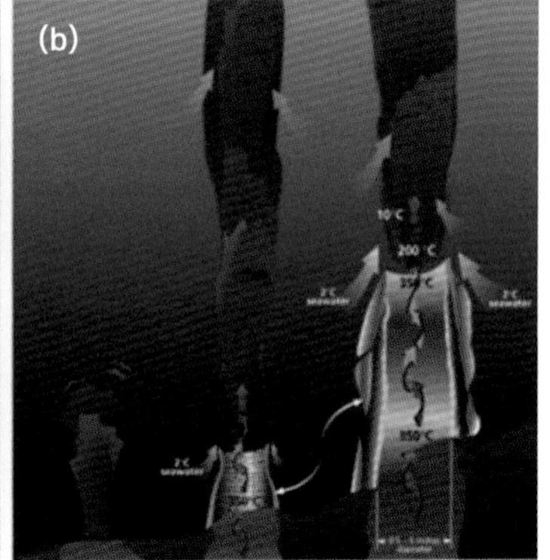

图 4–5 （a）黑烟囱形成过程示意图：① 冰冷的海水通过缝隙渗到海底的地层中；②岩浆房加热使海水的温度升高，海水与海底岩石发生一系列化学反应，包括海水中的氧气逸出，海水变酸，溶解围岩中的铁、铜、锌等金属，海水变成了成分复杂的热液；③相比于海水，热液的密度较小，从而得以穿过海底岩层上升；④热液离开了烟囱口与冰冷的海水混合，温度发生骤降。热液中所携带的金属就会与硫离子发生反应，形成黑色的金属硫化物。（b）为海底黑烟囱形成的两个阶段（引自伍兹霍尔海洋研究所）

热液流体的物理化学性质

海底热液系统是地球上典型的极端环境，热液流体在物理化学性质方面具有明显有别于海水的特征。例如，热液流体的温度可高达400℃，远高于周围海水，呈酸性并富含金属。同时，热液流体还富含氢气、甲烷和硫化氢等多种溶解气体。这些还原态金属和溶解气体可作为微生物的营养物质和能量来源，共同支撑着周围依靠化能合成作用获取能量的微生物群落。

大多数洋中脊的喷口区以玄武岩为洋壳基岩，各种海水和玄武岩之间的反应在流体循环过程中发生。在温度较低的下渗区(recharge zone)，海水向洋壳深部渗入，并与洋壳开始反应。当温度在 40 ~ 60℃时，海水与玄武岩反应引起玄武岩玻璃和橄榄石的蚀变，斜长石氧化成含铁的云母和蒙脱石。富镁的蒙脱石、铁的氢氧化物、碱性金属转移至蚀变矿物中，矿物中硅和硫等则进入流体中。当海水渗入更深的地方、温度高于 150℃时，流体中的镁沉淀形成黏土矿物(如蒙脱石和绿泥石)(反应 1)。

$4(NaSi)_{0.5}(CaAl)_{0.5}AlSi_2O_8$（玄武岩中钙长石－钠长石）$+ 15Mg^{2+} + 24H_2O \Rightarrow 3Mg_5Al_2Si_3O_{10}(OH)_8$（绿泥石）$+ SiO_2 + 2Na^+ + 2Ca^{2+} + 24H^+$……（反应 1）

这些水岩反应十分重要。它不仅影响海水中 Mg 的通量，而且使补给的海水呈偏酸性。然而，固定 Mg 产生的 H^+ 也有可能被硅酸盐的水解反应所消耗。例如，玄武岩和海水反应的模拟实验表明，海水中失去 Mg 的量与岩石中被淋滤出 Ca 的量基本持平。由于硬石膏溶解度随温度升高而减小，当海水被加热且温度超过 150℃时，海水中几乎所有的 Ca 和大约 2/3 的硫酸根达到饱和会生成硬石膏的沉淀。另外，玄武岩中 Ca 离子释放到流体也可能导致硬石膏的沉淀。海底热液喷口流体中 Ca 的存在证实了从岩石中淋滤出大量的 Ca。

另外，一些水岩反应也能影响热液流体的成分。例如，海水与含

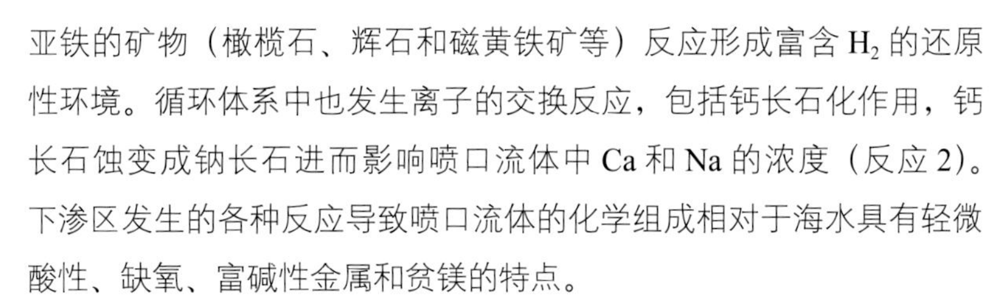

亚铁的矿物（橄榄石、辉石和磁黄铁矿等）反应形成富含 H_2 的还原性环境。循环体系中也发生离子的交换反应，包括钙长石化作用，钙长石蚀变成钠长石进而影响喷口流体中 Ca 和 Na 的浓度（反应 2）。下渗区发生的各种反应导致喷口流体的化学组成相对于海水具有轻微酸性、缺氧、富碱性金属和贫镁的特点。

$CaAl_2Si_2O_8$（钙长石）$+ 2Na^+ + 4SiO_2(aq) \Rightarrow 2NaAlSi_3O_8$（钠长石）$+ Ca^{2+}$……（反应 2）

在热液循环系统的最深处，即温度和压力更高的反应区（reaction zone）(压力在 40 ~ 50 兆帕，温度在 400℃左右)，水岩反应十分迅速，流体从岩石中淋滤出各种金属离子（如 Cu、Fe、Mn、Zn）。一般认为，热液流体的最终化学组成是在该处形成的。当温度和压力超过了海水“沸腾曲线”的临界点时，流体会进入气液两相区形成低盐度的气相和卤水相。在分离过程中，挥发组分（如 H_2S）易进入气相，而卤水相中含有较高的金属元素。在不同的压力和温度作用下，海水可形成差异明显的气相和卤水相。

氯是海底热液流体中主要的元素，大多数喷口流体的氯浓度存在差异。另外，在高温流体中氯元素能够影响元素或化合物在矿物和流体之间的相对分布。例如，氯元素能以氯化物的形式结合金属 [$FeCl_2(aq)$]。因此，相分离过程可以用来解释热液流体中氯和其他化学组成的变化。

影响热液流体性质的因素

热液流体化学组成的变化与基底岩石的特征有关。海底玄武岩与海水在高温高压下进行水岩反应，与周围海水相比，玄武岩为基底的热液流体具有近中性或轻微酸性、富金属（Fe 和 Mn 等）及溶解性气体（H_2、CO_2 和 CH_4）和强还原性等特点。大量的研究集中于玄武岩为主的热液活动，但是很少有研究考虑其他基质的影响，如安山岩、流纹岩、英安岩、橄榄岩或沉积物等。

安山岩与海水（水岩比＜5）相互作用的实验研究表明，蚀变产物与玄武岩和海水反应生成的物质类似。相对于玄武岩和海水反应的流体，该流体富含 Ca、Mn、Si 和 Fe。研究表明，安山岩为基底的热液喷口流体含有较高微量金属，如 Zn、Cd、Pb 和 As 等（见表 4-1）。同时，流体的 pH 值也较低，这有可能反映了岩浆挥发成分 SO_2 的输入。理论和实验研究表明，当橄榄岩与海水（水岩比较低）反应时，蛇纹岩和滑石有可能取代蒙脱石作为蚀变相留在洋壳中。与玄武岩和海水反应的流体不同，该流体具有较高的 pH 值、CH_4 和 H_2，而 Ca、Si、Mn 和 Fe 的含量较低。然而，相对于大多数洋中脊喷口流体，大西洋中脊以橄榄岩为主的彩虹热液场喷口流体则呈现较低 pH 值和高浓度的铁特征。导致这种现象发生的一种解释是橄榄石的水解速度较慢；另一方面，辉石的溶解出也可能是导致流体具弱酸性、富硅及高铁特点的原因之一。

热液流体的成分亦受沉积物的影响。流体与沉积物相互作用、沉积物中的碳酸盐和有机物质均能够缓冲流体的酸度变化。相对于贫沉积物环境，沉积物覆盖的 Guaymas Basin、Middle Valley 和 Escanaba Trough 喷口流体的一个共同特征是具有较高的 pH 值和相对较低含量的金属。

另外一个影响热液流体成分的因子是热源，它可以影响热液的运移和流体与基质反应时的温度和压力。其中一个典型的例子就是“迷失之城”热液系统，我们将在后面进行详细介绍。

表 4-1 不同洋脊热液流体组分比较（Tivey，2007）

	Indian Ridge RTJKF	East Pacific Rise 21°N	East Pacific Rise 13°N	Mid-Atlantic Ridge MARK	Mid-Atlantic Ridge TAG	海水
T / ℃	360	273～355	354～381	335～350	320～369	2
pH / 25℃	3.5	3.3～4.0	3.1～3.3	3.7～3.9	3～3.8	7.8
SiO_2 / (毫摩尔/升)	15.8	15.6～19.5	17.9～21.9	18.2～19.2	20.8～21.4	0.2
Alkalinity / (毫摩尔/升)	−0.46	−0.54～−0.19	−0.74～−0.40	−0.56～−0.06	−2.7～−0.45	—
Cl / (毫摩尔/升)	642	489～579	712～760	559～563	636～675	541
SO_4 / (毫摩尔/升)	0.3	0～0.6	—	0	0	27.9
Na / (毫摩尔/升)	560	432～510	551～596	510～546	549～557	464
K / (毫摩尔/升)	14.3	23.2～25.8	27.5～29.8	23～24	17.1～20	9.8
Ca / (毫摩尔/升)	30	11.7～20.8	44.6～54.8	9.9～10.5	30.8	10.2
Sr / (微摩尔/升)	77	62～97	168～182	48～51	99～103	—
Mn / (微摩尔/升)	840	699～1024	1689～2932	440～490	670～680	0
Fe / (微摩尔/升)	5400	750～2429	3980～10 760	1830～2560	4280～5590	0.0015
H_2S / (毫摩尔/升)	4.0	6.6～8.4	2.9～8.2	2.7～6.1	2.5～4.0	—
CH_4 / (微摩尔/升)	82	51～65	27～54	17～65	150～620	—

注："—" 表示未检测到。

深海热液环境发育着独特的生态系统

在几千米深的大洋中脊，热液系统极端的物理化学条件孕育着生机勃勃的海底热液生态群落。这里没有阳光，“万物生长靠太阳”的规律在这里已不再有效，而同时环境中充斥着对常见生物而言有毒的溶解性气体和富含重金属的流体。但在这种完全黑暗的喷口环境中，生活着密集的生物群落。流体与海水混合或其沉淀过程中形成的物理化学梯度界面，为微生物提供了理想的生存场所。其中大量的溶解性金属元素和还原性成分（如 H_2S、CH_4、CO_2）给化能合成微生物提供了维持生命所需的初始能源。各种极端微生物与管状蠕虫和双壳类贻贝、软体动物、甲壳类、节肢动物、环节动物、脊索动物及海绵等生物一起，构成了繁茂的海底热液生态系统（图 4-6）。海底热液生态系统的发现是 20 世纪末海洋科学研究的重大事件之一，不仅促进了现代地质学的发展，而且极大地拓宽了“生物圈”的分布范围，并对地球生命起源的理解有着重要的意义。

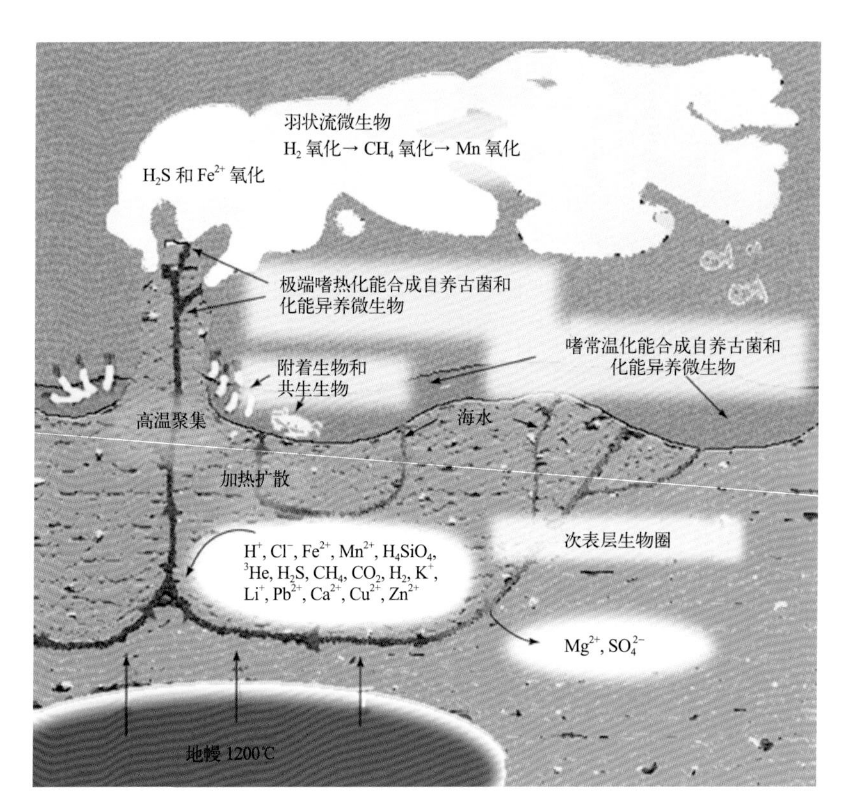

图 4–6　深海热液喷口生态系统模型（引自 Reysenbach et al., 2001）

深海热液喷口微生物环境及其生态系统

化能合成自养微生物是热液生态系统的重要组成部分，也是热液生态系统赖以维系的“初级生产力”。高温、酸性、还原性（含 CH_4、H_2、H_2S 等）且富含各种金属离子（Fe、Mn、Cu、Zn 等）的热液流体与低温、氧化的海水（O_2、NO_3^-、Fe^{3+}、SO_4^{2-} 和 CO_2）混合可形成一个物理化学变化的梯度带，这里栖息着各种类型的微生物。

化能无机自养微生物能够利用氧化还原反应产生的化学能合成生命活动所需的有机质。如铁氧化菌是海底热液环境中一种常见的、能将二价铁氧化为三价铁的化能自养微生物。它们不仅维持着微生物生态系统中的异养者，还以共生的形式支撑动物群落，从而构成整个热液生态食物链的基础。

热液喷口微生物具有独特的无机碳合成代谢路径，这有可能反映了微生物栖息环境的多样性。尽管卡尔文（Calvin）循环被认为是喷口碳固定的主要路径，但最近的研究表明深海热液喷口中微生物固定 CO_2 的途径还包括乙酰-CoA 途径、逆向 TCA 循环和羧基丙酸途径。此外，一些新型的化能无机营养型的微生物从深海喷口也被分离出来。例如，Beatty 等从东太平洋海隆北纬 9°50′ 热液场分离到一株严格厌氧的光合自养型细菌。这株严格厌氧的光合自养菌的发现对于揭示生命起源及光合作用的早期演化有重要意义。但是目前对于它的生态学价值、丰度及光合自养的能力依然不清楚。

海底热液生态系统中发现了一系列极端嗜热的微生物。1969 年，科学家从美国黄石公园的温泉中，分离出一株可以在 70℃生长的嗜热菌，推翻了生命无法在高温下存活的观念。随着海底热液喷口的发现，这一温度纪录不断被打破。1989 年，研究人员在 Guaymas 盆地分离出一株嗜热产甲烷古菌，其生存温度接近于浅海热液系统发现的 *Pyrodictium occultum* 菌株的耐受温度（110℃）。1997 年，人们在大西洋海底水深 3650 米的一个热液喷口处发现了一株“延胡索酸火叶菌”的古菌，它的最高生长温度可以达到 113℃，是典型的极端嗜热化能合成自养古菌（图 4-7）。

随后的 20 多年间，科学家一直致力于寻找一种能打破这个纪录、在分子机制上能够耐更高温度的微生物。2001 年，美国科学家从东北太平洋胡安·德富卡热液硫化物黑烟囱中终于寻找到一株能够在 121℃热水中生长的古菌，并将其命名为“Strain 121”（图 4-8）。该菌株是迄今为止所能够分离得到的具有最高耐受温度的微生物。不过，科学家们相信在海底热液喷口周围肯定有比该菌株更嗜热的生命存在。极端嗜热古菌的发现，是长期以来首次在生物耐高温极限研究领域中获得的飞跃发展，具有重大的科学意义。并且，通过提高生命生存温度的上限，可以将生物栖息地拓展到更深更远的地方。这个新发现还支持了其他星球上存在生命的可能性，也预示着生命可以在外太空的高温下存活。

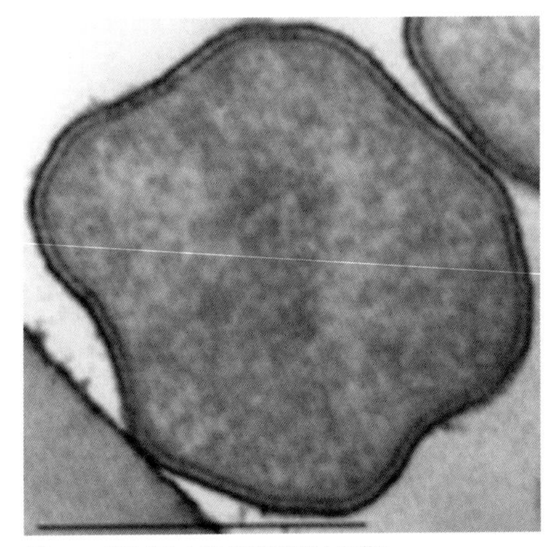

图 4–7 高温嗜热古菌“延胡索酸火叶菌”

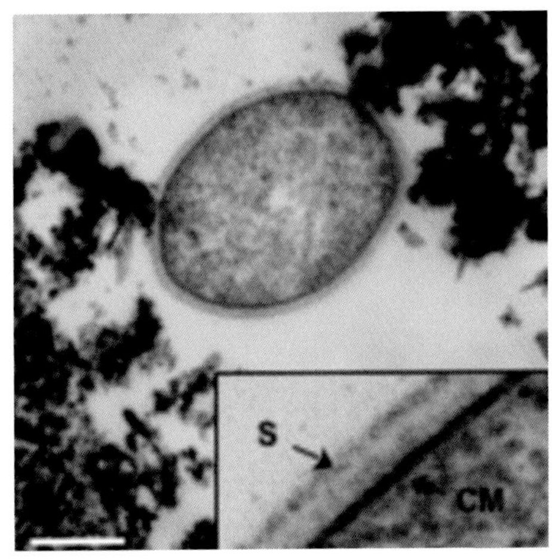

图 4–8 超嗜热古菌“Strain 121”

深海热液喷口动物环境及其生态系统

海底热液活动为海底动物提供了丰富的食物来源，从而在看似死亡的“禁区”里形成了一片绿洲。在热液喷口周围常栖息着大量体型巨大、机体构造复杂的无脊椎动物，包括一些从未被发现的新物种。与正常环境中大型生物的近亲相比，这里的无脊椎动物群落能够适应低氧、高温、富含重金属、放射性元素及高浓度 H_2S 的喷口环境。作为初级消费者，该生物群落结构独特，主要包括管状蠕虫、蛤类、贻贝类、腹足类及其他的一些大型生物。

管状蠕虫

在海底热液喷口附近，管状蠕虫是最为常见的原住生物之一。蠕虫的红色身体被包裹在一个坚韧的白色管体中，管体的直径可达 10 厘米（图 4-9）。管子的一端固着在热液喷口及其周围的岩石上，而具有许多似羽毛状的鳃体可以从管子另外一端自由地伸缩。管状蠕虫的生长速度很快，最高可以达到 80 厘米 / 年，被认为是地球上生长速度最快的动物之一，其管体的长度最长可以达到 3 米。

目前已经发现的管状蠕虫已经有十多种。管状蠕虫非寄生，但均无口、消化道和肛门等器官，因而不能直接吃食物。在蠕虫的体内装的不是肠胃，而是大量与之共生的无机化能自养型微生物。这些微生物可以占到蠕虫重量的 60%，管状蠕虫就是依靠它们来获取赖以生存的能量。管状蠕虫红色的呼吸器官——鳃在这一过程中发挥着非常重要的作用，它们为体内的化能共生菌提供必需的硫化氢和氧气等化学物质。

蛤、贻贝和喷口虾

以蛤、贻贝和喷口虾为代表的双壳类和节肢类动物也是海底热液喷口附近典型的大型动物，它们栖息在热液喷口附近的烟囱壁以及岩

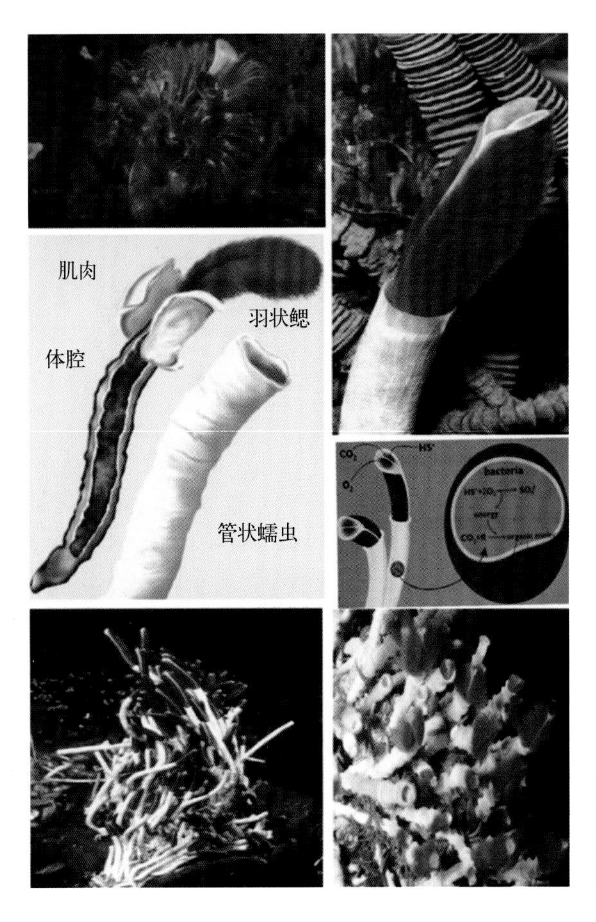

图 4–9　海底热液喷口居民——管状蠕虫（引自伍兹霍尔海洋研究所，美国国家海洋与大气管理局）

石裂隙中，其密度可以超过 300 个 / 米 ^{2}。这些生物的个体差别较大，最大蛤类的个体长度可以达到近 20 厘米（图 4–10）。

在蛤和贻贝的鳃上，同样共生着一些化能自养的微生物。这些微生物类似于管状蠕虫鳃内的共生菌，蛤和贻贝的营养也被认为主要来源于这些共生微生物。例如，贻贝 *Bathymodiolus* 是典型的双共生菌生物，其鳃内共生的微生物包括硫氧化菌和甲烷氧化菌两种，分别利用 H_2S 和 CH_4 作为主要的物质能量来源。另外，通过过滤海水中的悬浮颗粒物，蛤和贻贝也可以获取食物，因而，即便是当热液停止活动

图 4-10 海底热液喷口居民——各种虾和巨大贝类（引自伍兹霍尔海洋研究所，美国国家海洋与大气管理局）

后，它们还可以在周围环境中存活相当长的一段时间。

在全球海底热液生态系统中，已发现喷口虾的种类达十余种，环境中的个体密度可高达 3 万个 / 米 ^{2}，是部分热液系统栖息生物群落中最主要的优势种之一。它们通常以热液口的微生物为食，有些也可以捕获蛤和贻贝的幼虫，同时它们也是栖息于热液喷口的其他大型生物，例如螃蟹、海葵和鱼类的食物来源。曾经有科学家将喷口虾捕捉上来之后进行了品尝，结果发现喷口虾的味道如同臭鸡蛋，令人难以下咽。这可能是由于它们长期生活在喷口附近，体内积聚大量 H_2S 等化学物质的缘故。

其他大生物

除所述生物外，在全球范围的海底热液喷口环境中还栖息着其他的一些大生物。虽然它们的种类、数量以及丰度不太丰富，却也是海底热液生物群落的重要组成部分。这些生物包括多毛类（庞贝蠕虫）、螃蟹、蜗牛以及海葵等（图 4–11）；另外，藤壶、棘皮动物、海绵、苔藓等也偶有发现。鱼和章鱼等常在管状蠕虫和贻贝丛中游弋，并以管状蠕虫、虾、蟹、蛤和贻贝等为食，它们是热液口生物群落最高一级的捕食者。

热液喷口生物群落也和其他生物一样，都有一个发生、发展直至死亡的过程。这些生物的生命活动与海底的热液活动密切相关，一旦热液喷口“死亡”，大量的化能自养型微生物将失去物质能量来源，喷口动物群便将死亡。有些生物可以迁移到相隔数十千米到数百千米之外的新喷口生活，从而又开始形成一个新的热液生物群落。

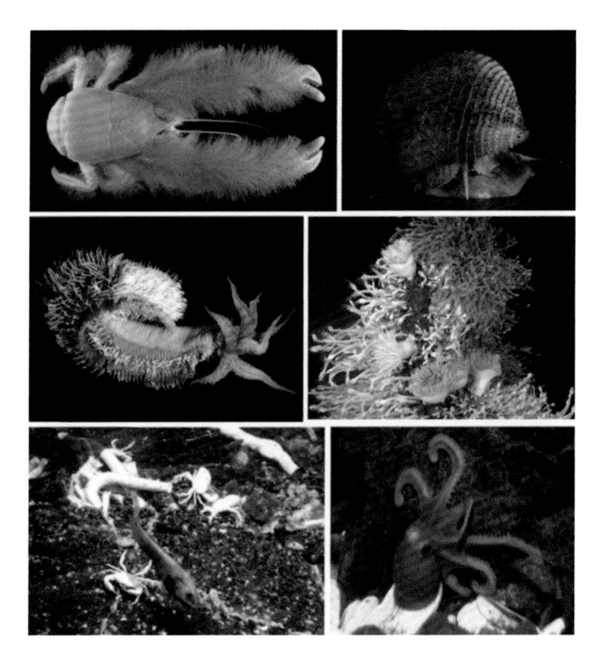

图 4–11　海底热液喷口其他居民——包括蟹、虾、鱼、蜗牛及多毛类动物等（引自 Rogers et al., 2012）

海底热液喷口的生物地理分区

在深海热液喷口，已有超过300多种新生物被发现，它们分属于不同的生物类群，其中许多物种具有海底热液生态系统的专属性。也就是说，一旦离开海底热液系统，这些物种是不能够继续存活的。大量的研究发现，不同区域的海底热液喷口在生物群落组成上存在着巨大的差异。迄今为止，在全球洋中脊和弧后扩张中心的海底热液喷口环境中，已经确定了6个不同的生物地理分区（图4–12）。已知的生物地理区与大洋盆地和沿洋中脊系统的隔离程度有着较好的相关性。

东北太平洋洋脊

位于美国西北海岸的胡安・德富卡洋脊，其生物群落以管状蠕虫 *Ridgea piscesae* 为主。该蠕虫与其他地点发现的管状蠕虫相比，无论是长度还是管子的直径都要小很多，长度在十几厘米。

东太平洋海隆

在东太平洋海隆，喷口生物群落以管状蠕虫 *Riftia pachyptila*、蛤 *Calyptogena magnifica* 以及贻贝 *Bathymodiolus* 为主。与胡安・德富卡洋脊的管状蠕虫相比，此处管状蠕虫的个体长度要长得多，可以达到几米，并且管子的直径也要粗大很多，最大可以达到10厘米。蛤类个体也很大，长度可以超过20厘米。

大西洋中脊深水区

在大西洋中脊的深水热液喷口区（2500～3600米），喷口生物群落主要是由喷口虾 *Rimicaris exoculata* 组成，而在东太平洋中脊普遍存在的管状蠕虫在该处却从未被发现。

图 4–12 海底热液喷口的生物地理分区（引自伍兹霍尔海洋研究所，美国国家海洋与大气管理局及英国自然环境研究理事会）

大西洋中脊浅水区

尽管大西洋中脊的浅水热液区（800 ~ 1700 米）与深水热液喷口区的距离并不远，但其生物群落的组成较深水区有着显著差异。浅水热液喷口区生物的组成以贻贝类为主，它们栖息在烟囱体的外壁，群落密度很高，可以达到 300 个 / 米 ^{2}。

西太平洋弧后扩张中心

西太平洋与东太平洋有着完全不同的地质和构造背景。这里属于汇聚型板块边缘，多数热液喷口位于弧后扩张中心。相应地，热液喷口的生态群落结构与东太平洋截然不同。此处的优势种群为一种多毛的腹足动物（以劳盆地为例，蜗牛是热液喷口栖居的主要动物种类）。

中印度洋中脊

由于地理位置上的邻近，在中印度洋中脊的海底热液喷口的生物群落组成与西太平洋弧后扩张中心热液喷口的群落结构具有相似性，其优势种群之一也是多毛的腹足动物（蜗牛）；但是另外的优势种群——喷口虾，却被证明与大西洋中脊深水区的生物群落有着密切的联系。

海底的扩张速率和地形特征是影响热液喷口生物地理分区的重要因素之一。与慢速及中速扩张洋脊相比，快速扩张洋脊地形上的独特性可能是导致生物幼虫沿快速扩张洋脊轴部更易扩散的原因之一。另外，受温盐效应驱动的深海环流，同样是影响喷口生物地理分区的重要因素。在深海环流的作用下，大部分的喷口无脊椎生物最初是以幼虫扩散的方式来到合适的热液环境，而随之定居下来的。

Lost City（迷失之城）

发现 Lost City

2000 年 12 月，由美国华盛顿大学和瑞士的科学家们组成的科学考察小组在针对大西洋中脊（MAR）的科学考察航次中，意外地在北纬 30° 附近的一个海底山丘上发现了一个非常特殊的海底热液场。孕育该热液场的亚特兰蒂斯山丘（Atlantis Massif）坐落于大西洋中脊（MAR）和大西洋转换断层（ATF）交叉点上。该海底山丘的横截面长为 15 千米，其南侧是靠近转换断层 ATF、水深达 3800 米的陡峭的海底悬崖（图 4–13）。与以往发现的高温海底热液场一般都坐落于正在形成的洋中脊上不同，Lost City 热液场位于距离大西洋中脊 15 千米的地方，靠近高约 4 千米的亚特兰蒂斯山丘的顶部。而亚特兰蒂斯在古希腊传说中代表着“沉没在海底的城市”的意思，因此这一新发现的热液系统即被命名为“迷失之城”，即 Lost City 热液场。无论从驱动喷口热液循环的地质背景以及热液流体的物理化学性质，还是从烟囱结构及成分来看，该热液区都打破了人们对热液系统的常规认识，它属于一种新的热液活动类型。Lost City 热液场的发现再次吸引了全世界科学家探索深海的目光。

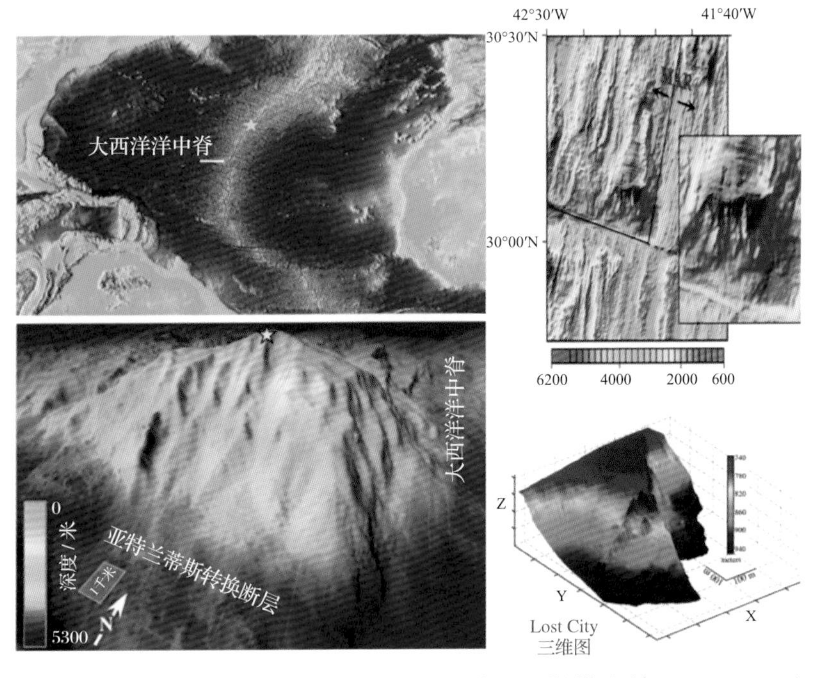

图 4-13　Lost City 在大洋中的地理位置及三维图像（引自 Kelley et al., 2005）

Lost City 地质构造背景及特殊成因

热液活动需要有巨大的热源来驱动。传统的观点认为，驱动热液活动的热源都与下伏的岩浆有关。Lost City 低温热液场距离大西洋扩张中脊有 15 千米远，因此可推测驱动该热液场的热源几乎与岩浆活动的关系不大。研究发现，相对于玄武岩热液系统，Lost City 热液活动区含有超镁铁质的岩石，在部分地区，它们直接出露海底，与海水接触并发生蛇纹岩化作用，形成蛇纹岩化的橄榄岩。橄榄岩蛇纹石化这一水岩反应过程会释放出大量的热量，从而为形成这一独特的海底热液系统提供了必要的热源。Lost City 热液场的发现表明，可能有大量类似的低温热液场坐落于老的、远离活跃火山区的洋壳上，极大地拓展了全球洋底存在热液场的范围和数量。

当 Lost City 烟囱体喷出的富钙、高碱度流体与海水混合，流体中的 Ca 离子与海水中的碳酸盐和重碳酸盐结合沉淀形成文石和方解石，富氢氧根的流体与海水中 Mg 沉淀生成水镁石，即发生所谓的“缓冲反应”。在 Lost City 低温热液场，科学家们发现许多活动和不活动的热液喷口。地球化学和岩石学分析表明两种类型的喷口存在明显差异。活动喷口烟囱体和凸缘主要由多孔易碎的文石和水镁石组成，而不活动的烟囱体具有少孔、高度岩化且富含方解石的特点。由于 Lost City 热液场位于水下 700 米处，浅于大西洋“碳酸钙的补偿深度”（4000 米），因此这些碳酸盐结构的烟囱体得以完整保存，从而使这个海底“迷失之城”的地貌呈现出十分壮观的景象。

“这真是难以置信地令人兴奋”，当科学家们看到那些白色的、由碳酸盐组成的巨大烟囱体中“缓慢地喷发出稠密而又滚烫的流体”时发出由衷的感叹。在这些壮观的构造中，包括外貌奇特、形态各异的大型结构和构造：①活动的，正在喷发热液流体高达 12 米的碳酸盐型尖塔；②宽度超过 1 米的形似翻转手掌的指状碳酸盐沉淀物；③悬挂于峭壁上的形似瀑布且相互交叠的石灰华；④与热液场底部裂隙交叉或者平行的相互交会的碳酸盐岩脉。在 Lost City 热液场的中间位置矗立着一个体积巨大的活动热液喷口——Poseidon，它的高度超过 60 米，延展范围超过 100 米，是目前为止所知世界最大的海底热液喷口（图 4-14）。它的结构复杂，包括了 4 个大型的碳酸盐型尖塔构造，其塔尖喷发的热液流体温度高达 75℃（图 4-15）。在 Poseidon 边上的一个小尖锥构造甚至喷发着高达 91℃的热液流体，保持着该区最高的温度纪录。在活动的喷口上，通常点缀着雪白精致的指状、树枝状、石笋状圆锥体，其上部还存在新鲜的白色碳酸盐型沉积物。由此可以推断，该烟囱活动的喷发作用发生在尖锥和尖顶以及翼缘的顶部。

另外，这些巨大的碳酸盐型尖塔构造体在喷发热液的过程中，其外壁有时会有破裂，造成热液流体从外壁的裂隙中喷发出来。当热液

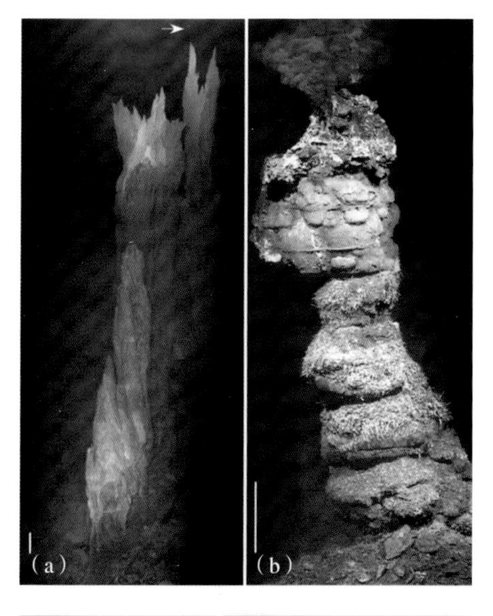

图 4–14 Lost City Poseidon 烟囱体（a）和其他区域黑烟囱（b）对比

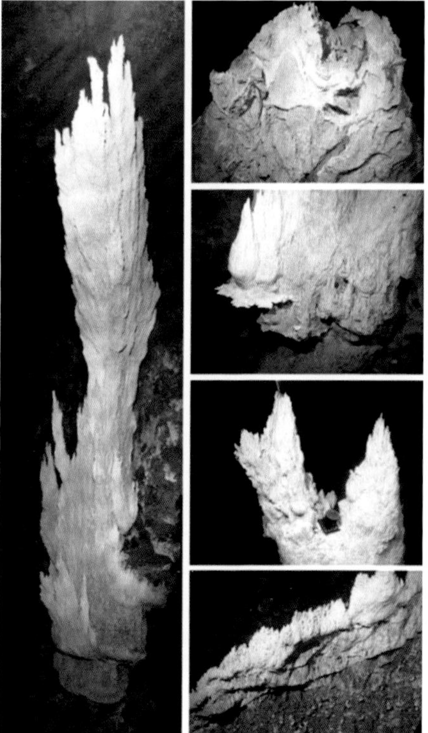

图 4–15 位于 Lost City 热液场中心发育的各种形态的碳酸盐结构体（引自 Kelley et al., 2005）

流体持续喷发时，形成巨大的与烟囱体垂直的碳酸盐型侧翼。这些侧翼的底部是向上凹进的，就像一个翻转的碗状，内部形成一个热液流体（40 ~ 55℃）的圈闭。当侧翼内部储存热液的水池被充满时，比海水更轻的低温热液流体便会沿着侧翼的外沿向外散出，从而导致了侧翼的向外生长。如果这些侧翼的顶部存在着裂隙，热液流体便会沿着这些裂隙向上喷发，之后便与海水反应，进而又会沉淀出一些精美的结构，形状可以像宝塔、手指、树枝以及石笋等，最高的可以达到 8 米（图 4–16）。

图 4–16　在侧翼上沉淀的各种形状的小烟囱（引自 Kelley et al., 2007）

Lost City 热液流体化学成分及独特的生态系统

与常见的高温、低 pH 值，且富还原性气体和金属元素的热液流体不同，Lost City 热液场的流体成分具有其独特的化学特性。Lost City 热液流体呈碱性（pH 值在 9 ～ 11 之间），H_2 和 CH_4 的浓度分别在 0.5 ～ 14.4 毫摩尔 / 千克和 1 ～ 2 毫摩尔 / 千克，明显高于以玄武岩为围岩的热液流体成分，钙离子的浓度是海水的 3 倍之多。

由于 Lost City 热液场的流体具有高 pH 值以及温度适中（40 ～ 75℃）等特点，因此是那些喜欢高温的微生物极佳的生存环境。研究发现，在 Lost City 热液场的热液喷发区域发育有非常稠密、旺盛的微生物群落（图 4–17）。这些群落通常形成长数厘米、颜色为白至浅灰色的纤维状丝状物。特别是在烟囱壁的孔洞中，栖息着各种各样的微生物，如甲烷菌能够利用蛇纹石化产生的氢气生成 CH_4，而一些微生物则具有利用 CH_4 的能力。在 Lost City 热液区有两类甲烷消费者，在有氧的条件下有氧化甲烷的细菌，在厌氧的条件下有甲烷厌氧氧化古菌。它们生产的有机物物质被食物链的消费者如无脊椎动物和鱼类所消耗。整个 Lost City 系统看起来是由甲烷的产生以及甲烷的消耗来将各种生物群落串联起来的。

然而，当“迷失之城”首入眼帘的时候，它的大生物发育状况并没有像其他喷口那样呈现一派欣欣向荣的景象。这里既没有东太平洋热液场特有的大型红色管状蠕虫、喷口蛤蜊或贻贝类，也没有大西洋中脊热液场成群的虾。直到 2003 年，在 Lost City 烟囱体的顶端发现了一些不足 20 厘米长的生物。虽然这些喷口乍看相当贫瘠，但在碳酸盐结构的裂缝处及空洞中可见到各种生物。在 Lost City 热液喷口栖息的宏生物区系，到目前为止已发现 70 多个物种，它们分别代表 13 个类群。其中，小型的甲壳动物、端足类和腹足类动物是优势物种。

图 4–17　Lost City 热液场的生物群落及营养结构示意图（引自 Boetius, 2005）

环节动物门

目前为止，在此发现了 7 个体型最小的多毛类物种，包括代表性的吻沙蚕科、天仙虫科和多鳞虫科。

腔肠动物门

腔肠动物常出现在非活动喷口区域，是帽岩和热液场周围的优势物种，其中包括海葵、海柳（学名黑珊瑚）、*Lophelia* 珊瑚和水螅。

海绵动物门

在此共发现了 5 种不同形态的海绵物种。除了其中一种形态的海绵存在于活动的尖塔碳酸盐样品中，其余大部分则栖息于非活动区。

软体动物门

小型腹足类动物在热液场喷口普遍存在，且在活动的碳酸盐烟囱体上十分丰富。其中，贻贝类常见于近斜坡的底部，活的 *Bathymodiolus* aff. *azoricus* 栖息于活动的塔尖一侧。虽然沿着大西洋中脊其他热液点也能发现 *B.* aff. *azoricus*，但此类型贻贝被认为是该喷口的特有物种。此外，在 Chaff 海滨处含有大量的螺旋形贝类。

节足动物门

端足类动物是 Lost City 热液场最丰富的动物群落，其中 *Bouvierella* aff. *curtirama* 和 *Primno evansi* 两个物种主要出现于活动的喷口区域，但也有一些物种远离该热液场中的碳酸盐结构。此外，在活动和非活动的烟囱体处，科学家也捕获到桡足类动物，包括哲水蚤、介形虫、原足目、短尾蟹、叶肢介、等足目动物、藤壶、磷虾（*Nematoscelis* sp.）以及海蜘蛛类。

棘皮动物门

Chaff 海滨区和 Breccia 帽处含有典型的棘皮动物类，包括海胆、小海星及海蛇尾纲类动物。海胆和 *Areosoma fenestratum* 出现在一个活动尖塔的侧面，但是大多数海胆常发现于不活动的区域。

硬骨鱼纲——合鳃鳗属

Lost City 热液场周围的水体同时盛产各种鱼类，如多锯鲈（*Polyprion americanus*）和柯氏合鳃鳗（*Synaphobranchus kaupii*）等。

Lost City 的年龄

虽然在 2000 年才发现 Lost City，但是它至少喷发了 2.5 万年。科学家对 Lost City 热液场中碳酸盐烟囱体进行了 ^{14}C 年代测定，结果表明该热液场最老的灰色残留烟囱体距今 2.5 万年。而一些活动的喷口样品十分年轻，其年龄跨度在 0（现代）～ 500 年之间。这些数据显示自 2.5 万年前以来，Lost City 热液场的热液活动一直持续喷发至今。2 万多年对于我们来说是一个漫长的过程，但与 1.5 亿年前形成的古老洋壳相比，Lost City 热液场则相对年轻。

热液硫化物矿产资源

1866年，法国作家凡尔纳在科幻小说《海底两万里》中写道："海洋的深处富含锌、铁、金、银等矿石，并且它们极易开采。"这句话在当时看来简直就是天方夜谭。直到1979年，发现深海热液喷口处形成的多金属沉积物才引起人们的关注。

热液多金属硫化物矿床是热液流体喷出后沉淀而成的，它们与海底热液系统相伴而生。目前，不同的地质条件下都发现有多金属硫化物矿床，在世界大洋水深数百米至3500米处均有分布，尤其以2000米深处的大洋中脊和地层断裂活动带为主。尽管大量海底硫化物矿床的发育与海底热液密不可分，但是仅在约100个热液喷口附近发现有明显的硫化物矿床。与陆上硫化物矿床相比，其规模较小，大部分的矿床规模在100万～500万吨之间，其中仅有2个矿床中多金属硫化物含量在5000万吨至1亿吨之间。或许大的硫化物矿床埋藏在较深的洋壳底部，由于当今探测技术所限而没有被发现。

典型的海底多金属矿床主要由黄铁矿、黄铜矿、斑铜矿、闪锌矿、纤锌矿和方铅矿等硫化物矿物组成，主要元素有铁、铜、铅、锌、银、金、钴、镍、铂等，是具有战略意义的海底多金属矿产资源。海底多金属硫化物矿床在规模、成分和分布上受多种因素影响，

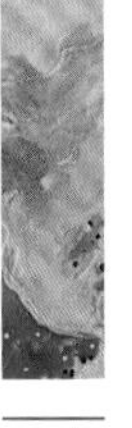

如洋脊扩展速率、基底成分、基底的深度和结构、岩浆挥发物的组分及特征和地质构造背景等。研究表明，热液硫化物矿床规模可能受扩张速率及相应的岩浆活动的制约，快速和中速扩张洋中脊的热液成矿系统容易受到岩浆侵入或喷出的破坏，不易发育大型多金属硫化物矿床。相反，慢速扩张洋中脊受岩浆喷发的破坏力较小，形成的矿床往往更大。例如，东太平洋中脊南部，热液活动频繁，但并没有形成大规模的硫化物矿床堆积，大部分热液羽状流喷出后扩散至周围的沉积物中，紧接着形成的硫化物又被新鲜的熔岩流所覆盖。而大西洋中脊的 Logatchev 和 Rainbow 热液区，热液循环发生在铁镁质和蛇纹石化的超基性岩石中，其硫化物矿床较大且富含铜、钴和镍等元素。

当前，海底热液矿床的开采日益受到关注。据预测，全球洋底热液硫化物矿产资源的总储量约 6.0 亿吨（其中铜和锌的总量约 3000 万吨，金的储量超过 4000 吨），这几乎等同于全球陆地上所开采的新生界矿床储量的总和。国际大洋钻探计划对美国西北岸外的胡安·德富卡海脊北部中谷的矿床进行了钻探，结果显示有 800 ~ 9 000 000 吨的硫化矿。在对大西洋中脊 TAG 活动热液区钻进 125 米后发现，海底表面约有硫化矿 270 万吨，表层内网状脉矿床约有 120 万吨。海底已知最大的硫化物矿床为红海的亚特兰蒂斯 Ⅱ 海渊，主要是金属软泥，其中含锌 2 克 / 吨、铜 0.5 克 / 吨、银 54 克 / 吨、金 0.5 克 / 吨。该海渊 60 平方千米范围的矿区内金属资源量分别约为铁 3000 万吨、锌 250 万吨、铜 50 万吨、银 9000 吨、金 80 吨。由于慢速扩张洋中脊占据全球洋中脊的 60%，同时发育有最大规模的硫化物矿床，因此，大约有 85% 的海底多金属硫化物资源分布在慢速扩张洋中脊（图 4–18）。这些客观的储量数据，加之陆地上矿产资源的日趋匮乏，目前已有多个国家的企业在积极地进行开采海底热液矿床可能性的探索，并纷纷制订了海底硫化物矿床的开采计划。

尽管各国对海底深处多金属硫化物矿床开发前景一致看好，但是从资源开采到转化成经济效益，还有很长的路要走。中国大洋矿

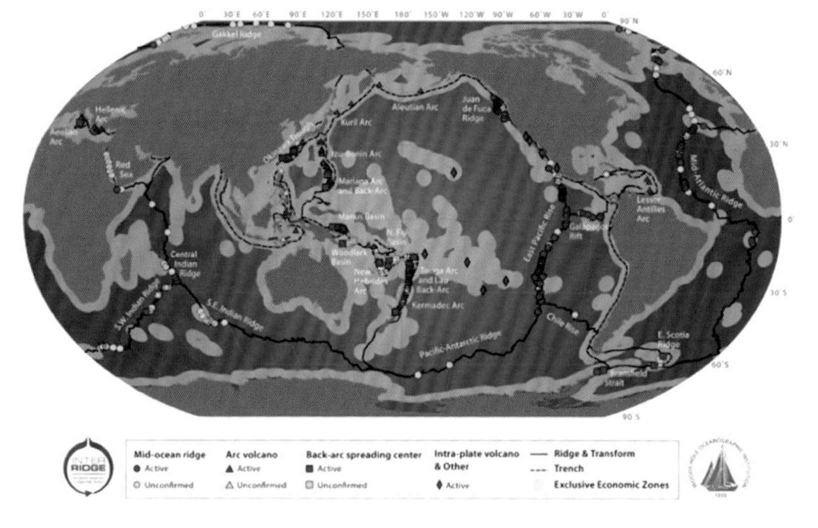

图 4-18　全球洋底热液系统及相关的硫化物矿点分布（引自 Beaulieu, 2010）

产资源研究开发协会代表国家与国际海底管理局于 2011 年签订西南印度洋 1 万平方千米多金属硫化物矿区海底勘探合同。海底勘探合同的签订使得中国对该区具有专属勘探权和商业开采优先权，这些是我国大洋事业具有重要意义的里程碑事件。它们的探索不仅具有潜在的巨大经济价值，而且在积极推动我国深海地球科学的进步、全面增强中国在国际海底区域活动中的综合竞争力、有效维护我国的海洋权益等方面具有重要意义。

海底热液活动探测技术

海底热液活动可以把地球内部的大量信息带给我们，是我们了解地球化学物质平衡、循环和热收支等科学问题的重要窗口，同时也是研究地球早期生命起源的天然实验室，对海底热液活动进行的调查研究已经成为当代地球化学、地质学、海洋科学等学科的前沿热点研究领域。热液活动区大多位于水深数千米的海底深处，喷口温度可达400℃以上。因此，实地寻找、直接观察和取样等研究都必须依赖先进的技术方法和仪器设备。到目前为止，对深海热液活动的探测技术主要包括深海拖曳走航探测、深海钻探取样、海底原位探测、海底长期定点连续探测和深潜调查等。

深海拖曳式走航连续探测技术

深海拖曳系统是由母船（或称拖船）、拖缆及拖体三部分组成的深海勘探设备，是实现从局部空间上（垂直梯度）到大面积范围内连续测量的主要海洋调查测量手段。深海拖体载有各种传感器、声学和光学设备，可以在接近海底的条件下进行海底地质地貌、海底视像、海底剖面化学、物理和生物信息的观测和记录。

从热液喷口喷出的流体与周围海水混合，在浮力的作用下上升形成热液羽状流。与正常的海水相比，热液羽状流具有较高浓度的 CH_4、^3He、Fe、Mn 等化学异常及较高的温度、盐度、浊度等物理异常的特点。装载在拖体上集成的化学传感器可以探测海水水柱中这些物理和化学参数的异常，从而确定羽状流的存在范围和分布特点，进而圈定可能存在的热液活动区（图 4–19）。该方法具有制造成本低、操作方便、效率高等优点，是目前寻找潜在热液喷口的主要技术手段。我国“大洋一号”在首次环球大洋科考和 2006 年大洋第 18 航次科考中，

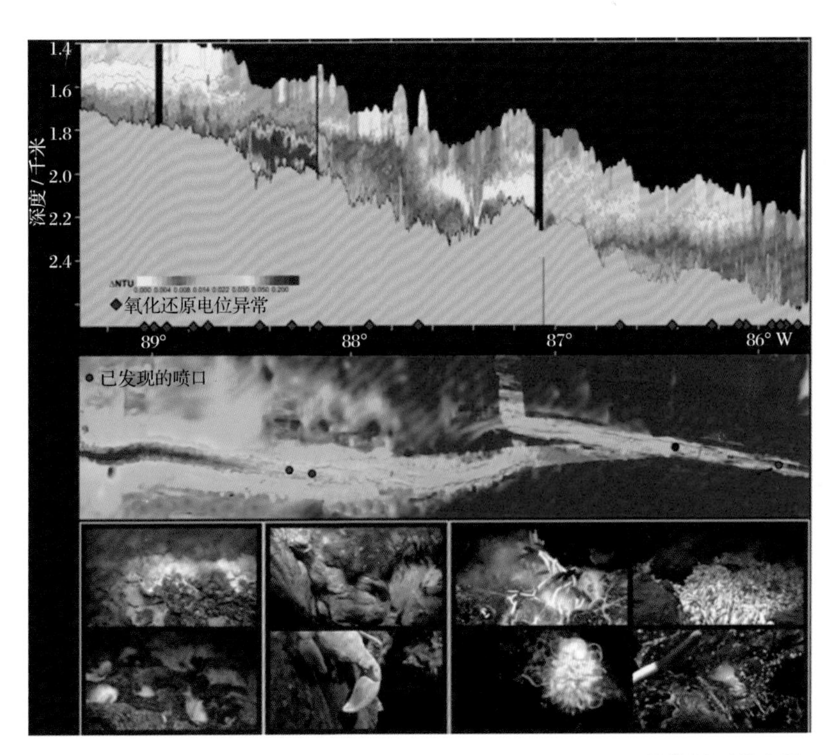

图 4–19　Galrex 2011 航次 Paramount 海山的热液羽状流调查（上图为 CTD 上携带的相关传感器以 tow-yo 方式即连续上下探测到高浓度的热液烟雾颗粒物和氧化还原电位的异常，红色轮廓区代表含量最高值；中间图为确定的该区热液喷口；下图为 ROV 拍摄到喷口区的生物）（图片引自 NOAA Okeanos Explorer Program）

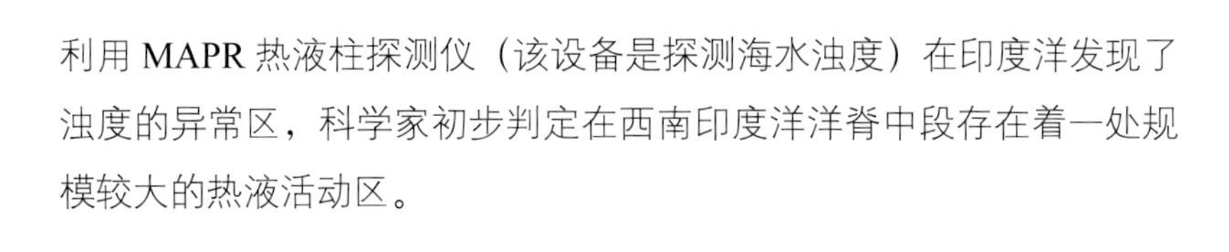

利用 MAPR 热液柱探测仪（该设备是探测海水浊度）在印度洋发现了浊度的异常区，科学家初步判定在西南印度洋洋脊中段存在着一处规模较大的热液活动区。

深海钻探

深海钻探为研究海底热液循环、热液区深部结构和物质组成以及热液活动与深部生物圈的关系等重大问题提供了重要的技术手段，进一步深化了对现代海底热液活动的认识。针对大西洋中脊 TAG 热液区的钻孔资料表明（图 4–20），TAG 丘状体具有明显的条带性。根

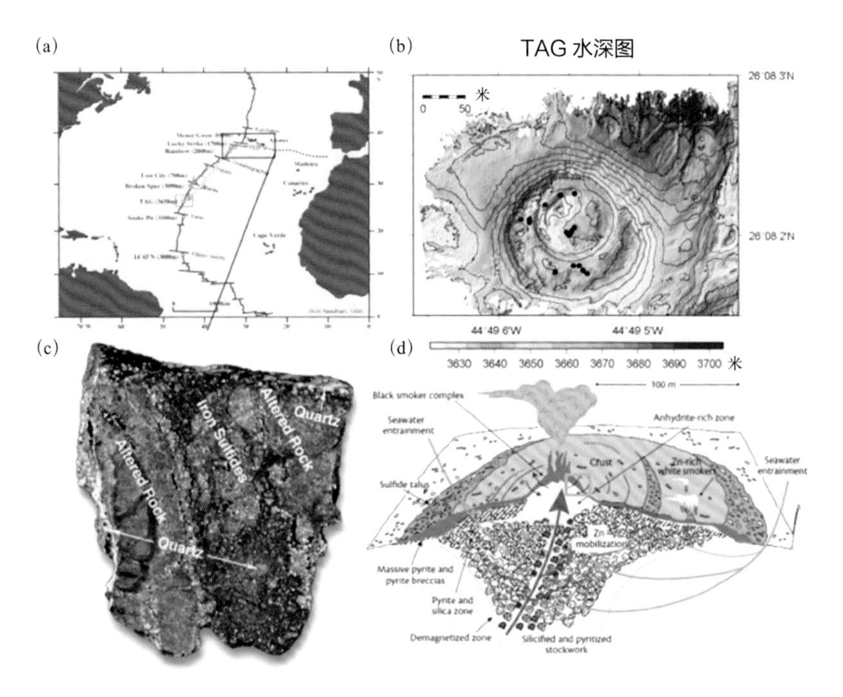

图 4–20　大西洋 TAG 热液区钻探图。（a）为 TAG 热液区的方位图；（b）为 TAG 硫化物丘状体的水深图；（c）为钻探得到的蚀变岩石；（d）为 TAG 硫化物丘状体的模型图（引自 Tivery，2007）

据矿物学和地球化学特征，可将该区热液沉淀物由上至下分为松散的块状硫化物层（包括硫化物和铁硅的氢氧化物等）、经过改造的表层物质（如后期生长、重结晶和矿物溶解等）、热液成矿形成 Fe-Cu 硫化物、硬石膏和石英以及热液蚀变玄武岩区四个部分。在成矿规模、矿物组成等方面，TAG 热液区与陆上硫化物矿床十分相似。与贫沉积物热液区相比，含沉积物覆盖的热液区在物质组成及空间结构上存在明显差异。典型实例是 ODP 第 139 航次和 169 航次对胡安 · 德富卡洋脊北部含沉积物 Middle Valley 热液区的两次钻探（图 4–21）。第 139 航次钻孔的矿物学分析表明，该区沉积物和玄武岩出现不同程度的热液蚀变。钻孔的沉积序列自下而上大致可分为三层：底层区（Zone Ⅲ），热液蚀变严重，主要包含黄铁矿、绿泥石、石英、绿帘石、斜钙沸石和方沸石等；中层区（Zone Ⅱ）含热液黄铁矿、绿泥

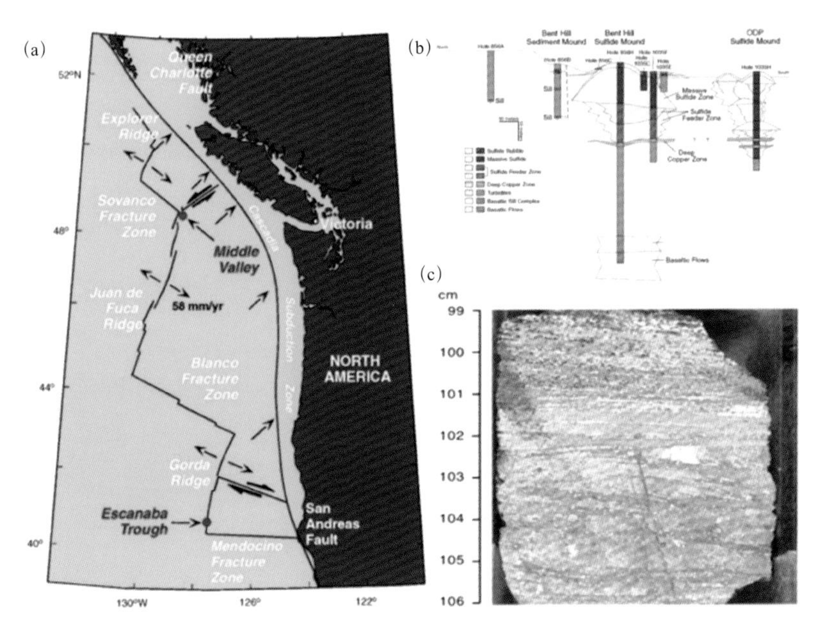

图 4–21　Middle Valley 热液区钻探图。（a）为 Middle Valley 热液区的方位图；（b）为 139 航次和 169 航次的钻井位置图；（c）为 Bent Hill 的 856H 孔钻探到的富铜层

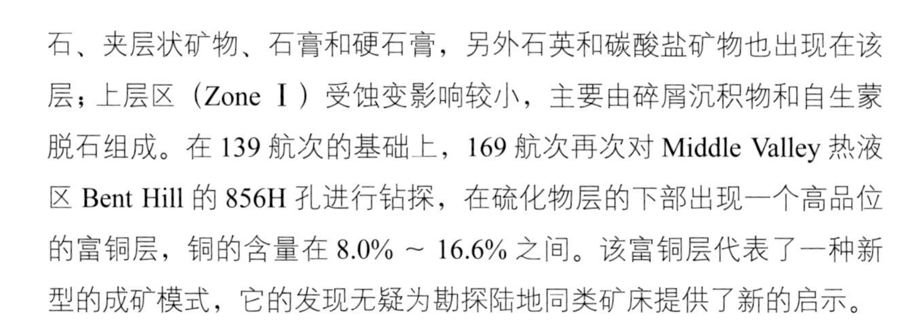

石、夹层状矿物、石膏和硬石膏，另外石英和碳酸盐矿物也出现在该层；上层区（Zone Ⅰ）受蚀变影响较小，主要由碎屑沉积物和自生蒙脱石组成。在 139 航次的基础上，169 航次再次对 Middle Valley 热液区 Bent Hill 的 856H 孔进行钻探，在硫化物层的下部出现一个高品位的富铜层，铜的含量在 8.0% ~ 16.6% 之间。该富铜层代表了一种新型的成矿模式，它的发现无疑为勘探陆地同类矿床提供了新的启示。

海底原位探测

相比于直接采集样品的探测方式，海底原位探测是在海底原位热液环境中通过各种传感技术直接获得观测数据。作为海底热液喷口重要的探测手段之一，原位传感器可以监测海底热液区域各种物理、化学参数在空间和时间尺度上连续变化的信息，同时还具有个体轻便、操作简单、高灵敏度和反应速率高等优点。

根据原位探测量的特性，可将深海热液原位探测仪器分为物理量探测仪器、化学量探测仪器以及生物量探测仪器等，包括温度传感器、压力传感器、浊度传感器、海底地震仪、原位激光拉曼光谱仪和各种化学传感器等（图 4–22）。Ding 等于 1996 年研发了国际上首台适合于高温高压热液体系的 YSZ 陶瓷 pH 电极，首次原位探测了东北太平洋胡安·德富卡洋中脊热液喷口 pH 的变化。Ding 等于 2001 年研发了新的固态探头，使用金、银硫化物电极（Ag_2S），实现了高温热液流体中 H_2 和 H_2S 浓度的探测。利用该探头对胡安·德富卡海底热液流体研究表明，H_2 和 H_2S 的浓度分别为 0.72 毫摩尔 / 千克和 17.3 毫摩尔 / 千克，与通过传统采样方式测得的数据一致。

图 4–22 检测热液体系变化的各种传感器（引自 Ding et al., 2001; www.whoi.com）

海底长期定点连续探测

现代海底热液活动瞬息万变，要了解其时空的变化过程和范围及影响规律，获得长期的海底地质、生物、地球化学与地球物理信息，必须建立全方位的海底观测网络。简单地讲，海底观测网络是将原位探测仪器或者系统通过网络联结起来，从岸基通过光电缆向这些原位探测器或者系统连续不断地提供电能，并将观测得到的数据通过光电缆实时地传回岸基实验室。海底观测网络在海底实现了能源供应和信息提取的网络化，使在海底进行长期、连续、直接观测的设想成为可能。它具有提供多参数、长时间自动观测、对周围环境影响小以及节省费用等优点。

2000 年，美国和加拿大共同提出在东北太平洋实施“海王星”（NEPTUNE）海底观测网络计划。“海王星”计划的最终目标就是建立区域的、长期的、实时的交互式深海观测平台，在几秒到几十年的不同时间尺度、几微米到几千米的不同空间尺度上进行多学科的观测和研究。后经重新设计和规划，美国的海底观测网络计划由“海王星”计划演变为“海洋观测初始网计划”（OOI），而加拿大的海底观测网络计划由“海王星”计划更名为“加拿大海洋观测网络计划”（ONC）（图 4–23）。ONC 在东北太平洋胡安·德富卡板块布设了 6 个水下节点，其中 Middle Valley 节点和 Endeavour 节点主要针对海底热液系统进行长期观测。

2010—2012 年间，科学家在 Endeavour 节点热液喷口的不同位置安装了多种声学多普勒分析仪和测流计，用于检测来自热液喷口、洋脊周围流体的变化及周期性旋涡风暴的影响。由美国华盛顿大学、罗格斯大学和新泽西州立大学共同研制的新型设备“有缆观测喷口成像系统”（COVIS）也布放在 Endeavour 节点上。COVIS 是利用声呐在

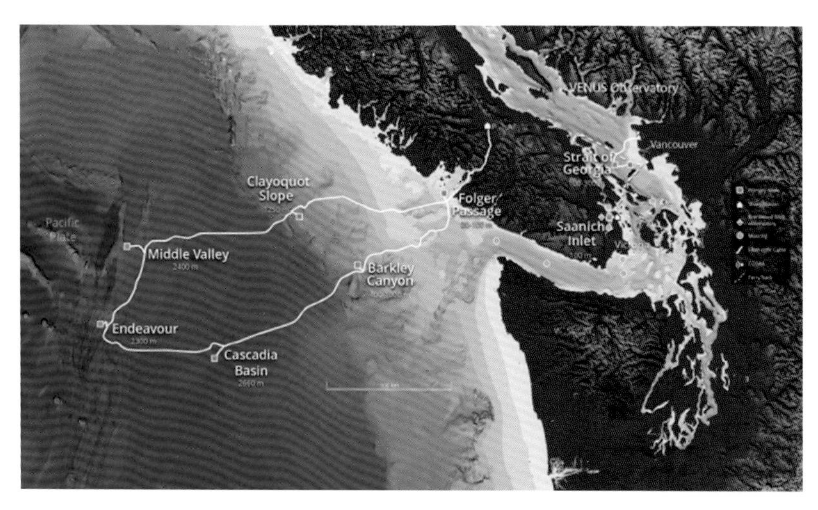

图 4–23 “加拿大海洋观测网络计划”（ONC）节点图

热液喷口附近获取海底热液活动的声学成像。例如，通过 COVIS 监测黑烟囱羽状流中悬浮颗粒物背反射强度及温度的波动，可以重建热液羽状流模型。该设备能够在不同的时间尺度上定量研究海底热液与生物、火山、构造活动之间相互作用，是探究深海热液系统的又一利器。

可以预见，今后通过海底观测网络计划所获得的知识将带来一场海洋科学界的革命。就像哈勃太空望远镜给天文学带来的革命一样，海底观测网络将从根本上改变人类对海洋观测的途径，为人类认识海洋和经略海洋提供全新的研究平台。

深潜调查

深海潜水器是重要的海底热液探测和观测平台，它能够实现对热液活动区的精确现场观察、取样和监测，并可进行仪器设备的运送、回收和维护，是目前海底热液系统研究中最重要的设备之一。常用的深海潜水器有无人遥控潜水器（remotely operated vehicle，ROV）、自主式潜水器（autonomous underwater vehicle，AUV）和载人深潜器（human occupied vehicle，HOV）等。ROV 通过电缆由母船向其提供动力，人在母船上通过电缆对 ROV 进行遥控，人的参与使得 ROV 能完成复杂的水下作业任务。AUV 则不需要脐带电缆，而是自带能源，自主进行工作，其活动范围广，体积小，重量轻，机动灵活，噪声低。HOV 能够将人送到数千米深的海底，对科学家开展科学研究、进行资源勘探具有十分重大的意义。目前世界上比较有名的载人深潜器分别是美国的“阿尔文”号、法国的“鹦鹉螺”号、俄罗斯的“和平”号、日本的“深海 6500”号以及中国的“蛟龙”号（图 4-24）。“阿尔文”号是世界上第一个深潜器，为深海调查提供了前所未有的能力，为调查深海的物理、化学、地质及生物过程提供了大量样品及数据（图 4-25）。它的前期工作促进了深潜器的快速发展，大大地拓

图 4-24　各国深海载人潜水器

宽了科学家们的研究范围。“阿尔文”号成功下潜 4664 次后，于 2010 年 12 月停止服务并开始接受维护升级。升级后的“阿尔文”号备有光纤接头、一个新的操控系统、优良的照明系统、高分辨率成像装置以及更强的数据记录能力。2014 年 3 月，它在墨西哥湾重新开始作业。

“蛟龙”号是我国第一台自行设计、自主集成研制的深海载人潜水器。“蛟龙”号设计成鲨鱼的形状，有一种要蓄势待发、纵横深海的豪气，能如“蛟龙”般对深海区域进行探测。“蛟龙”号长 8.2 米，宽 3.0 米，高 3.4 米。它可乘坐一名潜航员和两名科学家，通过三个观察窗口，在照明灯下观察寂静、寒冷、漆黑且充满生机的海洋世界。它还有两

图 4-25 （a）1964 年 6 月 5 日，停靠在伍兹霍尔海洋研究所码头的“阿尔文”号；（b）2014 年 3 月，升级后的“阿尔文”号（引自 Humphris et al., 2014）

个机械手和一个采样篮，主要用于地质和生物样品的采集。它的最大设计深度为 7000 米，具备深海探矿、海底高精度地形测量、可疑物探测与捕捉、深海生物考察等功能，理论上它的工作区域可覆盖全球 99.8% 的海洋。

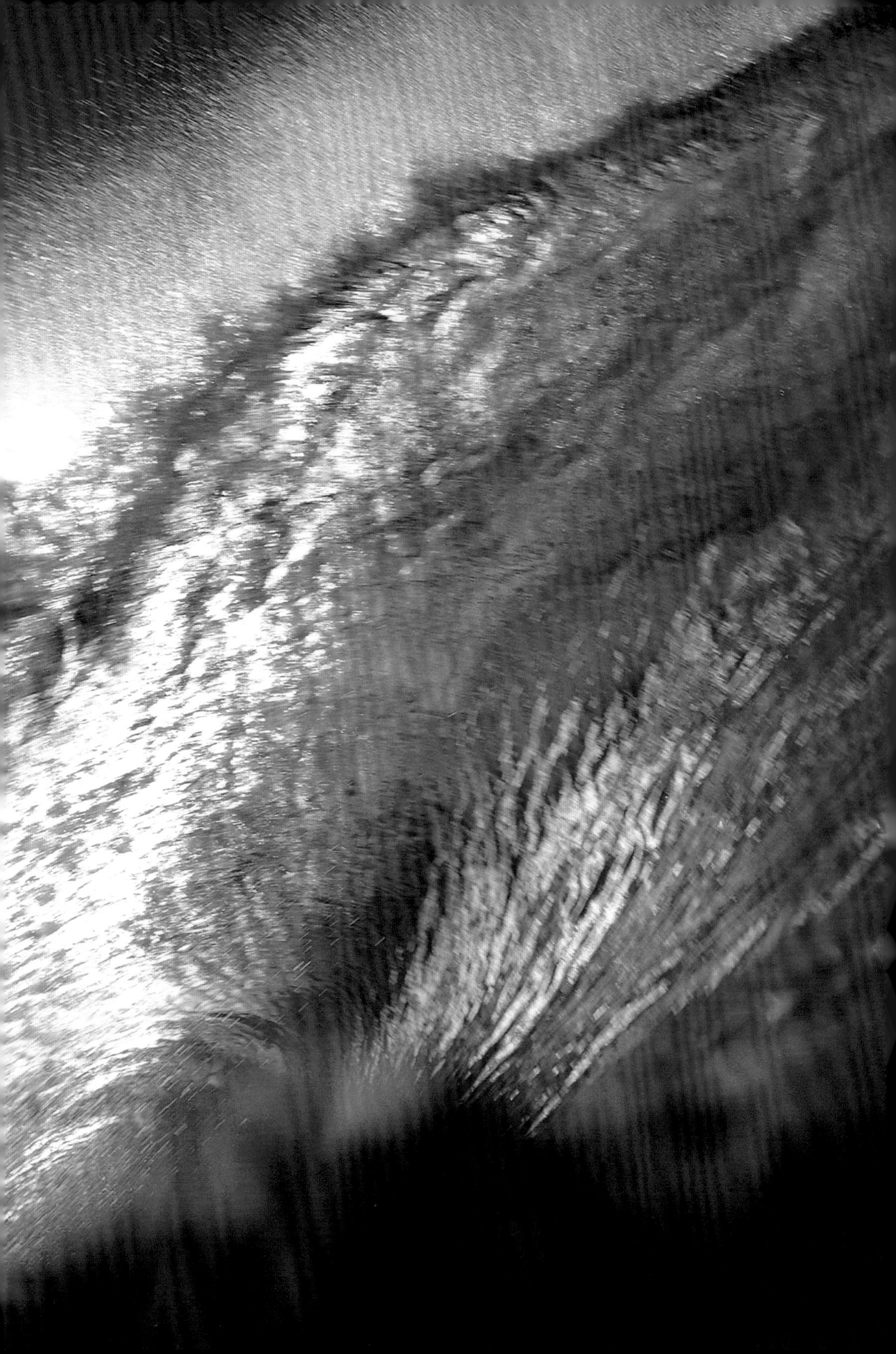

Chapter 5

第五章

“海底风暴”与等深流

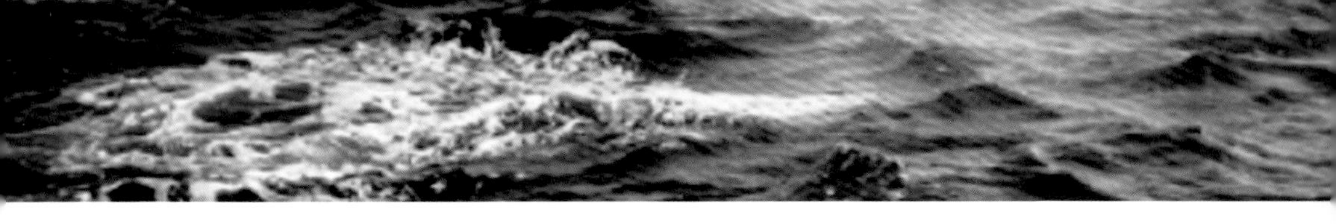

“海底风暴”

20 世纪 50 年代初浊流理论的兴起及其后对重力流沉积的大规模研究，从根本上改变了人们对深水沉积的认识。在深海、半深海环境中，并非全为极细粒的远洋沉积，而是存在由浊流及其他重力流搬运来的粗粒物质，并可形成像海底扇这样的大规模的沉积体。

随着研究工作的深入和扩展，人们发现在深水环境中，除了重力流这种自上而下的流动，还存在平行海底等深线方向的流动及其形成的沉积物，这种流动具有牵引流的性质。其规模之大，堪比陆地上的风暴气候，因此被一些研究者称之为“海底风暴”。

“海底风暴”，顾名思义就是发生在海底的风暴潮。它是由海洋和大气的能量聚集产生，持续时间一般不超过半小时，但威力巨大，好比强大的龙卷风旋转着横扫海底。可以毁坏科学仪器，切断海底通信电缆，甚至可能危及石油钻井平台。

海底异常，船只神秘失踪与“海底风暴”的发现

浩瀚的大海，藏匿着太多神奇而难解的秘密，一直让人类捉摸不透。在人们的想象中，汪洋大海的海底是宁静的、寒冷的和黑暗的，没有生命力的。而事实并非如此。

1962年，太平洋东岸的秘鲁迎来一个异常的夏天，刚刚还热浪滚滚，暑气灼人，突然由晴转阴，凉风阵阵，冷气袭人，犹如深秋骤至。不仅陆地气温剧变，海水水温也显著降低，颜色也变得异常吓人，原本清澈的海水一下子变成绛紫色，混浊的波浪汹涌而进，猛烈地拍击着海岸。当地公众对此非常困惑，不知道原本平静蔚蓝的海水为何突然变了脸。与此同时，科学家们在美国东北部大西洋沿岸的诺瓦斯科特亚南部海域考察时，发现从5000米深的海底采集上来的海水，混浊得漆黑一团。从海底拍摄的照片上，也出现一道道有规则的波纹，类似海岸边上的波痕，犹如受巨大风暴吹扫过而残留下的痕迹。科学家们对此发现非常惊讶，一直以来科学家以为深深的海底没有任何运动，为何会在平静的海床上留下如此大的波纹？

我国烟台海区曾发生过一次神秘的海带失踪事件。一天晚上，海水中的几千平方米海带，忽然间全部不见了。难道被风刮走了？但那天晚上风浪很小。是固定海带养殖浮架的绳索不牢固吗？也不是，因为使用的是新尼龙绳，每根绳可以承受1.9万牛的拉力。肇事者究竟是谁，一时难以说清。一天早晨，烟台海区几个养殖海带的渔民正准备下海作业，忽然发现不远处有一股海水由海底向上翻涌、范围不断扩大，迅速向海带养殖区逼近，不一会儿，这股汹涌湍急的浊流像一头凶残的“妖怪”，把一大片枝繁叶茂的海带席卷而去。不久，海面又恢复了平静，好像什么也没发生过。在场的渔民惊呆了，原来前几天几千平方米海带就是这样消失的。以后，人们称这种神秘而凶残的海流为“妖流”。何为“妖流”？实际上它是一种灾害性海洋现象，即霍利斯特（C. D. Hollister）提出的“海底风暴”，它像陆地上或水

面上的龙卷风一样，也是一种小范围的、强烈旋转的涡旋。

也有学者认为一些无法解释的海难的罪魁祸首就是“海底风暴”。1976 年 1 月 16 日，一艘载有 220 吨矿石的挪威运输船“贝尔基·伊斯特拉”号在无巨风骇浪的情况下，神奇地在大洋中失踪。1980 年，一艘从美国洛杉矶起航至我国青岛的货船，在进入了被人称作日本魔鬼“龙三角”的海域时，突然发出了“SOS”救援信号，不过很快这艘载重为 14 712 吨、有船员 35 人的“多瑙河”号货船便消失在这片神秘的海区。几天后，一艘希腊货轮在这片神秘海域野岛崎以东约 1 千米处，连续发出呼救后，也悄无声息地消失了，船上 35 名船员无一生还。

如果说船只小、抗风险能力弱，然而，长度超过两个半足球场的德国超级油轮“明兴”号，同样难逃厄运。1978 年 12 月 7 日该轮在驶往美国的途中突然连人带船消失得无影无踪，之后只找到一只破烂不堪的救生艇。海面上失事的船只尚能为人们留下点呼救的时间，而在水下活动的军用潜艇遇险时，连呼救的时间都没有。美国海军罹难史载：1963 年 4 月核潜艇“鞭尾鱼”号在英格兰近海海域神秘失踪；另一艘核潜艇“蝎子”号则于 1968 年 5 月在大西洋亚速尔群岛附近失踪。以色列海军潜艇“达卡尔”号,1968 年 4 月在地中海失踪。法国潜艇“智慧女神”号，也是这期间在西地中海失踪。而且这些当时较先进的潜艇失踪时，竟均没发出求救信号。这一切令人匪夷所思，难道海底暗藏玄机？面对奇特的海难事件,20 世纪各种猜想沸沸扬扬。“磁场说”认为，海底是一个巨大的磁铁矿，是强大的磁场搅乱了船只的导航系统，船最终被强大的磁场吸力拉入海底。“黑洞说”认为，天体中晚期恒星具备高磁场、超密度的聚吸现象。人类虽看不见它，它却能吞噬一切海上船只。“次声说”则认为，次声波虽听不见，却有极强的破坏力，船只可能会在其中颠覆。此外还有“外星人说”“气泡说”等。

最早在 20 世纪的中叶，美国伍兹霍尔海洋研究所（WHOI）的海洋地质学家霍利斯特，在分析大洋底岩芯时就已经发现海底有波状结构，海底地形被冲刷成大片光秃秃的岩石和沟壑（图 5-1）。

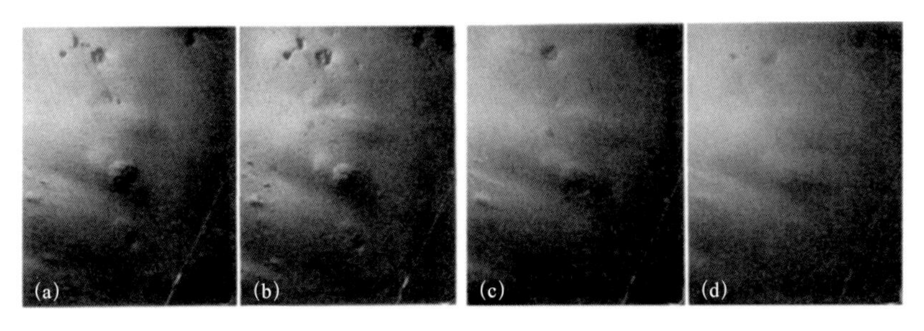

图 5-1 （a）经过“海底风暴”后，海底较为平滑；（b）低流速期海底变化；（c）风暴后海底沟痕洞穴被充填；（d）低流速中沉积物逐渐填平海底，只留下隐约的风暴冲刷痕（每两幅图间隔半个月，图片视野为 2 米 ×2.6 米）

这种现象表明，只有快速运动着的水流冲击到海底后才可能出现这种波状沉积构造。于是，他提出一个大胆的“假说”：大洋海底存在着“海底风暴”（seafloor storm）。这个“假说”于 1963 年在美国旧金山一次学术会上正式提出。在当时学术界对海底深处的了解还非常少的情况下，“海底风暴”之说被一些人认为是荒谬的，虽然霍利斯特先生对自己的观点坚信不疑。

1960 年 1 月，科学家乘坐法国制造的“的里亚斯特”号深海潜水器［图 5-2（a）］，首次成功下潜至马里亚纳海沟进行科学考察。马里亚纳海沟最深处为 11 033 米，如果把世界最高的珠穆朗玛峰放在沟底，峰顶距离水面仍有 2000 多米。海沟底部高达 111 兆帕的巨大水压，对于人类是一个巨大的挑战。在这样的超深水域里，科学家们居然发现了充满生命活力的大鱼小虾［图 5-2（b）］。深海探测的结果出乎人们的意料，按照常理，在这样的巨大压力下，钢制潜水器被压缩了 3.5 毫米，恐怕细菌都难以生存，鱼儿竟然还能悠然自得地来回畅游！原来深海海底有无数的游泳生物，有的躯体发光透明，有的眼内闪烁着霓虹光辉，像是一片五光十色的水下繁星，在漆黑之中显得格外晶莹。

人们不得不思考一个问题，如此深邃的海底，支持生物存活的氧

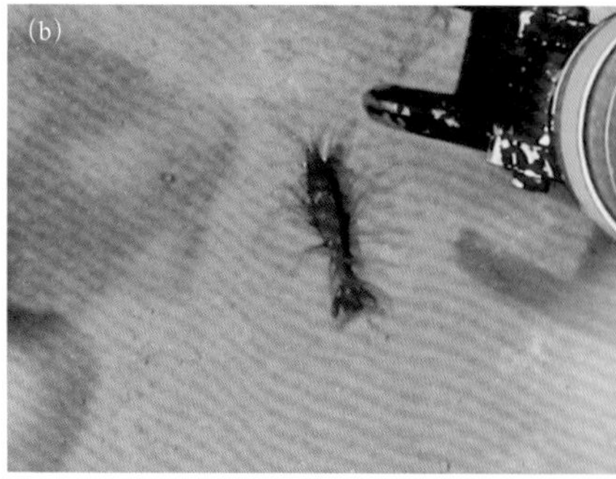

图 5-2 （a）为“的里亚斯特”号深海潜水器；（b）为我国“蛟龙”号深潜器 2012 年在马里亚纳海沟 7000 米深处拍摄到的深海生物

气是哪里来的？研究表明，深海氧气来自海水的垂直对流作用，因为海面上的水总是不断地流向海底，海底的水可以连续地上升到海面，这样就将海面的氧气输送到了海底。但是这种对流是极其缓慢的，尽管海面风浪大作，而在海洋深处也仅仅是微微移动，这明显不能为深海生物提供足够的氧气。“海底风暴”的存在有助于解释这一问题。“海底风暴”加速了深海水体垂向上的交换从而促进了深海氧气的交流。

1958 年，我国海洋普查期间，科技人员曾在国内海区多次测得突发性高速运动的海水流动，持续时间并不长，很快又恢复了正常流速。如一个研究单位反映，他们的调查船只原定以 8.8 节航行时速前进，但船只行进时，前进距离几乎为零，如同原地踏步，并一直持续了 10 ~ 20 分钟后，才恢复了前进速度。对这种与前进速度相持的瞬间流现象，船员们百思不得其解。

其实，我国海洋学家对这些神秘的“海底风暴”或激流也有自己的认识：一些学者认为海区的潮流场辐合会使海水大量堆积，水位随之上升，使势能大量集中，压力之下最终使这些海水从流速几乎为零的海底某区域释放，形成“海底风暴”或者称为“海底激流”。这就好比一条承载着车辆运行的正常公路一旦被掏空，路面以下路基必然在压力之下突然塌陷，如同陷阱，人车一起掉进去。形成“海底激流”

的后果就是这样。潮流在特殊条件下辐合，海水不断堆积，水位得到升高，势能便增强，海洋底部承受不住上层水的重压，海洋底部的薄弱部位必然被“突开”，瞬间大量海水流失，海水堆积区域则形成负压，产生吞噬万物的陷阱。而当船只刚好航行至此，陷阱面积如果足够大，船只便失去浮力掉入陷阱向海底沉去。20世纪许多船只消失在海难中，是否也是“海底激流”所为呢？尽管各种传说分析得头头是道，但终究不能自圆其说。

根据2007年的新闻报道，我国台湾大学团队观测研究内波（海平面下的巨浪）现象，在南海观测到全球最大规模的内波，达40层楼高；底层强烈海流卷起的沙墙更犹如大漠风暴，形成16米高的沙丘。台湾大学有教授指出，内波是自然现象（图5-3），主要是因海

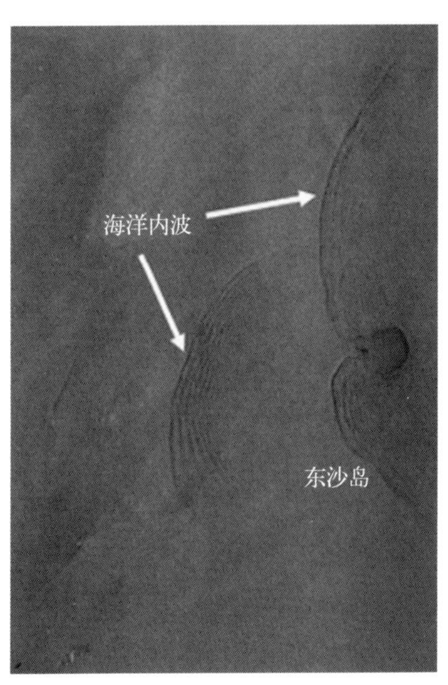

图5-3　香港中文大学卫星遥感地面站2006年11月20日接收到的南海内波图像

水温度上热下冷，尤其是海平面 100 米以下的水温，随着深度下降、变化明显，当潮流经过海底山脊等崎岖地形时，冷热海水就会受到地形阻挡，上下翻搅，由上而下形成逆时针旋转的内波。学者认为，几乎全球的大陆边缘或海脊附近都会有内波发生，但海平面下虽然波涛汹涌，海面上顶多仅出现碎波。流速快、大规模的内波逐渐发展为深海风暴。

进入 20 世纪 80 年代后，人们发现当大西洋的飓风袭击美国东海岸时，安放在深水之中的科学仪器和海底电缆往往被冲毁。此时霍利斯特的“海底激流”或“海底风暴”假说才被人们接受。我国物理海洋学家修日晨对 1958 年全国海洋普查时观测到的突发性异常高速流动海流进行了分析研究，又根据对海军等航运部门的调访，于 1978 年提出推测，认为不论在大洋或者近海，均存在着一种“急流”，即我们所说的“海底风暴”。修日晨等认为，“海底风暴”是一种流速特别大（可达 3.18 米 / 秒）、持续时间短暂（一般 20 ～ 30 分钟，甚至不足 10 分钟）、空间范围狭小、具有很大随机性的海水异常流动。它不遵从牛顿力学的有序运动，是有序与无序伴生的混沌运动。

那么“海底风暴”的能量究竟有多大呢？

“海底风暴”非常壮观。“海底风暴”袭来时，海底也会产生类似陆上沙漠尘暴的景观。置于海底的摄像机能见度极低。“海底风暴”所经之处，无论是甲壳类动物、植物，还是岩石，都被掩埋在沉积层以下，海底通信电缆和科学仪器当然也不能例外。

关于“海底风暴”的流速，各海洋学家的观点不尽相同。北大西洋的海底观测计划（HEBBLE）7 年的现场试验发现，海底以上 10 米处的最大流速可达 15 ～ 40 厘米/秒，悬移物浓度高达 3500 ～ 12 000 微克 / 升，平均每年发生 8 ～ 10 次，每次延续 2 ～ 20 天。但其他海洋学者普遍认为，“海底风暴”的流速平均约 50 厘米 / 秒，但它能量之大实属罕见。在 6000 米深的海域发生的“海底风暴”50 厘米 / 秒的速度看似很慢，与 25 米 / 秒台风速度相比，简直可以忽略不计，但是考虑到深海海水密度几乎是大气的 1000 倍，按能量等于质量乘以速度计算，就可以想象得到“海底风暴”能量之巨大。在一些海域，这种风暴每年要发生 5 ～ 10 次，最凶猛的“海底风暴”，其破坏力相当于风速高达每小时 160 千米的风暴，而风速超过每小时 120 千米已是飓风了。

“海底风暴”形成的原因

海底为何发生风暴，并使海底的水混浊不堪？科学家们在诺瓦斯科特亚南部海域进行了一次科学考察。他们采集了海底水样，拍摄了海底照片，测量了海水透明度，并在海底设置了一连串的自动海流计，对海底进行了长时间的连续观测。科学家发现，海水混浊程度随地点、时间的变化而不同，越靠近海底水越混浊，但过了一段时间，又突然变得清晰起来。实验结果认为，“海底风暴”是由于有海底潜流经过造成的，就像陆上风暴过境时造成沙尘滚滚一样。

“海底风暴”是怎样产生的呢？

对于“海底风暴”的形成，科学家目前还没有非常合理的解释，一般的看法是，“海底风暴”的成因与涡流动能的积累并从海洋表层向深海底传递有关。

从 20 世纪 60 年代至今，对深海的直接测量证实了深部洋流，即底流（bottom current）的存在。在寒冷的极地，海水在其成冰过程中有 70% 的盐分被排除到未结冰的海水中，从而大大增加了当地海水的盐度和密度；这种冷重而富含氧气的表层水在重力和风的驱动下，下沉到海底并缓慢向外扩散而形成底流，它的流速一般很小（小于 2 厘米 / 秒）。全球许多海区的深部洋流并不是以恒速流动，而是交替出现低流速期与高流速期。低流速期一般持续几周至几个月，高流速（远

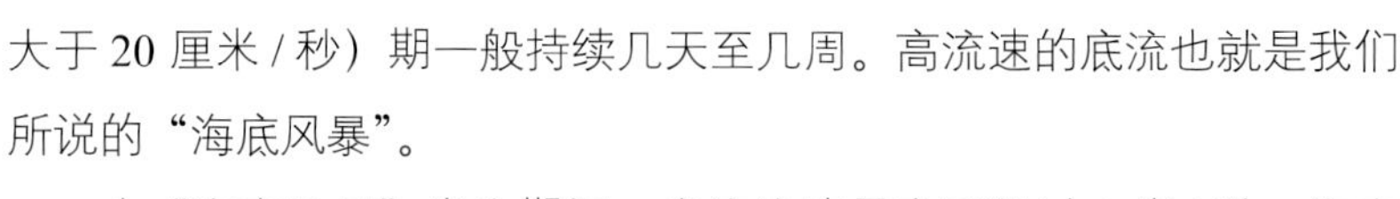

大于 20 厘米 / 秒）期一般持续几天至几周。高流速的底流也就是我们所说的“海底风暴”。

在“海底风暴”发生期间，底流流速最高可超过 3 米 / 秒，海底大量的物质被掀起而再次悬浮，形成密度很高的雾状层（nepheloid layer）。风暴过后，洋底表层沉积物发生再组合，在低流速时期洋底留下的生物活动痕迹被移平，潜穴被充填，可形成微型的起伏陡崖等现象及具陡直波脊线的纵向波痕；或是在洋底沉积物中留下众多的冲刷印痕和沟槽，甚至可将下伏在 20 ～ 40 厘米的淤泥层中的砾石（直径 1 厘米）翻搅到最表层。

科学家认为，“海底风暴”的暴发，是一些海洋和大气运动的能量聚集到一定程度的结果。首先，风力影响形成的海水水平流动和冷重海水下沉形成的海水垂向交换造成旋涡，大面积的海水连续不断地作旋涡状运动，搅动海中的洋流，带动海底水流速度加快。

近来，根据卫星拍摄的世界海洋图像表明，世界各地的海洋中均有旋涡存在（图 5–4）。海洋学家们开始仅认为是旋涡把能量带到了海底。但是，只有旋涡还不足以引起“海底风暴”。于是海洋学家们又认为：“海底风暴”吸收的能量，还来自在海底蜿蜒流动的深海洋流。当旋涡带动深海海水朝某一方向流动，于是洋流和旋涡造成的激流融为一体，形成了速度更快的洋流，这就是“海底风暴”产生的前兆。

另一个起决定作用的因素是大气风暴持续数天光临某一海域（图 5–5）。大气风暴持续的时间越长，海浪就越凶猛，传递到海底的能量就越多。当这些能量与洋流和旋涡融合而成的激流结合在一起时，“海底风暴”就产生了。

修日晨等则认为海洋流场的局部辐合作用是“海底风暴”产生的最基本的前提条件。也有科学家认为，“海底风暴”的形成还有另外一种可能的原因，那就是极地冷海水在海洋中陡峭地形的作用下，急速流入海底，形成快速的海底洋流。这样形成的风暴犹如陆地上固定

图 5–4 2012 年 2 月 23 日，美国宇航局“泰拉”卫星在南非海岸拍到的海底旋涡

图 5–5 大气风暴引起大型海浪

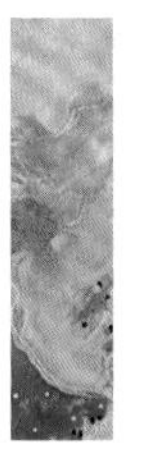

方向的季风。在北大西洋和南极洲附近经常发生的“海底风暴”，也许就是这个原因形成的。

“海底风暴”的研究意义

对“海底风暴”及其形成机制的研究，不仅使人们了解到“海底风暴”是深部大洋的一个重要地质营力，也打破了大洋上部暖水圈与下部冷水圈相互分隔的传统观念，对海洋国土安全、海底工程、灾害地质及环境保护等生产实际问题具有重要意义。

“海底风暴”不仅威胁船只、潜艇，它对堤坝、水产养殖、海上工程设施等均会带来危害。海底“风暴”来袭时，海水以每秒高达 50 厘米的速度流动，犹如强大的龙卷风旋转着横扫海底，卷起海底的沙石滚滚而来，就像大风袭过沙漠，卷起滚滚黄沙一样。这时置于海底的摄像机只能看清数米远，海底的植物、甲壳类动物、用于考察的科学仪器都会被掩埋起来。更可怕的是，风暴比较强烈时，其破坏力很强，海底的科学仪器和通信电缆会被毁坏，甚至石油钻井都会受到影响。

当然，世上并没有绝对有害的东西，“海底风暴”对国民经济、海洋开发利用、海洋环境保护以及国防建设，均具有现实意义，趋利避害十分重要。海洋激流虽利弊兼有，但功不抵过，预防利用才是必然出路。但对无序、随机性很强的海洋激流，预报很难，尤其是风生激流预报更难。一些学者指出，“海底风暴”的预报在一定范围内还是“有章可循”的。如在能够产生潮流场辐合的海区，在一定条件下会产生潮汐激流。在潮汐激流易于产生的海区，在一定风场与潮流作用下，也易于产生风生激流。因此预报一般可行。

“海底风暴”的发现，理论与实践意义均不可估量，不仅对核潜艇失踪、水产养殖等无端受害有了解释，而且还解决了海洋环境保护中长期争执不下的一个难题，即关于日益增多的化学和放射性废物处理问题。对此，国际上一直存在着两种截然相反的意见：一种意见认为大海深处是一个平静的世界，是倾倒有害垃圾的理想场所；另一种意见认为海底并不平静，决不能倾倒有害垃圾。20 世纪 80 年代后，随着人们对海底激流的认可，双方争执逐渐得以解决。

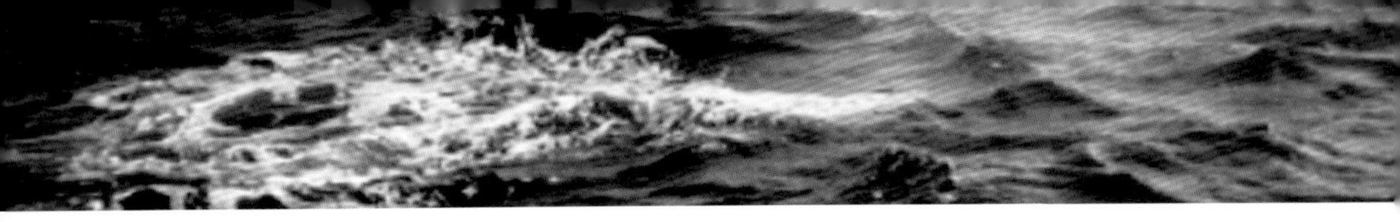

深海等深流

“海底风暴”使人们认识到了海底强大的动力过程以及它的复杂性，改变了人们对海底世界的普遍认识。随着科技进步，深海观测手段进一步多样化，从最初的回声测深仪到水下照相机、电视摄像机，再到现今的深潜器、水下实验室、海底观察站、海底观测网等（图5-6），人类现在已经可以亲身下到海底进行直接观测了，也可以开展长期、连续、实时的海底过程观测。今天海底发生的很多故事几乎同

图5-6 “海王星”海底观测站效果图

时在我们办公室就可以掌握，甚至看见。

通过长期的观测和研究，一种更加普遍、规模更大的海底洋流被发现，即等深流。等深流是由地球自转引起的，在大陆坡下方平行于大陆边缘等深线的水流。它是一种牵引流，沿大陆坡的走向流动，其流速较低，一般为 15 ～ 20 厘米 / 秒，局部超过 50 厘米 / 秒，搬运量很大，沉积速率很高，是大陆坡的重要地质营力，一般产生于相对较深水环境中，亦有人称之为等高流、水平流、平流等。

等深流的提出

就半深海、深海的沉积作用而言，浊流理论的提出是海洋深水沉积学研究领域的里程碑；而另一种新型深水沉积类型——等深流及其沉积作用也已引起了广大地质工作者的高度重视，成为继浊流理论之后深水沉积理论的又一重大突破。

在今天看来，大洋深处普遍存在活跃的地质营力和地质过程，这是一个毋庸置疑的事实。然而，这一认识的取得经历了一个多世纪的艰难探索。19 世纪 70 年代，英国皇家学会组织的全球深部大调查(“挑战者”号探险)，完成了一系列测深、取样等工作，并编制出第一幅世界大洋沉积物分布图，奠定了海洋地质学研究的基础。但是这一里程碑式的成果却没有改变人们关于深海的错误观念，人们几乎理所当然地认为深海海域是一个不间断沉积、稳定而宁静的世界。这样的错误观念直到一个世纪之后才被打破。

20 世纪 60 年代之前，沉积学的主流意识以为重力流是深海沉积搬运的唯一机制，并不认为深海海流能够搬运沉积物。但是在 20 世纪 60 年代中期，无论深海海底照片还是沉积柱状样中都发现有海流的踪迹，而深海海底观测到的雾状层（nepheloid layer）也无法用浊流解释，于是有科学家提出了深海沉积物可以由地转流沿着等深线搬

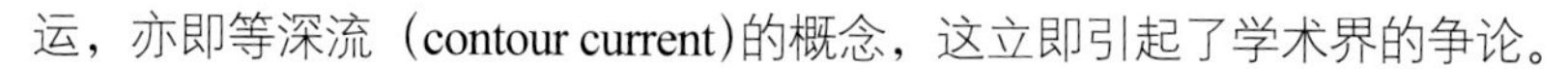

运，亦即等深流（contour current)的概念，这立即引起了学术界的争论。

等深流就是海洋中沿海底等高线流动的底流，这一概念最初萌芽于德国海洋物理学家 Wust 于 1936 年的想象，但当时并未得到重视。直到 20 世纪 50 年代后期，深海循环概念得到了迅速发展。1955 年 Wust 重新计算了地转速度；Swallow 和 Worthington 于 1957 年证明了西边界潜流（the western boundary undercurrent current，WBUC）流速很高；Stommel 于 1958 年提出深海循环的概念。Heezen 于 1966 年吸收了这些观点，认为深海波痕和底床刻槽是和大洋总体循环有关的海流作用的结果，他在对北大西洋陆隆沉积物研究之后首先提出了等深流这一术语。他认为，等深流是由于地球旋转（科氏力）的结果而形成的温盐水循环底流，这种底流平行于海底等高线作稳定低速流动（5 ～ 20 厘米 / 秒），主要出现于大陆斜坡及大陆陆隆区，由此而形成的沉积物则称之为等深积岩（contourite），它是深水牵引流沉积中的一种重要类型。

但是，自那时以后，该术语已被广泛地用于从深海至浅海区，甚至用于湖泊环境中沿等高线流动的底流，导致等深流的概念一度出现了一定的混乱。因此，Faugeres 等于 1993 年将最初所定义的等深流称之为狭义的等深流，即由于地球旋转而产生的温盐水循环这一类的等深流，而将其他各成因的等深流称为广义的等深流，即底流。他们建议，使用等深流这一术语时应恢复到其狭义的定义和概念上去。

等深流活动是全球温盐循环的表现，具有三个主要源头：南极、北极和地中海。在寒冷的极地，海水在其成冰过程中有 70% 的盐分被排除到未结冰的海水中，从而大大增加了当地海水的盐度和密度；这种冷重而富含氧气的表层水在重力和风的驱动下，下沉到海底并缓慢向外扩散而形成底流，它的流速一般很小（小于 2 厘米 / 秒）。

尽管对底流的了解使人们不再相信漆黑的大洋深部是静滞死水，但直到 20 世纪 60 年代初，地学界仍然认为在深海（4000 ～ 5000 米）唯有浊流才能搬动砂和粉砂。据测定，大部分地区深水洋流比较缓滞，但发现各大洋西部边缘的底流流速较高，一般可达 5 ~ 15 厘米 / 秒，甚至可达 70 厘米 / 秒以上的极高流速。底流在各海盆的西侧流速得到加强，形成西边界潜流（WBUC），这是由于地球的自转使底流受到科氏力作用所致。Heezen 等将这种沿陆基等深线流动、流速相对较快的底流特别称之为等深流（contour current），用来解释 60 年代早期在大陆边缘深海底发现的分选良好、含泥质基质极低（小于 4%）和不具递变层理但普遍含交错层的薄层砂的成因。

为了检测深海海流的存在，1978 年起执行了将近 10 年的深海沉积学第一次真正意义上的现场试验——高能底部边界层试验（High Energy Benthic Boundary Layer Experiment，HEBBLE）计划，在加拿大岸外的北大西洋斯科舍陆隆（Scotian Rise）水深约 4800 米处（北纬 40°，西经 63°），选面积 2000 米 ×4000 米的海底，设计了专门的仪器设备进行现场观测。此次观测由美国海军研究所（ONR）和沉积动力学项目资助，来自三个国家 24 个实验室和大学的 90 位科学家相继投入这项研究。7 年的现场试验发现了深海有“海底风暴”（deep storm）现象，证实了深海海流的存在，从根本上改变了深海动力学的概念。“等深流”的发现，是继“浊流”之后深海沉积学的又一场“革命”。科学家认为，频繁发生的海底等深流可以使深海泥质沉积物长距离搬运并重新分配，形成被称为“漂积体”或“外脊”的巨大等深流沉积物。

随着深海调查技术的进步和完善，特别是深海钻探计划（DSDP）的完成和其后继项目大洋钻探计划（ODP）的实施，以大量雄辩的事实证实了深海等深流及等深流沉积的存在。起因于深水地转流的等深流是最常见的类型之一，它们从水深超过 5000 米的深海平原到水深 500 米至 70 米的浅水台地都存在。尤其是大西洋等深流十分发育，仅在北大西洋至少发现了 16 个大型现代等深岩丘。

沉积学家们不仅对现代海洋中的等深流沉积做了大量的调查和研究，而且还识别出不少古代等深流沉积并进行了较系统的研究。古等深岩的研究意义重大，不仅有助于了解古海洋深海底流的循环历史，提供更多的古海洋信息，正确认识海底沉积物的分布、成因和恢复古地理，而且等深岩还是良好的储油岩。另外，古等深岩的研究还可以为现代等深流研究提供多方面的信息。

等深流形成的原因

等深流通常具有如下特征：较周围水体温度低，盐度和密度高；具一定的机械或化学侵蚀能力；能够簸扬原有沉积物质并具备携运细粒沉积物的能力；受地球自转的影响，北半球常发生向右偏转，南半球向左偏转；海底地形和气候的变化可能遏制或刺激等深流的发展。

根据对现代海洋等深流的研究，一般认为形成等深流的条件或成因有以下几种。

大西洋洋底等深流的形成主要受两极地区与赤道区的水温差异、洋面风力作用及盐度差异等因素的影响，此外，等深流的流动还受风和潮汐形成的湍流及海底地形控制。

大洋水温的差异

在地球表面不同地区，由于纬度、季节、昼夜等因素的不同，导致地表各地所获得的太阳辐射能不同。地表某一地区获得的太阳辐射能的多少取决于太阳光线投射角的大小，投射角的大小又取决于地理纬度和太阳在地平线上的高度等，因此，在地球的两极地表所获得的太阳辐射能最少，两极地区的海洋水温最低；在赤道地区所获得的太阳辐射能最多，因而其水温最高。两极区的这种较冷的、密度较高的水体不断下沉，然后向较温暖、低密度的赤道区扩散，形成沿海底流动的等深流。赤道区温暖低密度的海水则沿海洋表层向两极区流动，形成这种由水温差异所控制的海洋对流体系。

水体密度差异

除了由水温的变化导致水体密度差异之外，盐度的变化是引起大洋水密度差异乃至形成等深流的另一重要原因。在局限海或半封闭至较为闭塞的海洋中，由于强烈的蒸发作用导致海水盐度的增加，致使其密度提高。典型的例子是地中海中的高盐度、高密度、低氧（4.1 ~ 4.6 毫升 / 升）的水体经直布罗陀海峡向外溢所形成的等深流（图 5–7）。

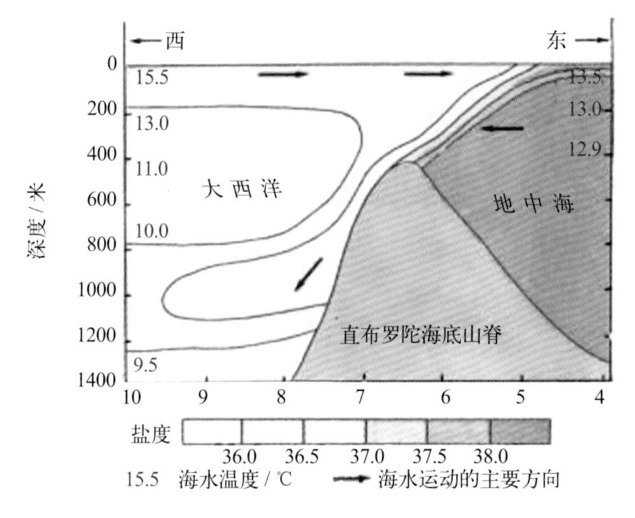

图 5–7 直布罗陀海峡密度流的形成

洋面风成面流

在重力作用下缺乏波动或变化的洋面应该是平坦的。可是，当风吹过洋面时则引起波浪，洋面水体受剪切作用而产生流动。某些风力，诸如信风等在赤道附近的南北两侧是非常强烈和持续不断的，来自东部的信风吹过海面，使海洋表层水强烈地向西流动（图 5–8）。在北大西洋，这种流动导致水体向北美大陆积聚，形成湾流。受风力的影响，海平面的强烈起伏与“海底风暴”活跃区之间位置的符合性可能指示了来自海面的动能实际上已传到了深海底部。换句话说，在全球

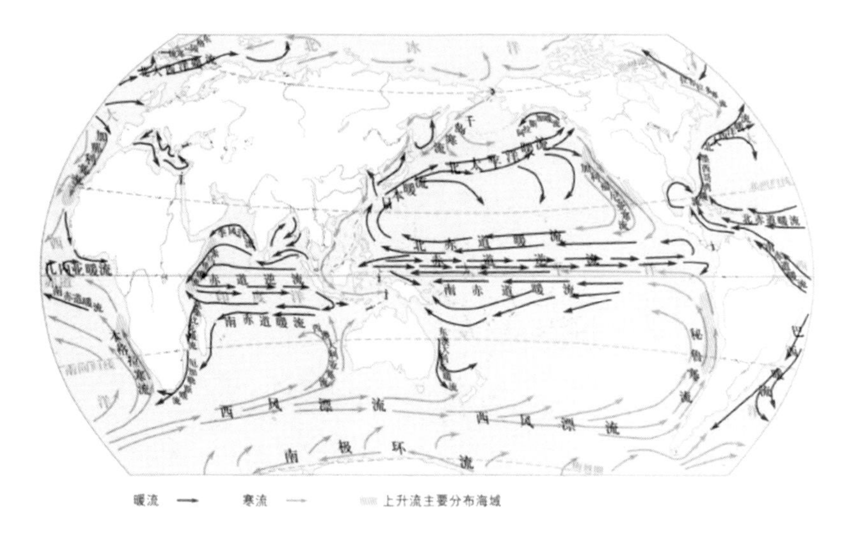

图 5–8　由于风力和密度差异形成的洋流

范围内，海洋表面活跃区与深海高能区或深海风暴区一致。

地球旋转对等深流的影响

地球上一切运动着的物体都要受到由于地球旋转所产生的偏转力（科氏力）的作用，这个偏转力会使地球上一切运动着的物体产生一个垂直地球自转轴和运动速度矢量所构成的平面的偏离，北半球向运动方向的右方偏离，南半球向运动方向的左方偏离。相同质量的物体以同一速度沿经线方向运动时，偏转力随纬度而变化，赤道处为零，两极处最大。因此，从两极向赤道流动的等深流受偏转力的影响而变得复杂化。

风潮湍流

在海洋学概念中，海流有两种：一是由风力驱动的上层海流；二是依靠密度差推动的中深层温盐流。但是，现在海洋学文献中温盐流名词几乎消失，普遍认为海洋内部的环流是由风和潮的湍流混合所驱动的。实际上能推动海水运动的就是风应力和潮汐，尤其是起伏不平的海底可以加强风和潮汐所引起的湍流混合，因此海山、洋中脊和岛屿的坡，都是湍流混合强化的场合，是深海海流的动力来源。换句话说，深海环流的发生不能简单地归因于海水和融冰，还受以下几个方面动力的影响：由月亮引起的潮汐，在海底起伏的地形上产生内潮，通过内潮的破碎造成深海的湍流混合。

等深流沉积

与从大陆搬运沉积物到海洋的浊流不同，等深流本身不带来沉积，而是把海底原有的沉积物重新搬运和堆积，这种底层洋流的搬运、堆积过程，可以延续几百万年，形成沉积牵引体（sediment draft）。

等深流是海洋洋底非常重要的活动因素。在它所流经或覆盖的地区对洋底产生极其重要的地质作用，包括对洋底的侵蚀，它可以在一定时期内对海底隆起区进行大面积的削蚀，深切较老的沉积物形成水道或峡谷，也可以在陡峭斜坡坡脚或孤立的深海山上游边缘形成沟槽，对早期沉积物进行改造以及再次搬运和沉积。它可将陆源颗粒、生物颗粒等搬运数千千米，并通过建造沉积体而塑造深海底形态。

从目前的研究来看，等深流产生的沉积类型主要有两种：等深积岩和等深岩丘。

等深积岩是由温盐差异引起的深海底部水流形成的沉积体，可能受到风和潮汐的影响。大多数等深积岩形成于陆隆或陆坡环境，但也可能发生在风暴浪基面以下的任何地方。等深积岩地貌特征主要受深水底流速度、沉积物供给和海底地形的影响。

等深积岩是由等深流沉积形成的或由等深流改造而成。目前国外一般将等深积岩分为四种基本类型，即泥质等深积岩、斑块粉砂质等深积岩、砂质等深积岩和砾质等深积岩以及若干过渡类型。而在国内

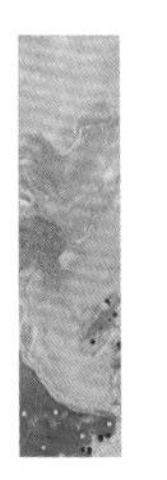

由于等深积岩主要为陆源碎屑和碳酸盐物质，故一般按粒级和成分划分等深积岩类型（表 5-1）。等深流沉积体系的形态和特征往往具有很强的地域性，这是由于不同地区在深水地貌、水团状况、（深）海流作用、构造活动（如泥火山、断裂活动等）等方面以及这些因素的相互匹配方面具有很大的差异性，因而随着研究范围的扩大和研究程度的深入，不断出现新的等深流沉积（等深积岩）类型。

表 5-1　国内等深积岩类型划分

粒级	成分	
	陆源碎屑	碳酸盐
泥级等深积岩	泥质等深积岩	灰泥等深积岩
粉砂级等深积岩	粉砂质等深积岩	粉屑等深积岩
砂级等深积岩	砂质等深积岩	砂屑等深积岩
砾级等深积岩	砾质等深积岩	细砾屑等深积岩
		生物屑等深积岩

研究之初，科学家们认为等深流沉积是以粉砂为主的细粒、薄层、小规模沉积，但经过几十年的海洋学调查和研究发现，等深流沉积的粒度范围非常广，可以从泥级到细砾级，厚度也非常可观，形成非常大规模的沉积体，规模可与浊流沉积形成的海底扇相比拟。等深岩丘就是这样一种堆积体。据不完全统计，自第三纪以来的近现代等深岩丘中，规模在数百千米以上的有数十个。一般来说，等深岩丘呈长条状，横剖面呈丘型，长度一般为数十至数百千米，宽几千米到几十千米，厚达数百米，规模巨大。这种等深岩丘广泛发育在北大西洋。中国主要在湘北地区（图 5-9），鄂尔多斯地区发现两大块古老的等深岩丘。等深岩丘由于受等深流和深水潮汐、波浪的作用，其组成颗粒的磨圆度较浊积岩高；同时，等深岩丘原生空隙发育，油气储集性能很好，为深水沉积中颇具勘探前景的潜在油气储集层。

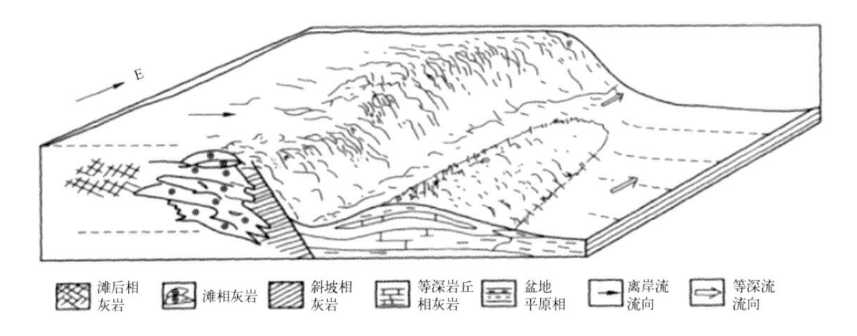

图 5–9　我国湘北地区等深岩丘沉积模式

等深流沉积的识别

如何识别现代地层记录中的等深流沉积、等深积岩是等深流沉积研究的首要问题，对古环境研究以及石油勘探都有重要的意义，研究方法至今仍在探索。

1. 沉积学标志

等深流沉积相比周围水体具有低温、高盐、高密度的特征，具有一定的侵蚀能力，能够携运细粒沉积物。对等深流沉积的识别主要依据产状、成分、粒度、分选性、沉积构造、与古地理的关系、生物扰动构造、垂向沉积层序、与海平面变化的关系等沉积学基本特征，但无固定标准。

等深流沉积与深水原地沉积伴生且夹于深水原地沉积层系之中，多呈不规则薄层状、透镜状产出，单层厚度一般为几厘米到几十厘米，多分布于深海陆隆位置。顶底面接触界线渐变或突变，有时呈规模巨大的岩丘状，在陆隆附近则呈脊状沿大陆边缘分布，有数百千米长，数十千米至数百千米宽，或呈席状分布于深海盆地中。

等深流沉积物的成分可以是硅质碎屑、火山碎屑和钙质或硅质生物组分。这一方面取决于沉积物的来源：陆源碎屑（主要来自陆地风化剥蚀）、碳酸盐物质、海底沉积物被重新搬运和再次沉积、火山成因碎屑；另一方面也取决于等深流所能搬运的颗粒的大小。其中陆源碎屑物质和碳酸盐物质是主要的来源。

等深流可以搬运从泥质到砂质的颗粒。当其动能非常强时可以冲

蚀海底带走细粒沉积物，产生砾石沉积。等深流沉积粒度主要为泥级和粉砂级，砂级次之，偶见细砂级。砂质等深流沉积相对罕见，主要产生于特殊的地貌构造环境，如深水海槛和通道。当等深流能量较强时，可形成较多的砂级乃至细砾级等深流沉积。在这些地区底流非常强，是等深流对泥质物进行簸选或者是对浊流砂进行改造的结果。

等深流沉积中的沉积构造十分发育。其原生沉积构造包括机械成因和生物成因（生物扰动构造和遗迹化石），主要为侵蚀面、流水层理（小型交错层理和大型纵向交错层理、水平层理等）和组构优选(主要由生物屑和碎屑颗粒的定向排列表现出来，如长形颗粒的定向排列)，但等深流沉积物大都被生物强烈扰动过了，所以原始水流构造（如纹层、波痕和侵蚀面等）都难以很好地保存。在某些没被生物扰动的砂质等深流沉积物中，可以见到清晰的交替层理。

由于等深流是平行海底等深线流动的，因此，在陆坡、陆隆处形成的等深流沉积中一般具有平行于斜坡走向的流向标志，如长形颗粒平行于斜坡走向的定向排列，交错层理中的细层倾向一般也是与斜坡走向平行的。

1984 年，Faugeres 等在研究北大西洋东缘现代等深岩丘时，发现等深流沉积的垂向组合具有一定的规律性，即按一定的垂向顺序排列，他们首先使用了“层序”一词来描述，并确定了其典型模式。该模式的特征是具有一个向上变粗的逆递变段和一个向上变细的正递变段构成的对称递变层序，其厚度为 10 ～ 100 厘米。层序各段间的接触关系有过渡的、突变的和侵蚀的。这种递变层序的厚度和完整性变化很大，既可以是对称的，也可以是不对称的。与浊积岩和风暴岩的层序代表的是一次短暂事件沉积作用不同，等深积岩层序反映了等深流流动强度的长周期变化，即一个细—粗—细的垂向层序反映了等深流活动由弱到强再到弱的一个活动周期，而复合层则反映了等深流活动更大一级周期的弱—强—弱变化。

等深流沉积的发育情况与海平面变化具有内在联系。等深流沉积主要发育于海平面上升时期。在低海平面时期，大量粗碎屑物质可直接从大陆坡注入深海盆地，形成各类砂、砾级重力流沉积。由于顺坡向下的重力流沉积占主导地位，此时等深流活动常被掩盖，即使形成一些等深流沉积也不易保存。随着海平面上升，物源区逐渐远离沉积盆地，粗碎屑物质注入减少，重力流活动减弱，等深流得以发育，可改造由浊流搬运来的砂级及砂级以下粒级的沉积物，形成大量等深流沉积。据氧－碳同位素分析资料和微粒度资料研究表明，在冰期—间冰期过渡时期，即海平面上升时期，可能是最强烈的底层环流活动时期。而在高海平面时期，沉积物供给较少，等深流沉积也不甚发育。因此，等深流沉积可作为海侵体系域（海平面上升时期形成的沉积物）特征的沉积类型。

等深流沉积与其他类型深水沉积的沉积学特征比较见表 5–2。

表 5–2　等深流沉积与其他类型深水沉积的特征比较

特征	等深流沉积	浊流沉积	内波和内潮汐沉积	半深海及深海沉积
岩性	陆源碎屑岩类，碳酸盐类，少量火山碎屑岩类	陆源碎屑岩，碳酸盐类，火山碎屑岩类	陆源碎屑岩类，碳酸盐类，少量火山碎屑岩类	黏土岩类，远洋碳酸盐岩类
粒度	以泥级和粉砂级为主，砂级次之，极少量砾级，有时以砂级为主	从泥级到砂级，少量砾级	泥级、砂级，水道环境中以砂级为主	泥级为主，少量粉砂级
颗粒分选	中等–好，局部极好	差–中等	中等–较好	
颗粒组构	颗粒普遍具有特征的优选方位	颗粒很少具有或没有优选方位	无	无
垂向沉积层序	基本对称的正粒序与逆粒序组合	鲍马层序	双向递变或正递变层序	无
沉积构造	交错层理、水平层理、块状层理	交错层理、块状层理	交错层理，脉状，波状、透镜状层理	无
生物扰动	发育	无或顶部有	缺乏	发育
微体化石	较少，磨损或破碎	少，保存完整	少见	多，保存完整
形成环境	主要在陆隆区，深海其他地区也可见	陆坡，深海盆地，深湖区	深水斜坡，峡谷，盆地	深海、半深海沉积区

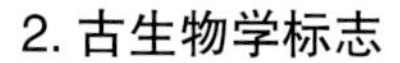

2. 古生物学标志

李日辉等认为在识别等深流沉积的时候应该特别重视古生物学特别是遗迹化石标志。生物是敏感的环境指示者。生物活动的结果一方面能对原有的沉积构造和结构起破坏、改造作用，另一方面还会形成生物成因构造。由于这种构造与沉积物几乎同时形成，反过来可以通过这些生物成因构造（遗迹化石）的研究，总结其层面、层间的形态特点、类型等，来帮助恢复原始的沉积环境。等深岩中遗迹化石特别发育，并具有鲜明的特点。这是等深岩的识别标志之一。

实体化石特点也是识别等深岩时不可忽略的一种标志。等深岩中实体化石一般很少，大多以生物碎屑形式出现。以棘皮类、三叶虫等居多。现代等深流沉积中可出现有孔虫、放射虫、介形类碎屑，可局部形成富生物碎屑的等深流沉积物。

3. 古地理标志

因为等深岩主要出现在陆隆附近的较深水环境，因此古大陆斜坡附近均有可能发现等深岩。又由于陆坡附近也是浊流活动的场所，故而浊积岩出现的地方也有可能发现 等深岩。

总之，等深岩识别标志很多，但大致可归为沉积学标志、古生物学标志和古地理标志三大类。与其他地质现象一样，各种识别标志也有其多解性。因此，多种标志相结合更有利于对等深岩的识别。

等深流沉积的物源

对现代海底等深流沉积物的研究表明，其物源主要来自以下几个方面。

1. 由浊流带来的陆棚碎屑物

表现在两个方面，其一是直接对浊积物进行颠簸、筛选、淘洗等改造作用，使之成为等深积岩。这种岩石其颗粒粒径大多较粗（粉砂－细砂），成分上以陆屑为主。这种作用大多发生于大陆坡、陆隆、洋脊两侧浊流沉积发育的地区。其二是浊流远端的雾状层与等深流相遇，直接成为等深流体的一部分随同搬运沉积。此种来源的等深流沉积物颗粒细，常为粉砂质泥或均质泥。

2. 冰川融化的碎屑物

在两极附近的海域中，来自冰川融化的碎屑物在等深流沉积物中很常见，这种碎屑颗粒通常圆度差，分选差，含量可达 3%。

3. 生物屑及生物成因的硅质

生物屑是等深流沉积物中主要组分之一，含量在 1% ~ 15%。通常，生物屑破碎严重，排列具一定的优选方向。少量完整的生物屑则是原地死亡堆积的产物。生物成因的硅质主要分布在深海盆地中，而且非常普遍，如硅质软泥、放射虫软泥、硅质骨针等。它们在沉积过程中可被等深流所搬运，或者再悬浮之后被搬运，尔后再沉积。

4. 海底沉积物的重新悬浮

由于海底等深流流速的变化及波动性的特点，在等深流衰减期或停歇期为正常的远洋－半远洋物质沉积，而在等深流活动期或深海风暴期则可能重新使这些未固结的物质悬浮，随之被搬运、改造、再沉积，海洋中薄层细粒的等深流沉积物大多数可能属于这种成因。生物的海底活动或扰动也是引起未固结沉积物重新悬浮的重要原因。海洋中大多数海底雾状层是由于沉积物重新悬浮的结果。被搬运的重新悬浮物的颗粒大小、数量及分选性取决于等深流的流速。

5. 由海底火山喷发所形成的火山灰

这类物源在等深流沉积物中含量变化大，这主要是与海底火山喷发的程度及喷发频率、火山数量有关。

除上述几种物源外，可能还存在其他成因的物源。通常就一个地区的等深流沉积物而言，其物源也可能是多成因的，其中以某种成因为主，或同时有几种成因并存。

等深流沉积的影响因素

Faugeres 等总结了影响等深流沉积作用的四个主要因素。

1. 底流循环

在海洋盆地必须有非常活跃的底流循环才能诱发沉积物的搬运。因此，在赤道和两极之间要有足够的温差来驱动底流。有证据显示，底流循环的明显增强期似乎对应于气候不稳定期或危机期（如冰期/间冰期的过渡时期）；这些时期在等深流沉积记录中留下广泛的侵蚀事件。

2. 海底地貌

西部边界潜流在遇到较陡的斜坡时，其强度和速度会进一步增加。当流经狭窄的通道（如大陆地块之间的深海峡谷、海底火山脊上的峡谷、洋中脊体系上的主要断裂等）时，其流速亦会加快（图5–10）。另外，当西部边界潜流所经过的斜坡的方位相对于流体方向发生变化时，也将导致流体流速的改变。等深流在强度和速度上的改变，会明显影响其沉积作用。随着强度的降低，流体从强烈侵蚀到搬运，再到沉积依次变化。

3. 沉积物供给

等深流的沉积速率还取决于沉积物来源及量的多少。其物质来源

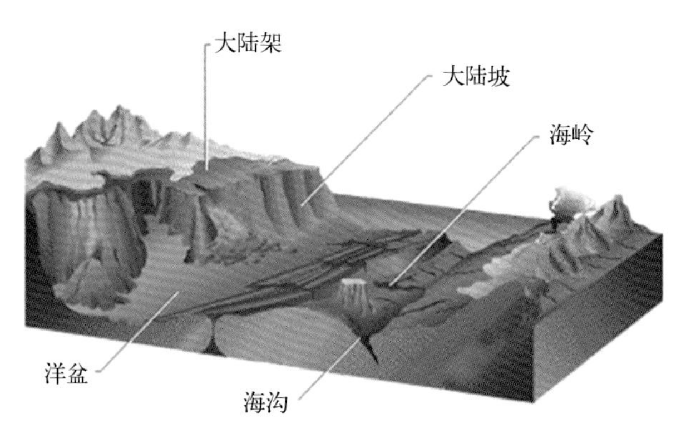

图 5–10　海底地形模式图

主要是陆源物质和生物成因的物质，它们受控于多种因素。

4. 雾状层的浊度

一般而言，雾状层的浊度越大，产生的沉积速率就越高；但当流体的动能增强时，也不一定发生沉积作用。

等深流研究的意义

等深流概念的建立是继浊流理论后沉积学中又一里程碑性的事件。

对等深流沉积物的研究不仅有助于了解深海底流的循环历史，提供更多的古海洋学信息，正确认识海底沉积物的分布和恢复大陆古地理，还具有经济意义。等深流是油气勘探的一个新领域。在现代海洋中，等深流沉积覆盖了大面积的海底地区，并与深水泥质岩呈互层产出，与浊积岩相似，可构成良好的生储盖组合，又受等深流和深水潮汐、波浪的反复淘洗，其结构成熟度较浊积岩高得多，原生孔隙发育，油气储集性能比浊积岩好得多，为深水沉积中颇具勘探前景的潜在油气储集层。故此，随着油气勘探不断向深海推进，等深流沉积在油气勘探中的重要意义会不断显现。

另外，对等深流的研究也有助于对海洋学、古气候和古构造的解析。等深流沉积的相变与区域古海洋环境及底流速度的波动密切相关，而且与古气候和古地理也密切相关。一个地区等深流的启动、流经路径、与深水地貌的匹配关系、流体强度的变化（加强、减弱甚至停滞）等最终体现在等深积岩沉积体系中。因此，从等深流沉积物中获取古气候、全球大洋循环、深水构造、古地理信息具有十分重要的研究意义。

等深流沉积的研究在很大程度上推动了与之密切联系的几个重要领域的研究进程（与底流体系有关的古海洋/古气候事件的

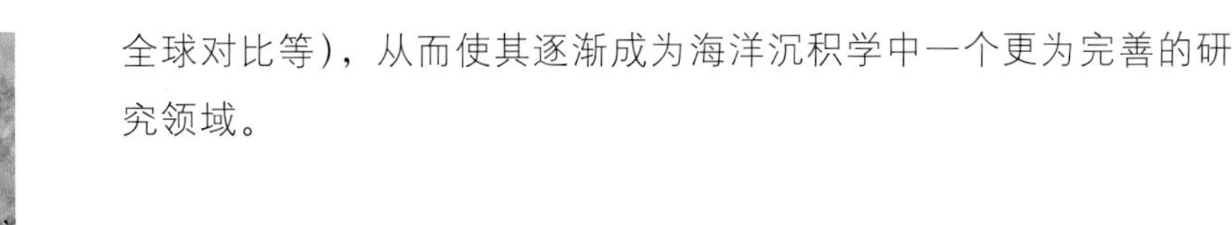

全球对比等)，从而使其逐渐成为海洋沉积学中一个更为完善的研究领域。

有待解决的问题

虽然目前对等深流及其沉积物的了解已经取得了许多进展，但仍有些问题有待进一步研究。

（1）对现代等深流沉积的研究发展不平衡。现代等深流沉积研究最为详尽的地区是北大西洋，其次是南大西洋和威德尔海，而对全球其他各大洋的研究非常薄弱，研究工作量加起来还不足大西洋的1/5。这就限制了对全球等深流沉积的全面认识。

（2）等深流沉积识别的可靠性。一些大型泥波很可能是内波沉积的产物，有时却被误认为是等深流沉积；而大型沙波很可能是内潮汐、内波或其他底流与等深流联合作用沉积的产物，也被称为等深流沉积。这些都可能对今后研究造成误导。

与现代等深流沉积研究相比，古代地层中等深流沉积的研究显得比较薄弱，也存在如下两个突出问题。

（1）国外对古代等深流沉积研究的规模、数量和深度均逊于对现代等深流沉积的研究。我国偏重于对地层记录中等深岩的研究，并已见相当数量的报道，但受层位局限，还远不能反映其全貌。

（2）古代地层中等深岩丘的识别可能是等深流沉积研究领域的最大难题。目前，世界上识别出的古代等深岩丘仅三例：以色列附近白垩系、我国的湘北和陇东。这与现代等深岩丘的研究相比极不相称。

我国国内尽管对等深流沉积的研究发展十分迅速，取得了不少成果，但仍存在一些缺陷和尚待解决的问题。如对古代等深流沉积的研究深度远远不如对现代等深流沉积的研究，特别是对古代等深岩丘的研究十分薄弱，而且多为碳酸盐岩，而对碎屑岩等深岩丘的识别研究则存在着更多问题。同样，最关键的问题就在于等深流沉积的识别迄今尚未建立起一套完善的识别标志，又因技术、条件问题，迄今系统地开展对现代海洋中等深流及其沉积作用的研究还很少。

Chapter 6

第六章

古海沧桑——地中海沙漠

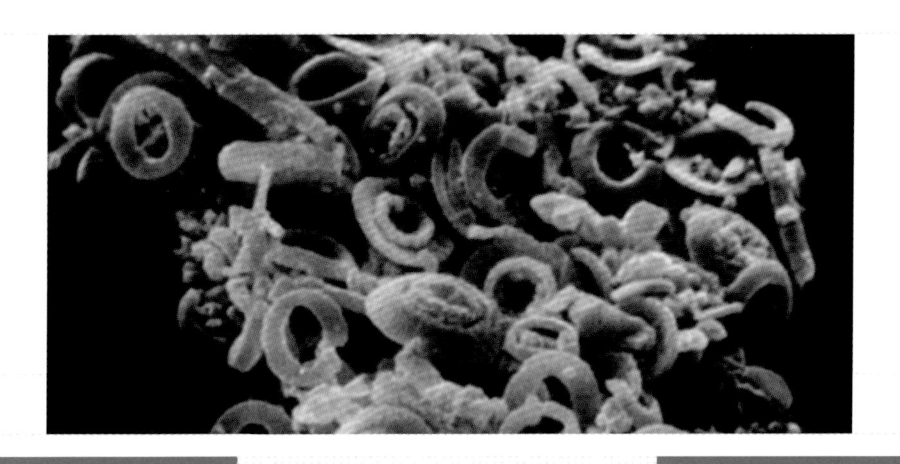

序章
——地中海的谜题

地中海的前世今生

地中海，北靠欧洲，南望非洲，以东则是西亚的高山、沙漠以及几个陆地内海，只有西边通过最窄 15 千米、长约 58 千米、水深约 400 米狭窄的直布罗陀海峡与大西洋连通（图 6–1）。因此，看起来，“地中海”倒真是名副其实，因为它简直就是一个内陆湖泊。可是，地中海的海盆非常广阔，其面积足有 250 多万平方千米；且地中海的深度也很深，平均有 1450 米，最深点——位于希腊南边的伊奥尼亚海——为海平面下 5121 米，所以它又是一个当之无愧的“海”。问题是，在欧洲、非洲和亚洲三个大陆之间，为什么会有这么一个深邃广阔的海盆呢？这就要从地球的历史说起。

在 40 多亿年以来的地质历史中，地球上海洋和陆地的格局曾经发生过不止一次的巨大变化。现在的陆地曾经可能深埋于海水之下，例如横亘在欧洲—亚洲南部边缘、从阿尔卑斯一直延伸到喜马拉雅以至东南亚的山脉和岛弧，这些山系和地体的岩石组成是统一的中生代海相沉积岩系，这就说明在并不那么遥远的中生代到新生代早期（距今约 2.5 亿年前到距今约 6000 万年前），欧亚大陆和其南部的非洲大

图 6-1　地中海

陆之间曾经是一片苍茫的大海——特提斯洋。

最早认识到这一现象并给出了相似的合理解释的是伟大的奥地利地球科学家爱德华·修斯（Edward Suess, 1831—1914）。1893 年他的地学经典著作《地球的面貌》将欧亚大陆南缘的这一系列山系描述为："整个欧亚大陆的南缘分布着一系列大型褶皱带，这些褶皱带彼此联系组成紧密的弧形构造，向非洲 - 印度陆块进行大范围的逆掩"，并首次将这一地质构造体系解释为欧亚大陆和非洲 - 印度陆块之间的一个古代陆间海盆，命名为"特提斯海"（图 6-2）。特提斯是希腊神话提坦神族的女神之一，主管海洋；宙斯在奥林匹斯之战中打败提坦神族，并夺得了整个世界的控制权，不可避免地也夺去了特提斯对海洋的掌控。用"特提斯"来指代一个已经几乎消失殆尽的古代海洋，自然是十分贴切的。

后续的地质学研究，特别是板块构造理论提出之后，人们发现修斯的假说只对了一半。在中生代，亚欧大陆之南确实还淹没在海水之中，但它不是一个小海盆，而是一个发育完整的大洋！因此，修斯提

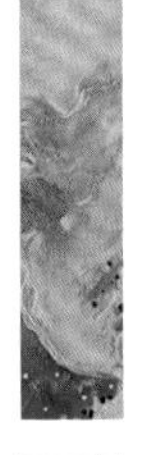

出的特提斯海被改称为特提斯洋。这是一条呈东西走向的相对狭窄的大洋，其南边是由今天的非洲、印度、澳大利亚、南极洲和南美洲等陆块拼合在一起组成的冈瓦纳古陆，其北边则是由欧亚大陆和北美大陆组成的劳亚古陆；在这一群“拥堵”在一起的地质体之外的整个地球都被一个巨大的大洋——古太平洋——所覆盖。现今印度、印度尼西亚、印度洋等许多区域，过去曾被特提斯洋东部覆盖着；而地中海则被认为是西特提斯洋的残余部分；黑海、里海、咸海则是古特提斯洋的残余部分。特提斯洋的海底，大部分隐没到辛梅利亚大陆与劳亚大陆之下，喜马拉雅山脉的岩层中发现的海洋生物化石清楚地证明这里过去是特提斯洋的海底，直到印度大陆与亚洲大陆碰撞将曾经的大洋海底改造成了如今苍茫的大山。欧洲的阿尔卑斯山脉也有类似的证据，显示非洲板块向北的运动将特提斯洋的海底向上推挤建造出了阿尔卑斯山脉。

特提斯洋对古海洋学家和古生物学家而言都非常重要且有趣。对于古海洋学而言，一个“拥堵”在一起的超级大陆和一片巨大的超级

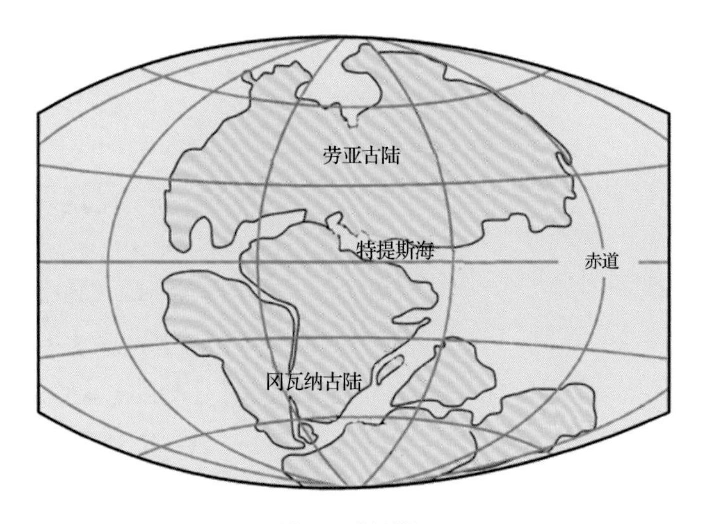

图 6–2　特提斯海

大洋，在超级大陆中间大约赤道的纬度上还存在着一个大洋通道，这样的海陆分布所造就的大洋环流格局以及大气环流模式，一定迥异于现代。而在这样的海洋和大气模式之下，地球的气候状况如何，陆地生物、海洋生物又有怎样的特征和分布，这些问题着实引人入胜。特别是对古生物学家而言，特提斯洋的周缘分布着许多陆架，而陆架浅海能够提供的相对稳定又多样化的环境，往往是生物多样性最高的地方，因此特提斯洋的生物化石非常多样、有趣，且是研究生物演化最佳的材料。

特提斯洋里独特的古生物，在欧亚大陆南缘广泛的中生代沉积地层中，都留下了丰富的化石遗迹。那么作为特提斯洋西部的残存洋盆，地中海理应存在不少特提斯洋古代生物的遗族；况且地中海与大西洋的连通如此薄弱，更加增添了保存中生代特提斯活化石生物种类的可能性。可是，事实却并非如此。现代地中海的生物群落面貌，与大西洋几无二致。地中海中的生物与大西洋不同的，仅仅是地中海中存在许多对盐度耐受性很高的生物物种，与地中海相对更高的海水盐度相吻合。

地质学鼻祖之一的莱伊尔爵士（Sir Charles Lyell, 1797—1875）（图 6-3）早就注意到了这个谜题。他发现，地中海周围新生代的砂岩和泥灰岩中记录的地中海古动物群落在中新世到上新世发生过戏剧性的剧变。此前地中海的古生物兼具大西洋和印度洋生物群落的特征；后来，这些生物似乎在大规模地向西“逃窜”，并通过当时地中海与大西洋的连通水道逃亡到了大西洋，留存在地中海的则很快就灭绝殆尽，仅仅少数能够忍受高盐度环境的属种得以幸存至今。这次剧变，被莱伊尔划定为新生代中新世和上新世的生物地层年代界限。进入上新世之后，这些逃亡的移民又纷纷回到地中海，并且带来了更多大西洋的生物属种，自此奠定了地中海生物群落特征的基本面貌。早期的古生物学家只能想象当时地中海发生了盐度骤然上升从而“驱赶”走

图 6-3　莱伊尔爵士

了绝大部分不耐高盐的生物，因此将这一事件命名为“地中海盐度危机”，或以出露该地层界限的最佳剖面——位于意大利西西里岛的墨西拿村——命名为“墨西拿盐度危机”。

但是，又该如何从更宏观的视角来看待地中海在特提斯洋渐渐消亡之后发生的这一次重大变化？例如，地中海并非特提斯的残余，而是在特提斯消亡之后又在欧洲与非洲之间重新拉张开的一个新的洋盆？

特提斯洋和现代地中海

在约 2.5 亿年前的晚二叠世，联合古陆（Pangaea）开始裂解，如今的欧洲和北美洲之间出现了一个巨大的裂陷，自三叠纪开始接受沉积。最初的早三叠世的沉积物以成熟度甚低的红色长石质碎屑砂岩为特征，这一沉积系在现代大西洋两岸均有发现。魏格纳在提出大陆漂移假说时，这一红色砂岩也是重要的参考性证据。约 1.5 亿年前的侏罗纪时，非洲向南、欧洲和北美向北漂移，其间开始发育大洋地壳，这是特提斯洋最初的洋壳。与此同时，北边的劳亚古陆和南边的冈瓦纳古陆相背运动，其间继续发育洋壳。这些洋壳就构成了特提斯洋。特提斯洋极盛时期，分布在赤道到北纬 30º 之间，分隔了南、北两侧的古大陆，将当时的陆地世界分成了南北两半。

约 1 亿年前的晚白垩世，冈瓦纳古陆开始裂解，印度次大陆、澳大利亚板块和南极大陆与非洲大陆相互裂解，这些陆地之间开始发育印度洋。印度和非洲向北的漂移不断挤压特提斯洋。约 1500 万年前的晚中新世，特提斯洋的大部分洋壳已经俯冲消没到了欧亚板块之下，原先广袤的特提斯洋消减成为一条横亘在亚欧大陆南缘的狭窄水道。随着欧亚大陆与北美大陆的彻底分离，欧洲与非洲的相对运动将西特提斯洋挤压建造出了阿尔卑斯山脉和地中海；而在东部，随着印度向北相对亚洲大陆的运动，东特提斯洋洋壳被挤压进了青藏高原南缘的群山当中，印度次大陆和澳大利亚板块相对亚洲的运动同时建造了今天的中南半岛和东南亚俯冲岛弧群。直至今日，特提斯洋几乎已经完全消没，仅余黑海、里海和咸海等残留盆地以及存在于阿尔卑斯以及土耳其、伊朗直至喜马拉雅的蛇绿岩套，能够提供有关特提斯洋支离破碎的证据。

那么现代地中海究竟是西特提斯洋的残余，还是欧洲－非洲碰撞之后再拉张形成的陆间海盆地呢？

一个重要的线索在于，19 世纪初期，人们就发现地中海的东、西两部分具有迥异的地质构造运动特征。在西西里岛和突尼斯之间，地中海海底有一条洋脊将地中海分为东、西两半。东地中海正在遭受挤压作用，而西地中海则是在拉张。1924 年，瑞士地学泰斗 E. 阿尔冈提出意大利半岛以及科西嘉和撒丁岛是从法国和西班牙剥离出来的，意大利在与其起源地分离之后经历了约 60° 的逆时针旋转，并与巴尔

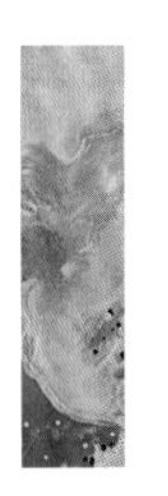

干地块碰撞聚合形成如今的地形。亚平宁山脉就是这次碰撞的证据，而这些地块整体向东的运动，正是形成西地中海海盆的原因。当时的地质学界普遍认为这些运动大致发生在2500万年到3000万年前，因此可以推测地中海西部相对年轻，大概形成于中新世。

与之相反，东地中海的历史可能完全不同。法国著名地质学家、地球物理学家勒皮雄根据地球物理资料计算东地中海的年龄要老得多，有约2亿年。由于非洲和地中海海底向北的运动，东地中海正在遭受挤压运动。东地中海底下也存在着一条海脊，其最高点就是塞浦路斯岛。塞浦路斯岛上最古老的沉积层序是覆盖在蛇绿岩基底上的放射虫燧石岩和白色灰岩，其沉积序列与阿尔卑斯的沉积物具有相似性。因此，东地中海可能是特提斯海的残余，在约1.5亿年以来非洲与欧洲的强烈相对碰撞中，东地中海所代表的特提斯海的残余似乎幸免于难，仍然以海盆的形式存在着。但是，如今仍在进行的挤压运动很可能最终还是会把东地中海塑造成一条新的山脉。

“M”反射层和盐丘底辟构造

1969年，美国伍兹霍尔海洋研究所的“铁索”（Chain）号考察船利用当时最新发明的连续震波剖面仪调查了地中海。连续震波剖面仪是20世纪50年代发明的一种回声测深技术设备，通过接收回声信号，它不仅可以勘察海底地形、地貌，同时也能发射和接收足以穿透若干千米厚的海底地层的声波信号。调查发现，地中海海底以下100～200米深处存在着一层声波反射层，推测应该是质地坚硬的岩层。由于一时无法解释其物质组成和形成原因，该航次的首席科学家、地球物理学家B. 赫塞仅简单地以地中海英文单词的首字母将该硬质层命名为“M”反射层。之后10年的调查研究发现整个地中海海底普遍存在着“M”反射层，而且其分布形态与地中海海底地形完全一致。“M”反射层的上下，均是软质的海洋沉积物软泥。据此，当时的科学家们只能认为“M”层是在地中海深海盆地业已成型，且水深、海陆面貌与现代相似的情况下由深海沉积物堆积形成的。

此外，“铁索”号科考船及之前的一些研究早已发现，地中海深处存在许多柱状构造穿插于沉积层之中，直径往往有若干千米，高则数百米到数千米不等（图 6–4，图 6–5）。地质学家对这种构造并不陌生，它们与美国墨西哥湾沿岸常见的盐丘构造非常相似。这类构造体，是由深部的塑性物质在差异应力的作用下向上穿刺进入上覆地层中而形成的一种地质构造，学名叫底辟构造。如果底辟构造体是由岩盐构成，称为盐丘；如果是泥质组成，则为泥丘。

盐丘底辟构造，往往在滨岸浅水蒸发强烈的环境下常见。在地中海水深可达千米的海盆底下发现盐丘构造，着实让人大跌眼镜。当时，欧洲特别是法国保守的地质学家相信，这些岩盐肯定来自十分古老的地层，年龄应该在 2 亿年左右，这套岩盐与欧洲大陆上当时正在普遍开采的盐矿应该属于同一地层系列；而这可能是证明地中海海底曾是大陆的一部分的一个证据。因此，如今的地中海可能就像是传说中的

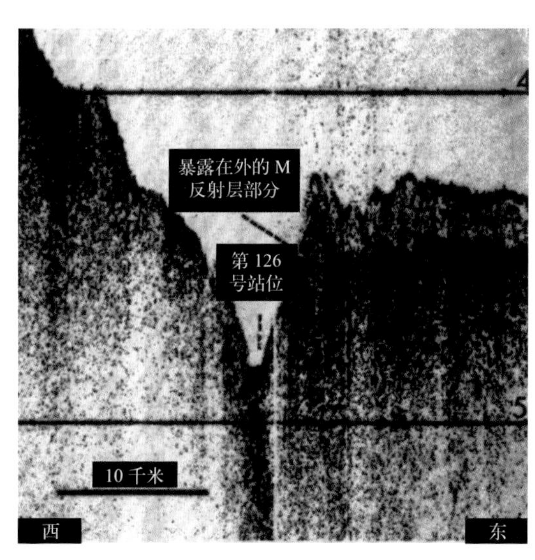

图 6–4　拉蒙特地质研究所“康拉德”号调查船的震波记录，显示很久以前，当一股盐水从大西洋涌入干化的地中海时，在地中海海脊上切割出来的峡谷

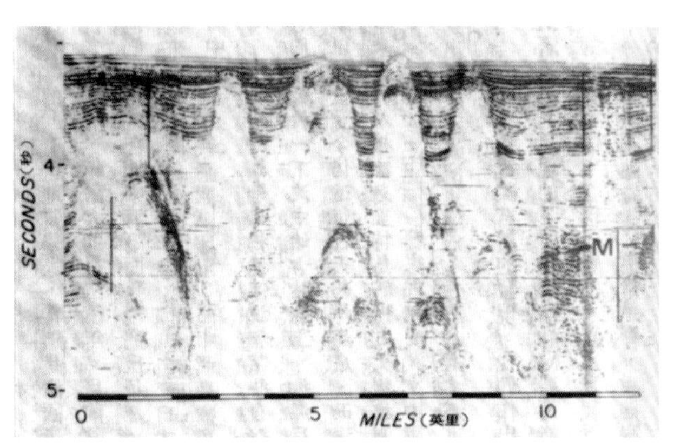

图 6–5 西地中海巴利阿里深海平原的一条宽 16 千米地带的连续震波剖面图。图中可见，有些临丘顶部已呈圆形，突出海底，其他则尚处于隐伏状态［本图由法国探测船“卡立苏”号（Calypso）探勘制成，林哈特（Olivier Leenhardt）提供］

“消失的亚特兰蒂斯”（the Lost Continent of Atlantis）一样，是大陆沉没形成的一片深海。

DSDP 13 航次

要解答上述有关地中海的诸多谜题，亟须通过对地中海海底沉积序列和基底岩石进行科学钻探，以取得直接的证据。在此背景下，1970 年 8 月，当时刚刚起步的“深海钻探计划”（DSDP）决定对地中海进行科学钻探，是为 DSDP 13 航次；5 年之后，又进行了 DSDP 42A 航次，对地中海进行了进一步的深入研究。

DSDP 13 航次的两位联合首席科学家分别是苏黎世联邦高等工业大学的许靖华和美国哥伦比亚大学拉蒙特地质研究所的威廉·雷恩（图 6–6）。许靖华是在国际上享有极高威望的华裔地球科学家，祖籍安徽歙县许村，1929 年 6 月 28 日生于南京。许靖华是美国国家科学院、第三世界科学院和地中海科学院院士，曾任国际沉积学会主席、国际海洋地质学委员会主席、欧洲地球物理学会主席，在地质学、海洋地质学、地球物理学以及环境科学等诸多领域均卓有建树。许靖华自幼

图 6-6 参加“深海钻探计划”第 13 航次地中海考察之旅的科学家：站立者从左至右依次为雷恩、波多、魏策尔、斯特拉德纳、内斯特罗夫和许靖华。坐前排者由左到右分别是曼克、洛特和希妲（照片由 DSDP 提供）

聪敏过人，15 岁毕业于中央大学附属高级中学并考入中央大学（1949 年更名为南京大学）地质学系，1948 年毕业后赴美留学，于俄亥俄州立大学取得硕士学位、加利福尼亚大学洛杉矶分校取得博士学位；

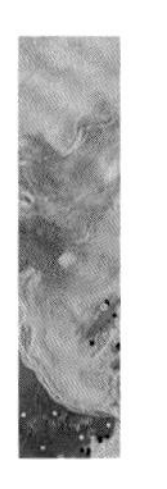

1954 年入美国壳牌石油公司从事科研工作，1963 年到 1967 年于纽约州立大学和加利福尼亚大学任教，1967 年移居瑞士任教于苏黎世联邦工业大学，并先后担任该校地球科学院院长、地质研究所所长等。1984 年获国际地学界最高荣誉 Twenhofel 奖章和英国地质学会最高荣誉 Wollaston 奖章，2001 年获美国地质学会的 Penrose 奖章，2002 年获南京大学世纪校友学术成就金质奖章。

DSDP 13 航次自葡萄牙里斯本起航，在北大西洋东北伊比利亚半岛岸外的格林奇滩打下第一钻（DSDP 120 站），之后进入地中海，在地中海西、中、东部共计进行了 14 个站位的钻探，成功取得地中海“M”反射层以及基底岩石的样品，一举解答了有关地中海成因和干化的诸多难题。

高潮
——寻找“地中海荒漠化”的证据

石膏质砾石层

1970年8月，DSDP的“格罗玛·挑战者”号钻探船驶入地中海。8月19日，钻探船抵达位于西班牙马拉加以南阿尔沃兰海盆（Alboran Basin）中的第121号站位。“深海钻探计划”由于生态考虑需谨慎回避含油气地层，由于一度担心打到含油气的地层，因此在该站位的钻探一波三折，但最终还是取得了有关“M”反射层的岩石证据。那是一系列颗粒极细的碎屑岩，当时船上的科学家们并不能确认这些是何种岩石。DSDP 13航次之后的研究表明，该站位的“M”层物质以白云岩为主。白云岩的成因比较复杂多样，但是最常见的成因是形成于蒸发潮坪环境。但在当时，船上的科学家们并不知晓121号站位发现白云石的巨大意义，只能怀揣因钻探进程不顺利、成果不显著而造成的失望和落寞的心情奔赴下一站位继续开展工作。

122号站位被选定在巴塞罗那岸外的瓦伦西亚海槽当中。由于该海区是一片海底侵蚀区，“M”层之上仅有薄薄的一层沉积物覆盖，因此理应很容易钻到“M”层。但是，由于当天海流极强，“格罗玛·挑战者”号迟迟不能进入预定站位点。这不单造成了两个多小时船时的浪费，更让船上的科学家们心力交瘁。不仅如此，在好不容易开始进行钻探不久，钻头堵塞、海水循环停滞、岩芯筒被卡在了海底地层当中。事后的技术分析才搞清楚，造成这一故障的原因在于瓦伦西亚海槽中的砂质和岩屑物质丰富，钻探过程中一旦钻杆脱离、水循环停止，之前钻探过程堆积在海底表面钻管周围的沉积物就会倒灌入钻孔当中，对后续钻进造成极大阻碍，更有甚者如果沉积物倒灌进入岩芯筒或钻管中，整个钻管系统都会被卡住，无法取出。

不过，就在钻管被卡住之前，已经取回了上新系底部的岩石样品，然而这些岩样仅仅是一些砂和砾石。当时，两位郁闷的首席科学家在实验室中相对无言。威廉·雷恩铁青着脸、百无聊赖地在冲洗着这些粗颗粒物质，然后把它们一粒粒整齐地摆放进样品夹中；许靖华则默默地看着雷恩进行这些简单重复的工作。忽然，许靖华眼前一亮，惊奇地想到，在这样一个深海盆地当中，怎么会有这么多的砾石？而且，这些上新系底部的碎屑颗粒不正是石膏吗？

相比于成因复杂的白云岩，石膏是一种非常有特征性的蒸发盐矿物，它几乎只能在海水因强烈蒸发而变成高浓度卤水时沉淀形成。深海海底发现石膏岩屑，这可能还可以解释为附近陆地上有石膏矿藏，陆地上的碎屑物质被输送、沉积到了深海海底。但是，由于深海盆地往往远离陆地，水动力条件一般不足以将除黏土以外的粗颗粒物质搬运过来。唯一可能搬运粗颗粒物质到深海的动力就是“浊流”。这是一种疏松沉积物沿海底陡坡或峡谷受重力作用而形成的一种事件性的水下泥石流。浊流可以提供将粗颗粒物质由砂质海滩一直搬运到几百千米外的深海海底所需的强大动力。然而，如果是浊流，那么这些粗粒物质中应该包含类型多样的砾石、石英、长石以及其他各种沉积岩、变质岩、火成岩等陆地岩石碎屑，为何瓦伦西亚海槽上新系底部的这些粗颗粒碎屑绝大部分都是石膏，而与其伴生的是大洋玄武岩、硬质化的大洋软泥以及一些壳体极小的生物化石的碎片？这样的物质组合非常诡异，这些物质看起来都是来自海底本身。只是，石膏理应来自强烈蒸发的浅水环境，而玄武岩、大洋软泥则理应来自深海。况且，大洋软泥往往是非常松软、富含孔隙水的，但是何以这里发现的大洋软泥早已干结成岩，而且碎裂成了沙砾！那些生物化石，经鉴定也都是属于滨岸潟湖环境中的生物。因此，唯一合理的解释就是，这片如今水深 2000 多米的深海，曾经是一片几乎完全干涸的海底！

据此，许靖华见微知著，开始想象地中海与大西洋的连通水道在中新世时可能曾因构造运动而关闭。强烈的阳光肆意蒸发地中海的海水，海水盐度不断增大，使得当时地中海中所有的大洋生物灭绝殆尽，仅有高耐盐的生物才能存活。随着蒸发持续进行，海水变成卤水，石膏就开始沉淀，直至整个地中海完全蒸干，瓦伦西亚海槽变成一条陆地峡谷，其周围曾经的海底火山也出露到大气中成为陆地火山（图 6–7）。

图 6–7 地中海沉积岩芯：左图为由有孔虫和微细浮游植物形骸组成的海洋沉积物；右上图为硬石膏质白云岩和叠层石；右下图则是从巴利阿里深海平原挖到的岩芯

堆积在火山山坡上的玄武岩、大洋软泥和石膏盐岩被风化侵蚀，并随当时的河流搬运、沉积到了瓦伦西亚“峡谷”中。后来，地中海与大西洋重新连通，海水很快重新淹没整个地中海盆地，这个一度存在的地中海“沙漠”又再次成为如今我们看到的碧波荡漾的海洋。

“蒸干荒漠”抑或“咸水深海”

仅仅根据在121号站位和122号站位钻探得到的有关“M”反射层的零星岩石碎片，诚然很难直接证明“M”反射层一定是由“蒸干荒漠”化而形成的。当时已经有研究表明，在例如现代红海这样的强蒸发海盆中，咸水由于密度较大会形成所谓的“咸水囊”沉入海盆底部，而“咸水囊”中的硫酸钙可以在深海海底沉淀出来。因此，以威廉·雷恩为首的DSDP 13航次大部分科学家都宁愿相信他们在“M”反射层顶部发现的石膏颗粒，是由于地中海的咸水向大西洋的输运受阻，形成“咸水囊”，从而在地中海海底沉淀出石膏。

现代地中海与大西洋在直布罗陀海峡建立海水连通，地中海高盐度的海水以潜流的形式在300 ~ 400米深度通过直布罗陀海峡向大西洋流出；大西洋相对淡的海水则以表层流向地中海流入。如果直布罗陀海峡的海底曾经抬升，或者全球海平面曾经下降，那很有可能导致地中海咸水无法泻出，而在地中海内形成高盐的深部水环流。

“咸水深海”这一假想，看上去也足以合理地解释石膏颗粒物的存在。但究竟是“蒸干荒漠”还是“咸水深海”造就了有石膏存在的硬质“M”反射层，还需要继续在地中海更多的地方钻探或许才能找到更确凿的答案。

亚特兰蒂斯石柱

1970年8月28日，第124号站位，DSDP 13航次的科学家们在地中海巴利阿里群岛以南3000米水深处，钻进到了“M”反射层。所取回的岩芯让所有人为之惊叹和振奋！无需进行更进一步更复杂的地球化学研究，仅仅根据这些岩芯的岩性和结构——铁网状硬石膏和叠层石——就足以判定：“M”反射层一定是浅水相的蒸发岩！船上的钻探工程技师们最先看到了这些岩芯，他们惊喜地称它们是“亚特兰蒂斯石柱”！（图6–8）

在化学上，石膏是硫酸钙水合物（$CaSO_4 \cdot 2H_2O$），而硬石膏则是无水硫酸钙。在现代，典型的硬石膏沉积物可以在阿拉伯海的滨岸潮汐带（阿拉伯语称为萨布哈）环境中找到。如果说石膏还可能在深海

图6–8　在124号站位钻到的第一块蒸发岩岩芯——“亚特兰蒂斯石柱”

环境中由咸水囊中的硫酸钙沉淀生成，硬石膏则一定是在浅水环境中形成的。因为从现代环境来看，硬石膏的生成必须满足水体温度大于30℃这一条件。在阿拉伯海的萨布哈中，地下咸水在接近地表时，只有被加热到30℃以上，才能沉淀析出无水硫酸钙。对于地中海这样一个水深上千米的深海洋盆来讲，其海底的水温无论如何都不可能达到30℃以上。即使是死海这个相对很小的内陆湖泊盆地，其湖底水温也不足以形成无水硫酸钙，仅仅可以发现一些石膏晶体。

而由硬石膏组成的铁网状结构，则是因为地下水沉淀形成的硬石膏晶体结核不断增生、相互连接，取代了在硫酸钙之前先沉淀出来的碳酸钙沉积物，从而形成由硬石膏晶体结核组成的层状、网状结构。硬石膏往往呈纯白色，而碳酸钙沉积物则呈灰色或灰黑色，深色的碳酸钙纹路分布在白色的硬石膏基底上面，看上去就像是粗心大意的农人用铁丝交缠编织成的鸡笼，因此最早发现这一结构的地质学家将其形象地命名为“铁网状硬石膏”（chicken-wire anhydrite）。

与铁网状硬石膏一起被发现的叠层石，则更值得大书特书一番。在地球早期、寒武纪生命大爆发之前的很长一段时间内，我们能够找到的被认为是生物成因的沉积构造只有叠层石。叠层石往往呈球状、丘状、穹隆状、席状或柱状等形态，其内部有一层一层厚度不等的纹层状微结构。早期的地质学家有人认为叠层石是无机的化学沉淀过程建造的，而更多的科学家则普遍认识到叠层石是由低等的原核藻类建造的。现代，澳大利亚沙克湾（Shark Bay）、巴哈马群岛等地仍能找到仍然存活、生长中的叠层石。原核的蓝绿球藻在浅水近岸潮汐环境中密集地生长，像席子一样铺满一大片浅海海底，我们称之为“藻席”。当潮汐、风暴或强降雨带来大量沉积物颗粒时，藻席表面就会被薄薄的一层沉积物覆盖，但藻类仍然会奋力生长穿透沉积物重新占据迎着阳光的海底地表，在沉积物表面形成一片新的藻席。这样的过程周而复始，就会形成纹层状的叠层石结构，其中的层理明暗交错，如果拿到显微镜下观察还可以发现明层和暗层中藻丝体生长方向、沉积物颗粒含量和晶体形态等显著的差异。由于蓝绿球藻的生长必然需要阳光，藻席体一定是形成于浅水环境当中，因此许多的研究早已完全证明叠层石是潮间带的典型标志生物沉积结构。

此外，在 124 号站位的钻探还打穿了“M”反射层。在“M”反射层之下的是纹层状的软质沉积物，通过显微镜观察发现其中富含硅藻。当时船上并没有硅藻专家，几位微体古生物学家只能根据其基本形态特征确定这些硅藻并非海洋性的。航次完成后，匈牙利科学院的硅藻专家马塔·哈约斯经过详细研究，确定这些硅藻属于半咸水和淡水环境中的属种，其中不仅包含栖居于半咸水 / 淡水的浮游硅藻，更有栖居于半咸水湖底的底栖硅藻。后来在这些软质沉积物中又发现了另一种微体古生物——正星介。这种介形虫是特征性的半咸水湖泊底部的指示属种。

因此，有关“M”反射层的成因的结论已经呼之欲出。它一定是形成于浅水环境，首先是一个半咸水 / 淡水的湖泊，之后又经历过强烈的蒸发过程。但是，地质学研究的核心问题其实只有一个问题——年龄。“M”反射层究竟形成于何时？是与欧洲陆地上的岩盐矿床相同的中生代侏罗纪，还是特提斯洋业已关闭之后的新生代中 - 上新世？这可是决定如何解释“M”反射层形成时的地质环境的核心要素。

生物化石年代

生物进化论，是我们现在早已熟知并坚信不疑的理论，但是 200 多年前的人们还完全意识不到生物之间的亲缘关系以及生物界曾经发生过的恢宏演变，尽管人们很早就发现了岩石中有生物化石。最早发现古代岩石地层中的化石可以用来标定地层的时间顺序的是 19 世纪初英国的一位土地测量员威廉·史密斯（William Smith）。若干年后，地质学鼻祖莱伊尔爵士将地层中生物化石的出现和消失用作标定地

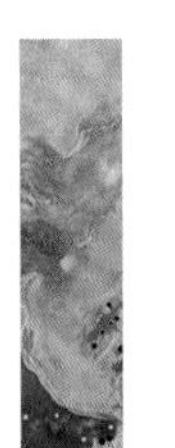

层相对年代的工具，从而奠定了地质学的一项重要原理——生物层序律。

如果我们能够用别的更精确的定年方法，测定某个生物化石首次出现或最后出现的地层年龄，那么这个生物化石的初现面和末现面则完全可以作为一个标定地质年代的时间节点。20世纪中叶之后，我们已经有了许多基于放射性元素及其同位素的年龄测试方法。利用这些方法，可以相当准确地测定与化石地层界面相伴的原生的火山灰或火成岩的年龄。因此，生物化石地层学和年代学是现在应用最为广泛的地层年代学方法。应用于化石地层年代的化石生物属种或群落，需具备几个重要条件，包括分布广泛、易于保存且普遍能够发现等。能满足这些条件的最佳的生物种类就是营浮游或游泳生活的低等动物，因为营底栖或固着生活的生物往往分布局限，大型生物和植物则往往只能在特定条件下才能成为化石被保存在地层中。

DSDP 13航次的船上科学家中就配备了一名微体古生物学专家，意大利米兰大学的玛利亚·希妲（Maria Cita）。希妲对124号站位钻探得到的“亚特兰蒂斯石柱”中的深海软泥层中的浮游有孔虫进行了鉴定，发现它们正是早期地质学家们在地中海沿岸地区早已普遍发现的特征性地夹于石膏层之间泥灰岩中的生物化石组合——索菲弗勒带（图6-9，图6-10）。这层特征性的索菲弗勒带，在从西班牙、希腊到以色列以及阿尔及利亚的地中海沿岸均有报道。因此，“M”反射层的年龄被确定在500万～600万年前，属于中新世末期的墨西拿期，而非约2亿年前的中生代侏罗纪！

如此看来，深达两三千米的地中海，在特提斯洋关闭、欧洲与非洲碰撞之后，确曾发生过一次几乎完全干涸的干旱化！而且，124号站位取得的记录了完整墨西拿期历史的“亚特兰蒂斯石柱”还表明，在600万年前到500万年前的约100万年的时间里，细粒软泥、叠层石和硬石膏层反复出现，这样的轮回重复了有8～10次。这代表着，巴利阿里海盆被几乎蒸干，又会被来自直布罗陀或者东欧的湖泊的海

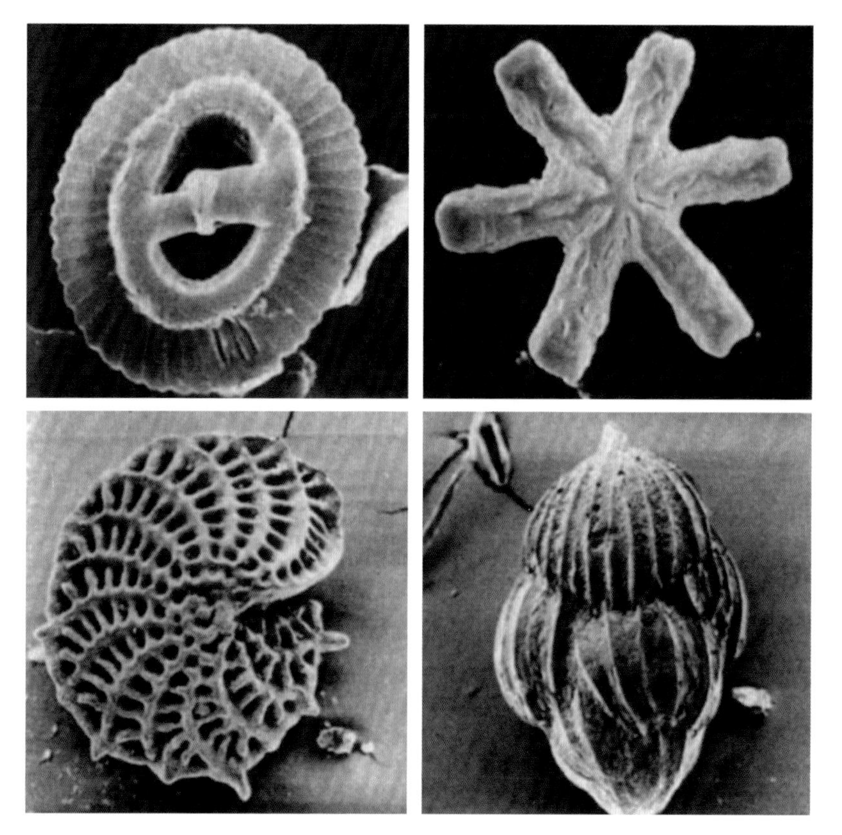

图 6-9 地中海有一些有孔虫和微细浮游生物属种：左上是放大了 16000 倍的 *Gephrocapasa* sp.，右上是放大了 4000 倍的 *Discoaster* sp.，皆为超微化石；左下是 *Uvigerina mediterranea*（放大 75 倍），而右下则是 *Elphidium strigillatum*（放大 85 倍），皆为有孔虫

水或半咸水重新淹没，这样的过程周而复始地发生了许多次。

可是，这一结论实在是太过于震撼，几乎完全颠覆了之前人们对地中海的所有认识！这样的科学研究结果如果直接摆到当时的地质学界面前，几乎所有人都会把它当成一个笑谈式的科学幻想而嗤之以鼻。事实也确实如此。由于 DSDP 13 航次的这一令人难以置信的发现，最先是由新闻媒体而非以科学报告的形式发表出来，并且大都是在各种报纸、杂志的头版头条刊载，新闻媒体的报道难免过于夸大其词，对技术细节几乎完全忽略，对船上科学家们的逻辑推导横加扭曲，结

果直接造成了地学同行们对这一科学问题本身产生了先入为主的反感和质疑。当时地球科学家们，有些并不直接研究地中海，因此对“地中海干旱化”这一问题一笑置之；有些对地中海浅有涉猎的，则是吹毛求疵、满含质疑；还有那些对地中海研究早已颇有造诣的同行，则更是抱着根深蒂固的成见，原因就在于“地中海干旱化”完全有悖于他们业已建立的许多“高见”，对 DSDP 13 航次的许多发现要么避而不谈、要么避重就轻一叶蔽目式地妄加菲薄。

其实，在 DSDP 13 航次钻探到“亚特兰蒂斯石柱”的同时，以许靖华、威廉·雷恩以及玛利亚·希妲等为代表的船上科学家们也处于激烈的争论当中，他们也能够预见到这样一个发现的重大意义以及必然会遭受的非议和挫折。因此，许靖华和雷恩在“格罗玛·挑战者”号船上就已经设想了很多可以验证他们即将得到重大结论的支持性证据，这些设想在 DSDP 13 航次后续的钻探考察中将被一一证实。

图 6-10　在扫描式电子显微镜下放大 4000 倍的海洋沉积物。其中环形的化石是微细浮游生物的骨骼

“流沙”河与牛眼构造

在 DSDP 13 航次取得浅水蒸发岩的样本之后，许靖华和雷恩仍然不敢确认中新世末墨西拿期整个地中海盆地曾经几乎完全干涸。主要的考虑包括：①蒸发岩是否只是局部区域存在，是局部存在的盐沼、潟湖还是浅咸水湖岸；②蒸发岩生成的咸水湖泊之外的地中海如果是陆地，那么一定能够找到非海相沉积、陆地植物化石以及地中海逐步蒸发过程中随地形呈带状或环状分布的蒸发盐岩层序；③地中海如果真的整个干旱化，那么当时陆地表面河流的侵蚀基准面会下降上千米，地中海盆地底下理应有河流切割的沟谷，且地中海周边的植物、动物的地理分布区系都应有相应的变化；④蒸发岩层之下，如果是浅海相的沉积则代表现在发现的这些现象可能是由中新世之后地中海的沉降造成的，而如果“M”层之下是深海相的沉积才能真正证明地中海的干旱化是发生在它已经成为一个洋盆之后。

同样是在巴利阿里海盆，DSDP 13 航次在撒丁岛以西 160 千米的大陆坡根部打下了 133 号站位。前期地震反射资料显示，这里的“M”反射层位于海底以下约 100 米，海底以下 200 米深处则可能是更老的基底。但是，在这个站位钻探取回的第二段岩芯就让所有人大跌眼镜！竟然已经打到了“M”反射层，而且这里的“M”反射层不是预想的硬石膏、石膏、白云石或其他任何蒸发成因的矿物，而是磨圆度很好，夹在色彩斑斓的粉砂质沉积物中的砾石！这些沉积物中不含任何生物化石，没有海相的有孔虫、钙质超微化石或者硅藻，也没有陆相的介形虫、蛤或者蜗牛。种种迹象表明，这是一条古沙漠中的古河道！

这不正是有力证实地中海干旱化的证据吗？！可以假想，在中新世末叶，巴利阿里海盆因海水蒸发而渐趋干涸，其周边的陆坡则变成了一座高山的山坡，河流自高山上倾泻而下，在陆坡的根部堆积起了圆滚滚的砾石和砂。这些推测，可以和巴利阿里海盆底部的蒸发岩完美地契合。

事实上，在 DSDP 13 航次之前，已经有不少报道发现西地中海的海底有很多峡谷，峡谷中堆积着河流相的砾石和砂，其上又覆盖着上新世的大洋软泥。许多大型海底峡谷的源头可以追溯到法国南部、科西嘉岛、撒丁岛和西班牙的河口，而谷底则一直延伸到巴利阿里深海平原。早期的科学家们完全对这一现象束手无策，法国的地质学家布加特提出这些河谷是在中新世末叶于海平面之上由河流切割形成，之后欧洲南缘和非洲北缘的大陆边缘向下挠曲，将这些古河谷埋没到了深海中；布加特完全不可能有机会想象这些河谷是在地中海整体干旱化时在山坡上形成的。但是，布加特的解释完全不能让人信服，因为河流在抵达河口海岸附近时地形较为平缓、水动力条件大大削弱，因此不足以切割出深的河谷，也不足以携带着砾石堆积到河口海岸。河流只会把它所携带的砾石搬运到山区，所以这些古河道都是山间河流。总而言之，这些以砂和砾石为代表的深海古河道的发现，不仅有力地支持了地中海干化的假说，也能够说明地中海在中新世之后沉降的假说是不成立的。

至此，关于中新世末叶地中海的干旱化假说，已经取得了相当多的证据——从深海海底的蒸发盐岩、叠层石，到大陆坡上古河道里的砾石和色彩斑斓的砂。根据这些材料，足以说明地中海干旱化的整体模式：色彩斑斓的砂代表着地中海的水蒸发之后，大陆坡可能暴露成为一片沙漠，与直布罗陀以西的大西洋的水面相比，这片沙漠大概位于海平面以下 1000 ～ 2000 米；由于地中海的水面大大下降，环地中海的河流的侵蚀基准面也下降了 2000 多米，河流沿着出露成陆的陡峭的陆坡汹涌而下，在陆坡上凿刻出深切的河谷，同时将一路侵蚀下来的砾石冲刷、磨圆并堆积到了陆坡上的河道之中；比陆坡更低的深海平原当中，仍然残存的海水还在持续蒸干，海水盐度飙升，各种盐类因蒸发而析出、沉淀；浅水的盐沼、潟湖和滨岸潮间带中，得到阳光滋润的蓝绿球藻愉快地生长、繁殖，建造出藻席和叠层石。

但是，孜孜以求的 DSDP 13 航次船上的科学家们仍然不满足，还想要更多更强更直接的证据，完全确证地中海干旱化的假说。他们想到了——牛眼构造。

牛眼构造的原理是：不同种类的盐具有不同的溶解度，因此在海水蒸发到完全蒸干的过程的不同期次当中，会有不同成分的盐岩结晶沉淀出来。可以假想一个圆形的盆地，在水分蒸发的过程中，最容易结晶的盐分如碳酸盐会在最外围沉淀，其次是硫酸盐会在中间沉淀形成一个环带，以氯化钠为主的石盐和其他溶解度更高的盐会在盆地中心最后沉淀出来；不难想象，这样的沉淀顺序会在这个圆形盆地中最终制造出一个圆形的状如牛眼的构造（图 6–11）。在地中海深海海底发现的盐丘结构，结合之前发现的石膏和硬石膏，已经基本验证了地中海干化过程可能形成的牛眼构造。如果能够直接取得海盆中心“M”反射层的石盐样品，无疑可以更加确凿地证实蒸发假说（图 6–12）。

可是，盐丘由于其致密的结构，往往会成为含油气地层的优良封闭圈层，直接钻探盐丘可能造成油气泄漏污染，因此不能对盐丘进行钻探。况且，即使能够钻探到石盐层，由于石盐非常高的溶解度，钻探过程中的水循环系统也完全可能把石盐晶体溶解，从而“竹篮打水

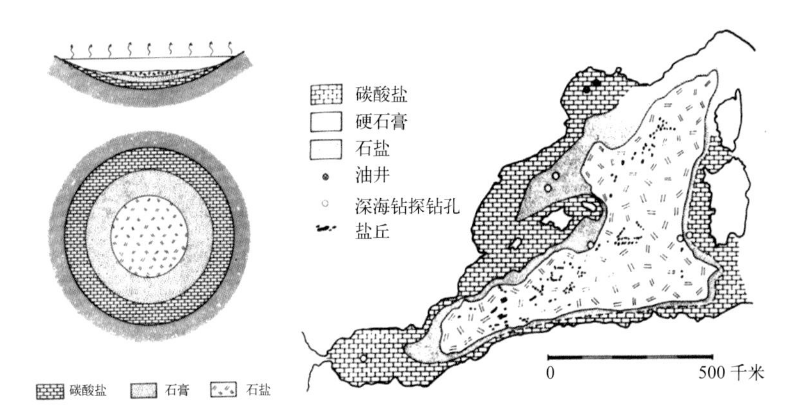

图 6–11　蒸发岩沉积作用的“牛眼”模式（图片由 DSDP 提供）

图 6–12　假设巴利阿里盆地已完全干化时，推断盆地里地中海蒸发岩的分布情形示意图

一场空”。

然而，坚定的许靖华和雷恩仍然决定尝试在巴利阿里海盆3000米水深的盆地中心进行钻探，这就是DSDP 134号站位。幸运的是，在经历了20多个小时的钻探之后，他们成功地取得了石盐沉积物，尽管海水循环系统已经将原始的石盐沉积溶化掉了一大半。兴奋的雷恩举着亮晶晶的石盐岩芯冲着许靖华喊道：“来，尝尝，咸的！”

直布罗陀大瀑布

完成了124号站位的钻探之后，DSDP 13航次船上的科学家们又马不停蹄地开始考虑下一个问题——曾经的地中海荒漠，又是如何重新变成如今这一片汪洋的？要想解答这一问题，显然需要取得过去500万年以来的连续沉积记录。

位于地中海东部的伊奥尼亚海，正是一片理想的钻探海域。这里的海底是一片顶部平坦的海脊，沉积速率缓慢，因此估计只要钻进海底约100米就足以取得近500万年以来的完整沉积记录。基于此，DSDP 125号站位就被选定在了伊奥尼亚海盆、克里特岛西南约300千米处。

要想取得完整、连续的沉积记录，就要保证钻探的取芯率达到100%。可是，在125号站位，倒霉的事情接连发生。首先，是钻管瓣阀闯了大祸。由于在之前两个钻孔连续发生过松散沉积物倒灌入钻管的事故，因此在125号站位下钻时，总技师决定使用瓣阀。瓣阀是套在钻管底部的一个装置，设计用途就在于在岩芯筒进入钻管时打开以利岩芯进入岩芯筒，在岩芯筒被取出之后关闭防止钻管以外的松散沉积物进入钻管。可是，问题就在于，这个瓣阀的效果并没有保证，时而有效时而故障。一旦瓣阀出故障，岩芯筒不能成功进入钻管，岩芯自然不能进入岩芯筒。125号站位自第5筒岩芯之后，样品回收率趋近于 0%；而此时还是在沉积物软泥中进行钻探，不可能是打到硬物质导致的回收率偏低。技师和科学家们手足无措，完全摸不着头脑，只能继续钻进。直到第 11 筒岩芯筒被取上来，仍是空空如也；与此同时，恼怒的首席科学家雷恩把之前取回的岩芯一段一段剖开，终于在很早之前取回的一段岩芯中发现了一截本该属于瓣阀上的弹簧的碎片。

罪魁祸首终于被“抓捕归案”，但这却白白耽误了超过 12 小时的宝贵船时。经过提钻、卸开钻管和重新组装钻杆的一系列工作之后，一切重新就绪，钻探在原地重新开始。可是，麻烦又一次降临。在 125 号站位的第 2 钻刚刚钻进 80 余米的时候，就打到了蒸发岩层。可是就在此时，钻进速度突然锐减，低至每小时不足 1 米；之后取回的下一管岩芯筒又是一无所获。司钻技师认为可能是钻探的水循环太强，把岩芯物质给冲刷掉了，因此在下一管钻探时关闭了水循环泵。可是，这又直接导致了岩芯筒被死死地卡在了海底地层当中。最后，125 号站位的继续钻进不得不被放弃了。

可喜的是，把 125 号站位取得的两个钻孔岩芯相互拼接，可以得到 500 万年以来的完整、连续的沉积记录。其中最重要的是中新世最末期到与上新世的界限，因为这代表了地中海荒漠重新被海水覆没的关键时间段。这一层位的沉积物是一层碳酸盐淤泥，被解释为是干化的地中海在重新充满海水这一短暂时期内的沉积物。

后来，DSDP 13 航次又在意大利岸外第勒尼安海进行了 132 号站位的钻探，同样取得了有关地中海干化之后的“洪泛”过程的记录。结合 125 号和 132 号两个站位沉积岩芯中的微体生物化石记录，有关墨西拿期结束之后海水重回地中海的恢宏的历史一页，自然也就清晰地展现在科学家们面前。

“地中海荒漠”重新积水的最初时期，沉积着一层暗色的泥灰岩。当大西洋海水大量灌入地中海的最初 1000 年里，之前完全没有海洋性生物的“地中海荒漠”充斥着许多营浮游、游泳生活的大西洋型生物族群，不难想象，它们正是一群通过“直布罗陀大瀑布”从大西洋迁徙而来的“拓荒者”们。在墨西拿期之前关闭的直布罗陀海道，在中新世末突然被打开，汹涌的大西洋海水跨过直布罗陀，气势如虹地灌入地中海盆地——要知道此时的地中海盆地可是一个深达三四千米的干旱的“空”盆地！可以想象，在大西洋海水向地中海盆地灌入的这 1000 年里，直布罗陀海峡是一个多么气势宏伟、烟波浩渺的大瀑布，比尼亚加拉、黄河壶口的规模都要大得多。

后来，才有了更多营底栖生活的行动迟缓的其他生物族群；在进入上新世以后，地中海的生物群落面貌则已经与大西洋非常相近。在上新世初期，直布罗陀海峡可能又窄又深，因为此时地中海的深水盆地中广泛分布着与大西洋相似的底栖冷水种。之后，地中海的底栖冷水物种渐趋消亡，可能是由于直布罗陀海峡的海底在不断抬升，地中海与大西洋的深水交流渐被阻隔，地中海的底盆海水温度逐渐变暖导致的。到了更新世，地中海与大西洋的深水交流几乎完全被阻挡，因为在地中海更新世以来的地层中不止一次地发生过“腐泥层”堆积。腐泥层，顾名思义，是一层主要由腐败的有机质构成的黑色淤泥。这些腐泥层堆积，是由于尼罗河暴发的大洪水向地中海倾泻进大量的营养元素，导致地中海上层海水中出现大规模的藻类及其他生物的勃发事件；同时，由于地中海底层是一团“死水”，含氧量偏低，不能完全氧化降解上层海洋沉降而下的大量生物有机质，从而造成地中海底盆海水缺氧、有机质大量堆积，形成腐泥层。

墨西拿期之前的地中海——DSDP 42A 航次

事实上，主要由于技术原因，DSDP 13 航次并未能成功钻探到“M”反射层以下，亦即墨西拿期之前的沉积记录；同时，DSDP 13 航次并未发现最易溶解的钾盐和镁盐，在东地中海对“M”层的钻探结果也非常有限。为解决上述问题，1975 年 4—5 月，JOIDES 实施了第二次针对“墨西拿”盐度危机的地中海钻探——DSDP 42A 航次，由许靖华和法国石油研究所的 L. 蒙泰德担任联合首席科学家，随船的其余科学家中仅有玛利亚・希妲是参加过 DSDP 13 航次的老兵。该航次自西班牙马拉加起航，至土耳其伊斯坦布尔结束，在整个地中海选取 8 个站位进行了 11 孔的钻探，穿透了 4461.5 米深的海底沉积层，回收 670 米的沉积物岩芯。

DSDP 42A 航次在地中海的东部和西部都打穿了“M”反射层，取得了对墨西拿期之前的地中海的详细认识。穿过“M”层的坚硬蒸发岩，无论地中海东部、西部，均是正常的深海大洋相的软泥和黏土沉积，说明墨西拿期前的地中海是一个与现代地中海深度、范围都相似的陆间深海。地中海海盆的形成年龄显然要比墨西拿期老得多，西部盆地至少有 2000 万年的历史，东部盆地的基底年龄可以达到中生代。

此外，DSDP 42A 航次更进一步找到了有关墨西拿期地中海干化的证据。在伊奥尼亚海盆中心、地中海的最深点进行的 DSDP 374 号站位的钻探发现了巨厚的钾盐沉积。钾盐是最易溶的盐类，因此理应是最后从海水中蒸发沉淀析出的，在地中海海盆的最深点才发现钾盐沉积，无疑是与地中海干化模式吻合的。在东地中海，42A 航次在“M”反射层照样发现了蒸发岩普遍存在，完成了 13 航次未竟的事业。而且，42A 航次查明了一个重要的事实，即地中海在盐类开始蒸发沉淀之后的几十万年期间是一个巨大的咸水湖。

更有意思的是，与 DSDP13 航次不同，DSDP 42A 航次结束之后的航次报告上，有关地中海在墨西拿期是干涸深盆地的部分得到了所有船上科学家近乎一致的同意。至此可以说，最早在 DSDP 13 航次上由许靖华、雷恩和希妲三人提出的地中海干旱化假说终于开始得到地球科学界的普遍认可。

回响

——地中海深盆地干化假说的前尘后事

一个巨大的科学幻想

许靖华在“格罗玛·挑战者”号上大胆提出的“地中海深盆地干旱化”假说，在他看来可以完美地解释有关墨西拿盐度危机的诸多发现。但是，从一开始，这一假说就并不能完全取得其他科学家的信服。

首先提出质疑的是另一位首席科学家威廉·雷恩。诚然，在许靖华突然把“地中海曾经完全蒸干”这一想法摆在雷恩面前时，他完全无法接受，并提出了各种其他的可能性来解释 DSDP 13 航次前两个站位所发现的那些蛛丝马迹的证据。可是，随着地中海钻探工作的深入进行，更多更有力的证据被发现，雷恩也逐渐相信许靖华天才式的创想。

其次，就是 DSDP 13 航次上其余的科学家们。DSDP 13 航次的航次报告有一个非常有趣的现象，船上十余位科学家，最终在航次集成的“初始报告”（initial report）上署名的只有许靖华、雷恩和微体古生物学家希妲。因为，其余所有的科学家不能接受“地中海深盆地干化”这一解释，因此拒绝在初始报告的相关篇章署名。这可是深海钻探自开展一路走到今日的“国际大洋发现计划”的历程中，绝无仅有的一次奇景。

在 DSDP 13 航次结束之后，还没等航次后科学报告正式出版，许多新闻媒体早已获悉了“地中海深盆地干化”这一说法。媒体有的千方百计和船上科学家取得联系以进行采访，有的拿到了有关航次科学内容只言片语的信息，更有甚者只是道听途说而来一些捕风捉影的二手解读。因此，凭借着“地中海大沙漠”这样一个绝对博人眼球的大标题，许多报纸、杂志对 DSDP 13 航次科学考察的结果进行了无尽的夸大报道（图 6-13）。

更严峻的是，许靖华和他的同伴们面对着几乎所有地球科学同行们的质疑和非议。原因只有一个，因为“地中海干化”完全颠覆了之前几乎所有关于墨西拿期、关于地中海历史、关于地中海周边地理和

图 6-13　这是北婆罗（沙巴）洲一家报纸报道第 13 航次大发现时所用的漫画。上方的地点是法国的马赛，左下方的箭头则指向突尼斯。地中海的海水全都不见了

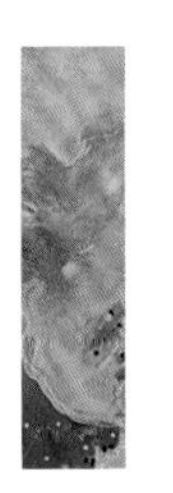

地质等太多学科太大范畴内的研究结论，怎能不招人嫌恶和嫉恨？在当时，可能只有许靖华、雷恩和希妲坚定地相信他们提出的“地中海干化”假说，要想让更多的人接受他们的解释，仅仅有 DSDP 13 航次的成果还很不够。

围绕地中海的诸多谜团

除了莱伊尔爵士发现的地中海古生物区系的异常演变，围绕着地中海的地形、地貌、地史，其实一直都有很多的谜团。在“地中海深盆地干旱化”假说被提出之前，这些谜团一直困扰着科学家们，几乎完全理不出解答的头绪。

首先是地中海周边现代河流以下的特殊的深切峡谷。“水滴石穿”是我们都熟知的常识，经年不息的河流足以将巍峨的高山切割成深切河谷；“水清沙幼”这样诗意的表达，描述的是地势平缓的平原地带，河流所携带的泥沙会沉淀下来形成沙堤、沙坝或者河口三角洲。可是，在地中海周边几乎所有河流——特别是尼罗河这条世界最长的河流的河口三角洲之下，河水淹没的是河砂和淤泥，可是河砂和淤泥之下几百米到上千米的深度之内都常常找不到硬质的岩石基底。河流沉积物之下，直到岩石基底之上，往往都是一条深切的河谷地形，其中填充着海洋性的沉积物！不仅如此，在地中海许多海盆周边的陆坡上，还发现了典型的河流切割的河谷式的深海峡谷，其中填充的是河流性的砾石堆积。

这些地貌学的证据说明，地中海周边河流水系曾经发生过一次显著的侵蚀基准面下降。侵蚀基准面，就是一个河流灌溉系统的汇聚盆地（湖泊或海洋）的水平面，可以理解为限定了该水系所有河流水的重力落差的高度下限，从而是河流水系对周边地体造成侵蚀作用的基准面。只有侵蚀基准面曾经显著下降数百米到数千米，地中海周边的河流才能在如今的河口三角洲地带切割出同等深度的深切河谷，海盆周围的陆坡上才会出现相似的深切河谷和砾石堆积。

其次是气候的变化和植物、海洋生物的奇异演化。欧洲古地理学家早就发现，中欧的气候在中新世时显著地变得干旱、温暖，如今的维也纳森林地带在中新世是一片广袤大草原；进入上新世之后，中欧又变得潮湿、寒冷，并在更新世后逐渐进入冰期气候。随着气候的干旱化，中新世时欧洲植物界的面貌有显著响应。多年生的植物大量灭绝，一年生的植物相对繁盛，那些种子可进入长时间休眠状态的一年生植物大量出现；虫媒授粉的植物少了，风媒或者自花授粉的植物多了。燕麦的出现，似乎就与欧洲中新世的干旱化有关。海洋生物的变化则是以高耐盐属种占据统治地位为特征。

再次就是中新世时诡异的陆地脊椎动物的分布。在当时，非洲的羚羊和野马在西班牙尽情驰骋，非洲的啮齿类动物也在欧洲安家落户，河马也从尼罗河来到塞浦路斯。但是中新世末期之后，这样的动物联系再也没有了。此外，地中海许多岛屿上的生物，例如蜥蜴、矮种羚羊等，都在500万年以来发生了严重的近亲繁殖和土著化。另一个有趣的现象是南欧周围海域中的一种与大西洋同宗同祖的同种鳗鱼，并不会洄游到它们传统的繁育场大西洋马尾藻海去生儿育女，而是孤独地选择地中海作为繁育场。此外，还有一个有关我们人类的重要事件——最早的猿人的确也是在500万年前出现的。

所有这些，在DSDP 13航次取得“地中海深盆地干旱化”的相关认识之前，都是一个个相对孤立的谜团。分别研究这些课题的地质学家、植物学家和动物学家们只能在各自的领域内寻找最为“看似合理”的假说来解释这些现象。但是，一旦认识到中新世末叶地中海整个盆地都发生了干旱化，那么所有这些原本相互独立的谜团忽然间都被紧密地联系到了一起，而且可以互为印证，共同支持地中海深盆地

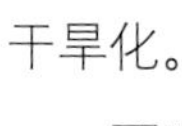

干旱化。

不难想象，当地中海与大西洋的联系被掐断，地中海海水被蒸干而形成深盆地沙漠之时：环地中海的水系的侵蚀基准面直接下降 2000 ~ 3000 米，原本的河口变成了高山顶上的一个小平台，原本的大陆坡变成了山坡，河流倾泻而下，纵切出深谷、沉积下砾石；植物的垂直分带自然也得重新建立，地中海深盆地底下由于降水稀少、蒸发强烈、温度奇高，只能是一片由沙土砾石组成的荒漠，陆坡的坡麓可能是一片稀树荒漠草原，而陆坡之上如今的陆架上则由于相对“海拔”较高分布着落叶林或针叶林，在更高处如今的平原和山脉之上则由于相对“海拔”已经超过了 3000 米只能是高山草原、草甸甚至苔原和荒漠。

连年的干旱使得对水分需求量较大的多年生植物干渴而死，只有那些生长迅速、需水较少，且种子可以以休眠的形式躲过干旱年份的一年生植物，在偶然的雨季里见缝插针顽强地生存着。干旱也让蜜蜂、苍蝇等类似的昆虫在整个环地中海地区消亡，虫媒传粉的植物只能默默接受“不孕不育”的悲惨命运；与之相应的，自花授粉或者风媒的植物则不受影响，还可能受益于干旱荒漠里的大风而大肆繁盛起来。地中海的深盆地里或许还有一些相互独立的湖泊存在，这些湖泊蒸发强烈、水体盐度极高，因此其中只能存活些高度耐盐的生物。

在中新世末墨西拿期之前，陆地哺乳动物可能可以通过直布罗陀的地峡或者直接通过游泳的方式，从非洲来到欧洲。但是一旦地中海成为一片深盆地荒漠，盆地中只有高温和干旱，毫无一丝生机，简直堪称“炼狱”，足以令所有陆地生物望而生畏、却步不前。而在墨西拿期之后、地中海洪泛的过程中，一些生物被困留在地中海的岛屿上，逐渐断绝了与外界的联系，近亲繁殖和土著化也就成了必然。而地中海的大西洋型鳗鱼，只能是在地中海洪泛期一跃而过直布罗陀大瀑布来到了地中海，可是当时的直布罗陀是一条“单行道”，这些鳗鱼无法回到它们传统的马尾藻海的繁育基地，只能在其后的500万年的时间里因地制宜地在地中海中进行繁殖。

猿人的出现与地中海干旱化之间是否有直接的关联？这可是一个很有深远意义的问题，不能轻易妄下结论。但是我们现在都承认，从猿演化到人的过程中的“关键一跃”是“下地行走”。能让擅于攀爬、性喜嫩叶和水果的猿放弃树枝而下到地面的一个重要因素，大概是气候的干旱化导致的树木稀少、草原扩张。500万年前，这样一个时间节点的巧合，可能暗示着地中海干化与猿人出现之间的联系，这也显然是一个值得深入探讨的有趣话题。

地中海“干化深盆地”说的深远意义

与很多伟大的科学发现一样，许靖华等根据DSDP 13航次的发现提出的“地中海深盆地干化”假说，在刚刚面世时受到巨大非议，但却被后来越来越多的发现证明了它的正确性。地中海全部海水的体积，可以在整个欧洲之上覆盖一层厚厚的冰盖。在当时，无论是普通大众还是科学研究者，都很难接受“地中海蒸干”这一结论。可是，人们可以接受冰期时冰盖覆盖了整个欧洲、北美北部和亚洲北部，为何不可以接受地中海曾经蒸干呢？因此，时至今日，大家早已承认了“地中海深盆地干化”假说的科学意义。

从地质学来讲，“地中海深盆地干化”假说为海水成盐理论提供了一种新的机制。海水蒸发结晶出盐类晶体，这个过程的物理原理非常简单。但是，要解释沉积地层中发现的巨厚的盐岩矿床，则颇是一番难事。在许靖华提出深盆地干化假说之前，主流的成盐理论是“沙坝说”，意即一个为沙坝阻隔的潟湖环境在无淡水注入、暖热而干旱

的气候下强烈蒸发形成盐岩沉积。“沙坝说”的一个核心要素是要有海水的持续供给，才能使盐类不断结晶沉淀，形成巨厚的盐矿床。此外，还有“分离盆地说”“海水回流说”“深海盐水囊说”等假说，用以解释非浅水蒸发环境下发生的盐类成岩成矿模式。然而，所有这些前人提出的成盐理论都无法完全解释地中海墨西拿期的巨厚、全盆地分布的盐岩层。

更进一步而言，“地中海深盆地干化”假说是地球科学由“均变论”向“灾变论”演进的过程中的重要一步。前人的那些成盐理论无法解释地中海“M”层盐岩沉积的一个重要原因在于，它们都是基于环境“均变”这一前提而开展的假说。可恰恰相反，地中海在中新世—上新世的变化，绝非“均变”，而是彻彻底底的一次“灾变”！所谓“均变”“灾变”，是地质学历史上的两种从根本上产生分歧的理论体系：前者认为所有的地质过程都是缓慢、均一的；而后者则承认在某些地史时刻或者某些局部区域内，地质过程可以是迅速、突发的。“均变说”是地质学发展早期的主流观点，那时的科学家因其观察所得的发现的局限性，并未能认识到地质历史的复杂性；而随着人们认识到更多的例如地震、海啸、火山爆发等地质灾难以及地质历史中生命大爆发和大灭绝等地质事件，“灾变说”显然更能全面地解释地球上的地质过程。

20 世纪 70 年代，正是地质学历史上发生重大变革的时期。大陆漂移假说被越来越多的证据支持，板块构造理论正在逐步成型；深海钻探计划开始启动，有关海底的新奇发现越来越多，沉积物中记录的海洋和气候的历史渐渐被人们解读出来，古海洋学蓬勃发展；全球经济自第二次世界大战后复苏，人类的工业技术水平日新月异，各种高精尖的探测设备和取样装置被应用于地球科学，无论陆地和海洋，人们对地球的认识越来越多、越来越深入。

在这样一个伟大的时代背景下，“地中海深盆地干化”假说不仅解答了一系列围绕地中海的、发生在距离我们很近的时期（相较于地质学动辄几十个百万年乃至几亿年的时间尺度而言）的科学难题，为我们更好地认识地球历史提供了一则非常有趣且意义非凡的研究范例，同时也是地质科学发展历史中标志着地球科学伟大变革的浓墨重彩的一页。

Chapter 7

第七章

海底可燃冰，新世纪新能源

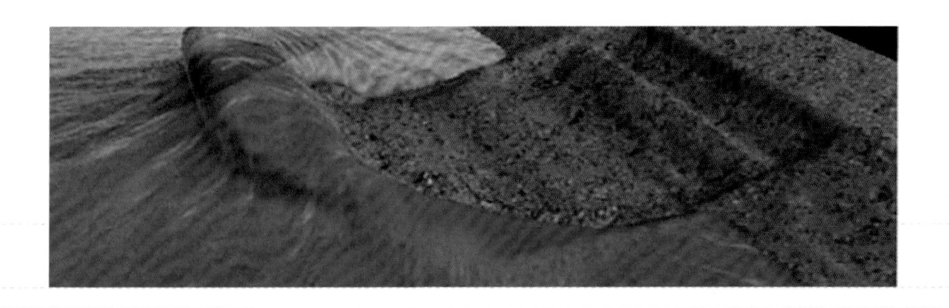

1974 年，苏联科学家 Yefremova 和 Zhizhchenk 对黑海进行科学考察时，在 190 米水深、海底以下 65 米的沉积物中发现了一种可以“放气”的细小结晶物，他们将这些物质描述为“快速消失的细小白色结晶物”。1984 年，科学家在美国墨西哥湾海域的一次调查中，通过海底摄影设备在 Bush 海丘 540 米水深的海底附近发现了一种白色–淡黄色的结晶物质，周围还生活着许多管状蠕虫（图 7–1）。2001 年，加拿大温哥华岛外一位渔民在拖网中发现了一块淡黄色的“冰块”（图 7–2）。随后的两年内，在这片海域发现了加拿大最大的“冰块”宝藏。

1934 年人们在天然气输气管线中注意到了这种酷似冰块的结晶物质（图 7–3）。这种似冰状物质的存在将会堵塞油井、油气管道等油

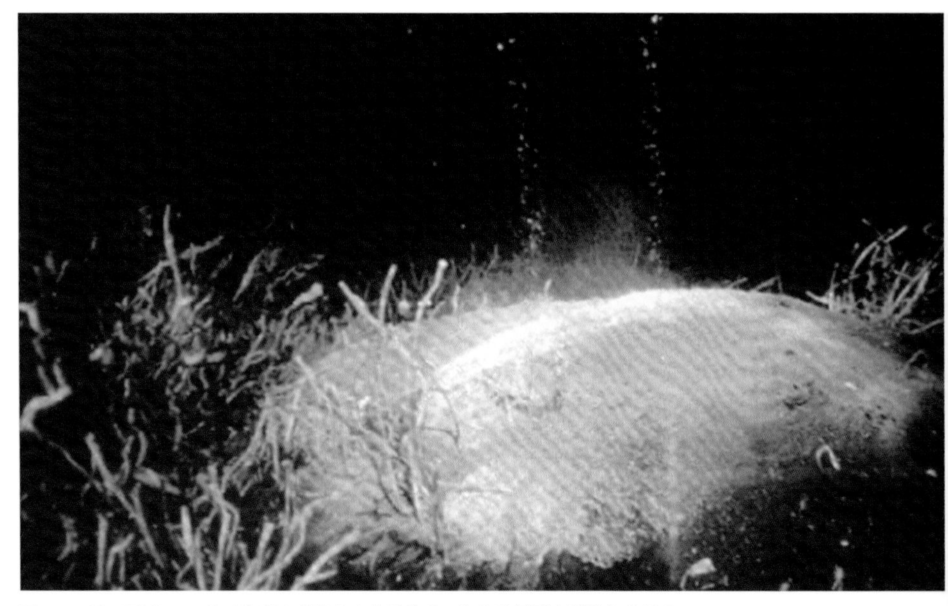

图 7–1　墨西哥湾 Bush 海丘海底发现的白色结晶物质、气泡及周围生活的管状蠕虫

气输送设施，被人们称之为“trouble maker”（麻烦制造者）。

实际上，这种似冰状结晶物质早在1810年就已经进入了人类的视野。当时，一位名叫汉弗莱·戴维（Humphry Davy）的英国科学家在伦敦皇家研究院的实验室里首次合成出了这种物质，但遗憾的是，这个发现在当时并没有引起足够的重视。

在海底发现的这种似冰状结晶物质就是天然气水合物，是由甲烷、乙烷、丙烷等气体分子与水分子在低温高压的条件下结晶形成的白色固态物质。因为其外观形似冰雪，且可以像固体酒精一样直接点燃，因此被形象通俗地称作“可燃冰”“固体瓦斯”“气冰”等。从微观上来看，可燃冰的分子结构像一个一个的“笼子”，水分子通过氢键构成了类似灯笼状的结构，而甲烷、乙烷或丙烷等气体分子则可以

图7-2 加拿大不列颠哥伦比亚海岸海底发现的淡黄色结晶物质

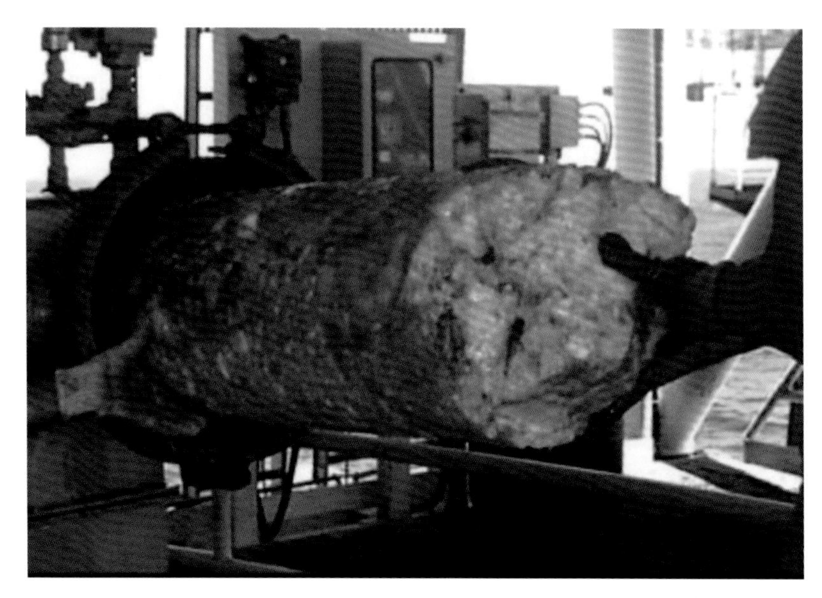

图 7–3 油气管道中似冰状物质的存在造成了堵塞

进入并被“关”在这些“灯笼”的内部空间中，其化学式可以写为“$mCH_4 \cdot nH_2O$”。因此，可燃冰也可以看作是高度压缩的固态天然气。

到目前为止，已经发现的可燃冰有三种结构，即Ⅰ型、Ⅱ型和H型（图7–4）：Ⅰ型结构可燃冰为立方晶体结构，在自然界分布最为广泛，其内部仅能容纳甲烷（C_1）、乙烷（C_2）这两种小分子简单烃类以及N_2、CO_2、H_2S等非烃类分子；Ⅱ型结构可燃冰为菱形晶体结构，除了容纳甲烷、乙烷等小分子外，较大的“笼子”还可以容纳丙烷（C_3）以及异丁烷（i-C_4）等烃类；H型结构可燃冰为六方晶体结构，较大“笼子”甚至可以容纳直径超过异丁烷（i-C_4）的分子，如i-C_5和其他直径在7.5 ~ 8.6埃（Å）之间的分子。可燃冰的结构由客体烃类分子决定，仅有简单烃类（C_1和C_2）供给的海底形成Ⅰ型结构的可燃冰，有大量长链烃类（C_3、C_4和C_5）供给的海底则可以形成H型结构的可燃冰。

海底可燃冰蕴含着极为丰富的天然气资源，同时也为海底独特

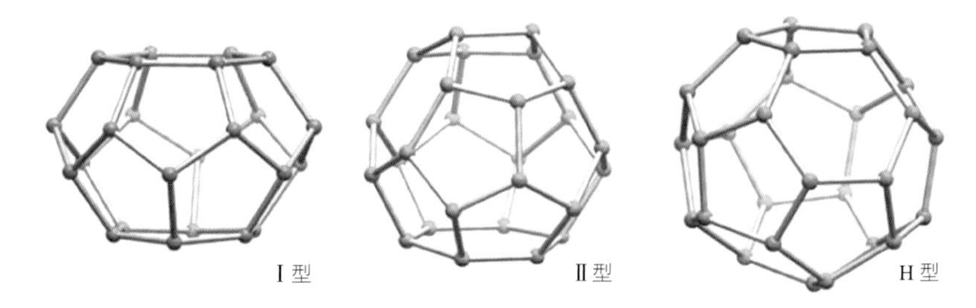

图 7-4　可燃冰中 3 种常见的笼型结构

的生物群落创造了良好的生态环境，更为重要的是海底可燃冰的形成和分解将会引起海底滑坡、油气钻井设施的破坏等地质和工程灾害，可燃冰分解的气体也可能会影响长时间尺度的全球气候变化。因此，越来越多的科学家投身于天然气水合物这项研究中来，这使得我们有机会认识和了解海底这种神奇的物质，为我们探索这个世界打开了一扇新的窗口。

可燃冰
——21 世纪的理想替代能源

虽然可燃冰的形态与固体酒精非常类似，但是其所蕴含的能量却是同体积固体酒精的很多倍。当可燃冰从低温高压条件下进入到常温常压状态下时，1 立方米可燃冰可转化为 164 立方米的天然气和 0.8 立方米的水，是一种高密度能量的能源。同时，可燃冰中甲烷的含量占 80% ~ 90%，燃烧值高，燃烧后几乎不产生任何残渣，污染远比煤、石油、天然气小得多。

自然状态下，水深超过 300 米的海底以及永久冻土带具备水合物形成所必需的“低温高压”环境，因此水合物在这些地方都有可能分布。据科学家估计，海底可燃冰分布的范围约 4000 万平方千米，占海洋总面积的 10% 以上。目前，全球海洋勘查发现并圈定可燃冰矿区主要分布在西太平洋海域的白令海、鄂霍次克海、冲绳海槽、日本海、南海海槽、苏拉威西海、澳大利亚西北海域、新西兰北岛外海及南海北部，东太平洋海域中的中美海槽、加利福尼亚 – 俄勒冈滨北海岸及秘鲁海槽，大西洋西部海域的布莱克海台、墨西哥湾、加勒比海及南美东海岸外陆缘海以及非洲西海岸海域、印度洋的阿曼海湾、北极的巴伦支海和波弗特海、南极的罗斯海和威德尔海，内陆的黑海和里海等海域（图 7–5）。以上这些区域主要以太平洋边缘海居多，其

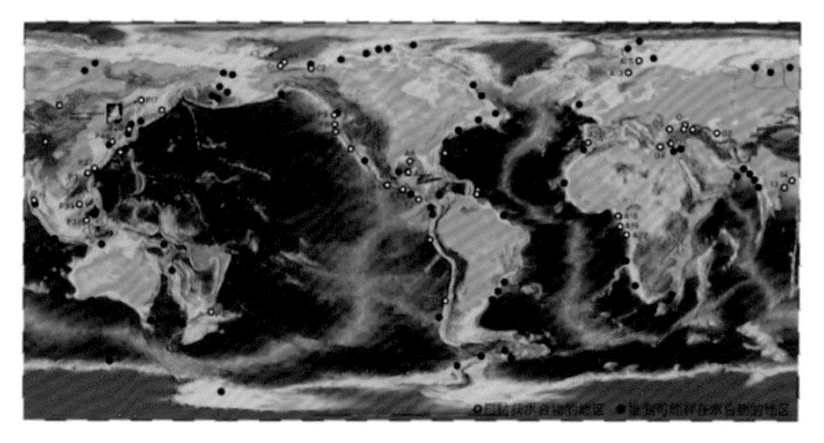

图 7–5 全球可燃冰的发现地点和可燃冰可能存在的地点

次是大西洋西海岸。

广泛分布的可燃冰意味着巨大的能源潜力。据探查估算，美国东南海岸外的布莱克海岭，可燃冰资源量多达 180 亿吨，可满足美国 105 年的天然气消耗；日本海及其周围可燃冰资源可供日本使用 100 年以上。从全球范围来看，预计将有 10 万亿吨的碳以可燃冰的形式储藏，其储量是现有天然气、石油储量的 2 ～ 3 倍（图 7–6）。换句话说，把人类已经用掉的和还没有开发的石油、煤、天然气加在一起，还赶不上天然气水合物中有机碳总含量的一半。据专家估计，全世界石油总储量在 2700 亿吨到 6500 亿吨之间。按照目前的消耗速度估算，再有 50 ～ 60 年，全世界的石油资源将消耗殆尽。可燃冰的发现，让陷入能源危机的人类看到了新希望。

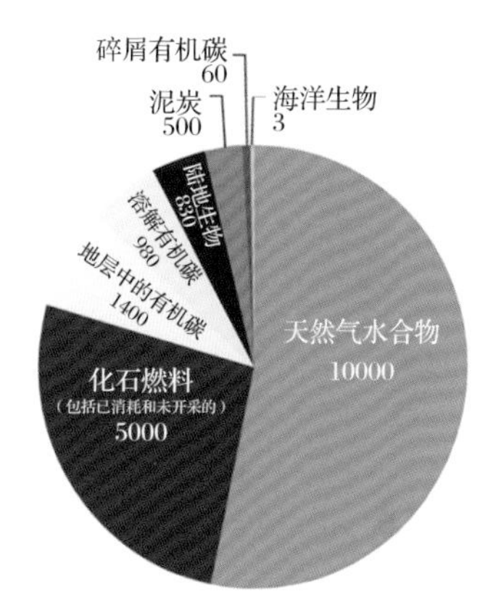

图 7–6 地球上有机碳的分布（单位：10^{15} 克）

因此，正是由于“高密度性、清洁性、广泛分布性、储量巨大性”等特征，可燃冰被科学家誉为“未来能源”“21 世纪新能源”。

寻找海底可燃冰的手段和方法

目前，寻找海底可燃冰的技术手段包括地球物理勘探、流体地球化学探查、海底微地貌勘测、海底电视探查、海底热流探查、海底地质取样、深海钻探等。地球物理勘探技术包括地震勘探技术和地球物理测井技术。其中地震勘探是现今水合物勘探调查作业中最为常见的手段。

海底可视技术是一种可以直接对海底进行实时观察的技术手段，可以较为直观地研究与海底可燃冰相关的地貌特征及生物群落特征，因此成为寻找海底可燃冰最直接的手段之一。常见的海底可视技术包括海底摄像、电视抓斗、深拖系统和水下机器人四种，但这些手段只能应用于海底表面。

海底摄像是一种极为重要的海底观测手段，是水合物调查中所有可视技术手段中必不可少的基础技术。单次的海底摄像可以直观地观察到水合物及其相关地貌现象，持续的海底摄像则可以为研究水合物 – 沉积物系统随时间的演化过程服务（图 7–7）。

电视抓斗是海底摄像连续观察与抓斗取样器结合组成的可视抓斗取样器，是一种最为有效的地质取样器。它既可以直接进行海底观察和记录，同时又可以在甲板遥控下针对目标准确地进行取样。

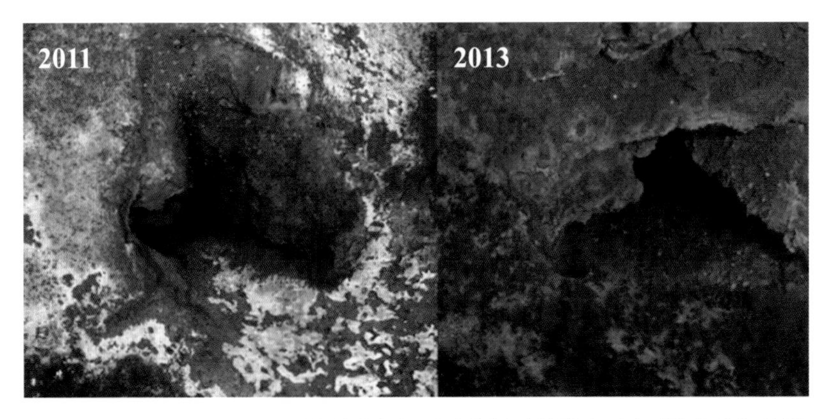

图 7-7 美国卡斯卡迪亚大陆边缘水合物脊同一地点不同时间的海底摄像

深拖系统目前主要应用于大洋底多金属矿产调查，该系统具有旁侧声呐、浅层剖面、深海电视和深海照相四种功能，可用于微地形地貌测量、沉积剖面测量、对海底目标进行实时录像和拍照。其中海底照相－海底电视系统主要包括深海摄像机、摄像灯、照相机、闪光灯和装有电子设备的压力筒（图 7-8）。这些设备装在一个开放式的铝合金框架内，通过船上电子设备控制，对海底地形情况进行实时监控录像及照相，并将相应点的高度、深度、位置等有关信息记录在硬盘上。

无人遥控潜水器（Remotely Operated Vehicle，ROV）是由水面母船上的工作人员通过连接潜水器的脐带提供动力，操控潜水器，通过水下电视、声呐等专用设备进行观察，还能通过机械手进行水下作业（图 7-9）。以 ROV 做工作平台的拖曳探测技术发展很快，是近年来国际海洋技术中快速发展的一个重要方向。ROV 工作平台上具有海底照相、摄像和声呐探测功能，还装有电磁、热、核技术、地球化学等传感器。

对于海底之下具有一定深度的目标而言，海底可视技术就显得无能为力了。为了验证海底之下沉积地层之中水合物的存在，就必须进行海底的岩芯取样。因此，地质取样技术可以直观地揭示水合物的产

图 7–8　日本海洋 – 地球科学技术研究机构深拖系统设备

图 7–9　日本明治大学 Hyper Dolphin 水下机器人

出样式和垂向分布特征，是发现海底之下水合物的直接手段，也是验证其他方法所得的调查成果（如利用地震勘探技术识别的地球物理异常特征等)的必要过程。地质取样技术，包括抓斗取样、重力取样（柱样)、大型重力活塞密封取样（图 7–10）等海底浅地层取样技术（深度达 10 ～ 12 米）和深海钻探取芯技术。

对于水合物而言，在空间分布上要取得表面或浅层的有效样品与一般地球科学的尺度截然不同；换言之，对于科考船往下施放重力岩芯或者活塞岩芯至 2000 米深的海底而言，采样点位与科考船点位差距可能超过几十米，水合物露头或生物群落特征可能在咫尺之外就截然不同。因此，依靠影像指引采样才是有效率的做法（图 7–11)。

水合物只能稳定存在于温度低于 10℃、压力高于 10 兆帕的环境下，一旦温度升高或压力降低，水合物便会分解。为了分析含水合物的真实样品，必须使岩芯样品保持接近原始状态。近年来保压取芯装置（图 7–12）被广泛用于水合物的钻探取样作业中，一旦取芯结束，孔底岩芯样品将会被切断提取，并被置入一个密封空腔，因此能很大程度上提高取芯率和维持水合物的稳定性。

地质取样是沉积物地球化学分析的基础。通过地质取样，不

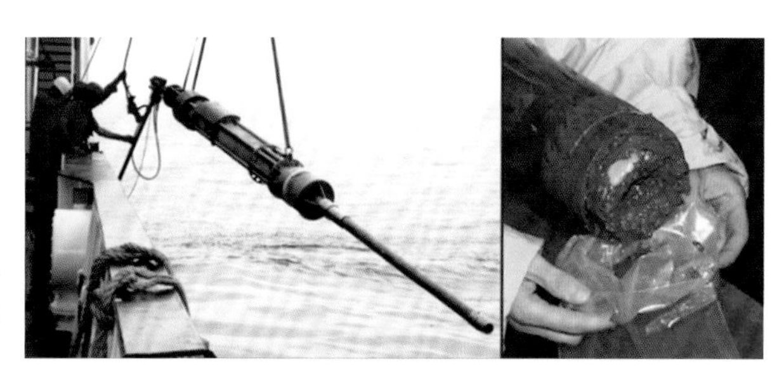

图 7-10 重力活塞取样器和获取的含可燃冰重力活塞样品

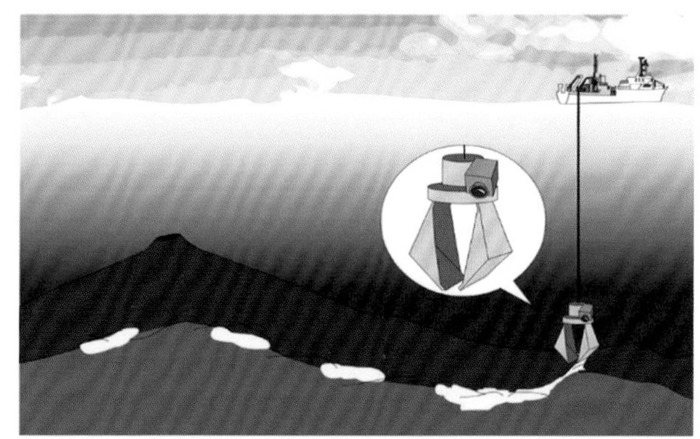

图 7-11 海底摄影引导抓斗取样示意图

图 7-12 保压取芯装置

仅可以分析天然气水合物产出形式（脉状、团块状、结核状、浸染状），还可以测试水合物中气体成分及其有关成因参数［如 $C_1/(C_1+C_2)$ 比值、甲烷中 $\delta^{13}C$ 值、硫化氢的 $\delta^{34}S$ 值等］；在资源评价方面，还可以计算水合物的充填率，进而更好地估算水合物的资源量。

海底可燃冰潜在的威胁

尽管可燃冰具有巨大的能源潜力，被誉为“新世纪的新能源”，但它也是一种危险的能源，就像一柄“双刃剑”，让人类又爱又恨。可燃冰令人生畏的一面主要表现在其潜在的地质灾害和工程灾害方面。地质灾害方面，当温度、压力条件发生变化时，可燃冰的不稳定性将会导致其发生分解。此时，海底斜坡上的松软沉积物很容易在重力作用下发生滑动，大量的沉积物滑塌还有可能诱发海啸的发生。此外，可燃冰的分解还会造成甲烷向海水和大气中逸散。众所周知，甲烷的温室作用比二氧化碳还要强烈，因此可燃冰分解带来的温室效应已逐渐引起人们的重视。工程灾害方面，海洋钻井平台或钻井作业时会扰动可燃冰所处的温度压力环境，这会导致可燃冰的大规模突然分解，进而有可能导致垮塌、井喷或爆炸，这一问题已成为深海油气钻探或其他海洋作业无法规避的问题之一。

地质灾害

海底滑坡是具有巨大危害的海洋地质灾害之一（图 7-13）。大规

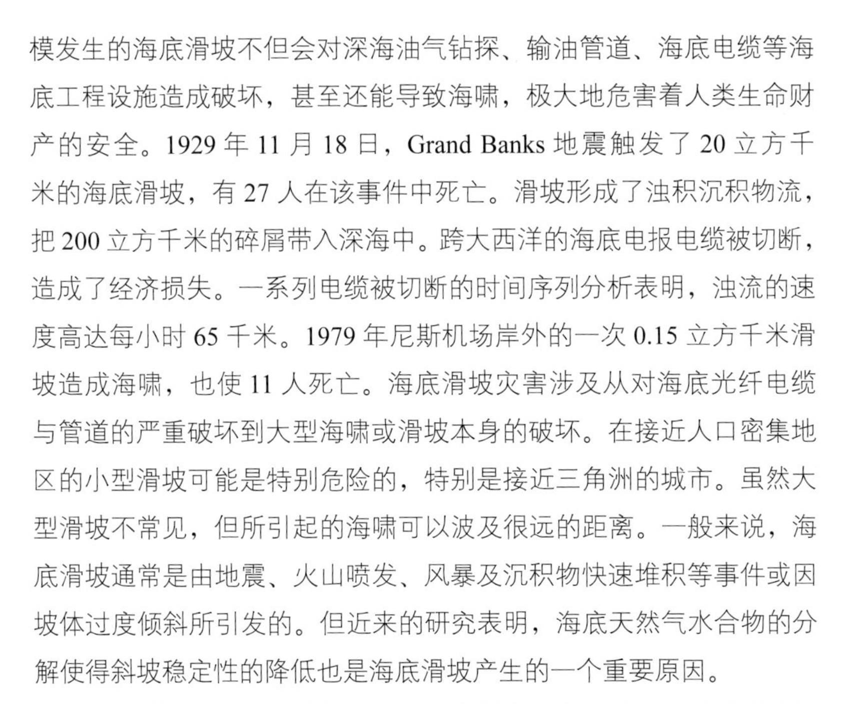

模发生的海底滑坡不但会对深海油气钻探、输油管道、海底电缆等海底工程设施造成破坏，甚至还能导致海啸，极大地危害着人类生命财产的安全。1929 年 11 月 18 日，Grand Banks 地震触发了 20 立方千米的海底滑坡，有 27 人在该事件中死亡。滑坡形成了浊积沉积物流，把 200 立方千米的碎屑带入深海中。跨大西洋的海底电报电缆被切断，造成了经济损失。一系列电缆被切断的时间序列分析表明，浊流的速度高达每小时 65 千米。1979 年尼斯机场岸外的一次 0.15 立方千米滑坡造成海啸，也使 11 人死亡。海底滑坡灾害涉及从对海底光纤电缆与管道的严重破坏到大型海啸或滑坡本身的破坏。在接近人口密集地区的小型滑坡可能是特别危险的，特别是接近三角洲的城市。虽然大型滑坡不常见，但所引起的海啸可以波及很远的距离。一般来说，海底滑坡通常是由地震、火山喷发、风暴及沉积物快速堆积等事件或因坡体过度倾斜所引发的。但近来的研究表明，海底天然气水合物的分解使得斜坡稳定性的降低也是海底滑坡产生的一个重要原因。

在早期的海底沉积物孔隙中，存在着自由运移的多成因的甲烷和水。在合适的温压条件下，甲烷和水逐渐结合为固态天然气水合物，并赋存于沉积物孔隙中。固态天然气水合物替换液态水会增加沉积物

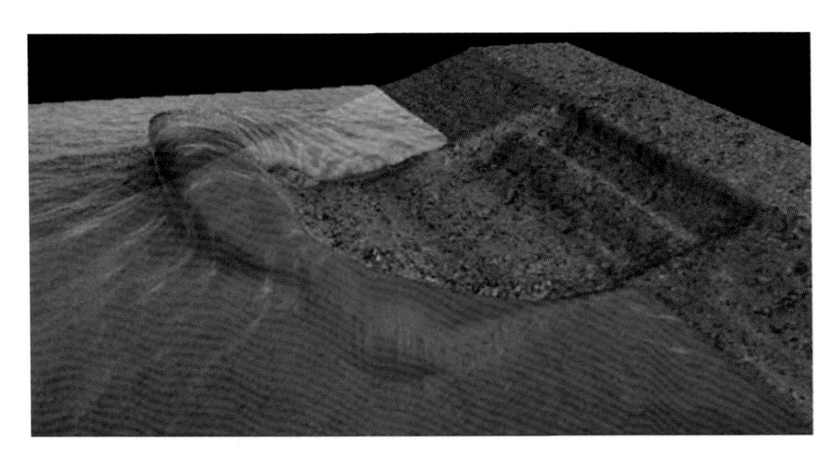

图 7–13　海底滑坡及海啸示意图

的强度，同时也会使孔隙度和渗透率降低。在某种程度上天然气水合物可以作为沉积物固结的“黏结剂”。当该处有充足的气体来源，天然气水合物将逐渐占据其稳定带沉积物内的大部分空间，并且在平面上有很大面积的展布时，将在海底形成巨大的圈闭，游离气体在其底下聚集，形成一个气体层。

天然气水合物引起海底滑坡的主要机理之一是海底沉积物的气化和液化（图 7–14）。如果水合物分解后的气体进入沉积物结构中，将会在低渗透层形成过高的孔隙压力，尤其是在不渗透或低渗透的沉积物层表现得尤为明显。一旦水合物分解，释放的气体将导致沉积物层体积巨大膨胀。在 1000 米的水深处，水合物完全分解，体积膨胀接近于 100%。在不渗透或低渗透的沉积物层中，如果气体和水没有逃逸的通道，那么整个过程将是封闭的，由此将产生超高的孔隙压力。这种超高的孔隙压力将使得沉积物层有效应力大为减小，降低了斜坡

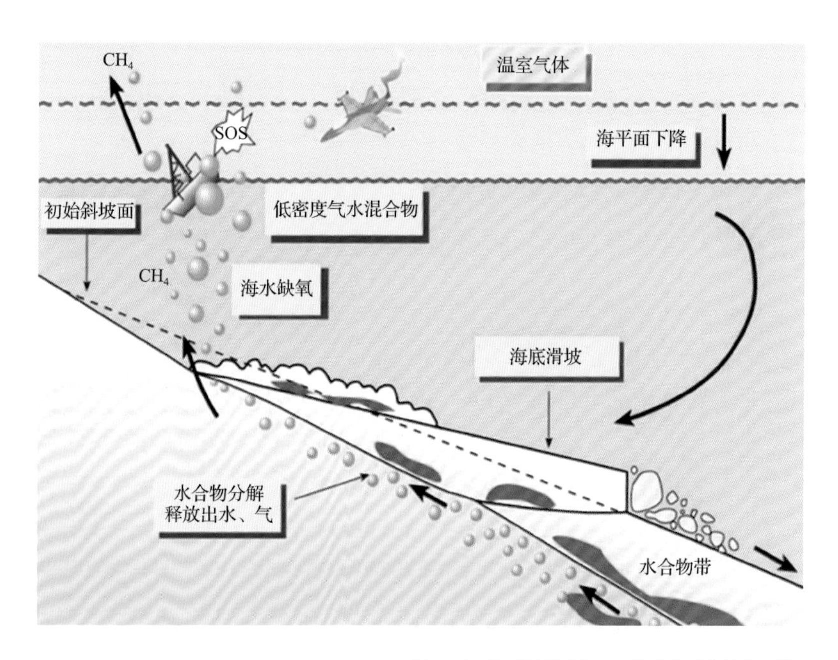

图 7–14　海平面下降与水合物分解诱发的海底滑坡

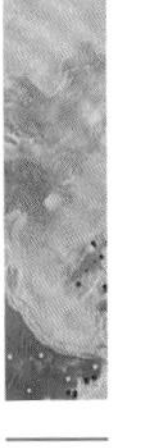

沉积物层的阻滑力。一个典型的例子就是深部的气体，无论是生物降解气或热成因气，沿着断层向上运移，在上层圈闭的作用下充满沉积物孔隙空间，降低了沉积物的胶接强度，易于引发斜坡的海底失稳。水合物的分解会产生大量的水，使得沉积物胶结作用减小，沉积物强度明显降低，类似于充满冰的沉积物层，从而使得沉积物的抗剪切强度降低，水合物分解带来的这两种结果很大程度上影响了斜坡的海底稳定性。

可燃冰中的甲烷气体是一种强温室气体，对大气辐射平衡的影响仅次于二氧化碳。由于可燃冰具有非常广泛的分布范围，据测算，全球天然气水合物中蕴含的甲烷量约是大气圈中的3000倍。也就是说，水合物分解产生的甲烷气体进入大气圈层的量，即使只有大气中甲烷总量的0.5%，也会明显加快全球变暖的进程。有人甚至认为近20年来的全球变暖很可能与此类甲烷的释放有密切联系。研究表明，冰期旋回中总是变冷慢而变热快，其原因很可能就在于盛冰期时天然气水合物的大规模释出，使气候突然变暖（图7–15）。

除温室效应外，海底天然气水合物开采还会带来更多的问题。例如，甲烷气体如果排入海水，其氧化作用会消耗大量氧气，给海洋微生物生长发育带来危害。如果排入海水的甲烷量特别大，还可能造成海水汽化和海啸等，给人类造成巨大危害。在位于佛罗里达、百慕大

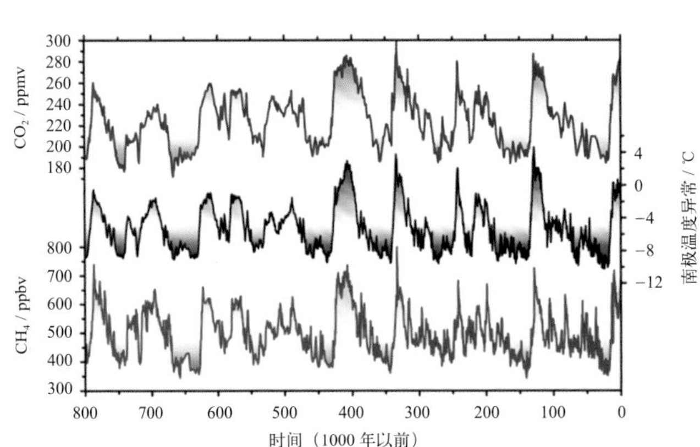

图7–15　千年尺度的CO_2、CH_4与温度异常记录

群岛和波多黎各之间的百慕大三角区海域，发生过许多船只和飞机神秘失踪事件，即所谓“百慕大之谜”。有学者认为与“可燃冰”气藏有关。可燃冰释放后，水密度变小，而海面空气密度相对变大，对流将海面船只“吸”了下去。

在地球漫长的演化过程中，曾经演绎了多起全球性地质灾变事件，如新元古代晚期雪球终结事件、二叠纪－三叠纪之交生物大灭绝事件、古新世－始新世之交极热事件等。到底是什么原因导致了这一场场地球毁灭性的灾难？火山喷发、行星撞击地球等假说成了很多科学爱好者信奉的经典，但在学术界，这些假说均存在较大的争论。然而，越来越多的科学证据发现，可燃冰可能是地质历史时期地质灾变的幕后黑手！可燃冰对沉积环境的变化非常敏感，一旦所处的温度－压力平衡遭到破坏，极有可能大规模分解释放甲烷，造成强烈的温室效应，进而引发区域性甚至全球性气候、环境、生态灾变事件（图 7-16）。

那么，科学家是根据什么样的蛛丝马迹来判定真凶的呢？原来，在这些地质灾变附近的地层中，往往能发现稳定碳同位素发生短暂、显著的负向漂移。这种全球性碳同位素短暂负异常反映出当时有巨量的轻碳同位素被迅速注入海洋－大气圈层中。那么，如此多的轻碳从

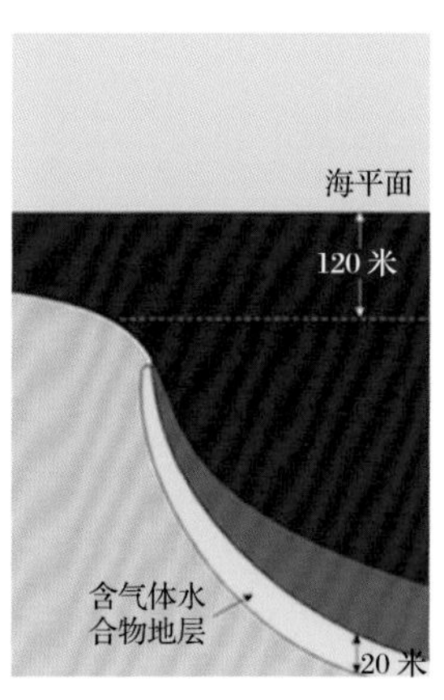

图 7-16　可燃冰分解导致的海底滑坡与甲烷释放

何而来？科学家们认为，正是由于可燃冰中甲烷的分解使得稳定碳同位素负向偏移。可燃冰的快速分解与地质灾害息息相关，如古新世－始新世之交（距今约5500万年）地球发生了全球性的温度急剧升高事件，大批的底栖和浮游有孔虫从此绝迹。科学家们的研究认为，正是可燃冰的分解，使得地球陷入了水深火热之中。同样，根据极地冰芯的详细记录，在第四纪晚期正是由于可燃冰的分解，才使得当时的地球一次次地跨过了寒冷的冬天。

此外，根据科学家们的研究，地质历史时期发生的其他灾变事件，如二叠纪－三叠纪之交（距今约25 100万年)的生物大灭绝事件、侏罗纪土阿辛期（距今约18 300万年）和白垩纪阿普特期（距今约11 700万年）的全球海洋缺氧事件，可燃冰均有可能是这些事件的罪魁祸首。当然，对于这一假说，科学家们还需要进一步补充证据，特别是具体过程和细节，需要进行更为深入细致的分析，才能揭开更为神奇的科学奥秘。

工程灾害

可燃冰一旦脱离海底低温、高压环境，就会突然释放气体而引发气爆或燃烧；而融化出来的水又会使沉积物突然“液化”变成泥浆，引发海底开采区的崩塌或滑坡事件。随着常规油气勘探逐渐朝更深水域迈进，水合物对钻井作业的影响逐渐引起人们的关注（图7–17)。其危险主要来自两个方面：水合物稳定带之下超压气藏的突然释放；原位水合物的分解。

常规的旋转钻探操作会带来沉积物周围压力、温度或化学物质的迅速变化。温度的升高会导致钻头变热，使钻井液升温，当高温的储层流体沿着钻管上升，往钻井泥浆中加入水合物抑制剂会改变沉积物孔隙流体的化学组成。这些变化会导致钻井周围沉积物中的水合物分解。更严重的是水合物的分解会释放大量气体，有可能导致海底的失稳。水合物的威胁在北极阿拉斯加地区油气施工中得到了印证。当时在钻井过程中造成了水合物的分解，因而导致了轻微井喷、爆炸，甚至发生了火灾。

在深水作业环境中，水合物的形成不仅会堵塞输送管道、压井管线和井筒，而且还有可能堵塞水下防喷器，导致防喷器无法连接，拖延了井控时间，产生严重的井控问题。此外，水合物的形成还可能破坏导向基座和水下生产设备，并在海底设备上形成大量的水合物，影响正常作业。在钻井过程中，深部热流体会被带入浅部含水合物地层中，破坏水合物存在的温压条件，可能导致水合物分解，引起井涌或井漏等问题。由于水合物的存在具有胶结或骨架支撑作用，当井眼打开后，水合物的分解会使井壁失稳，引起井径扩大、压扁套管、井口装置承载能力降低、井口沉降等问题，严重时会导致井壁岩层失稳垮塌，影响立柱甚至整个钻井平台的安全。另外，水合物还会改变钻井液的造壁性能，影响井壁稳定性。而且当钻井液中气体含量很高时，

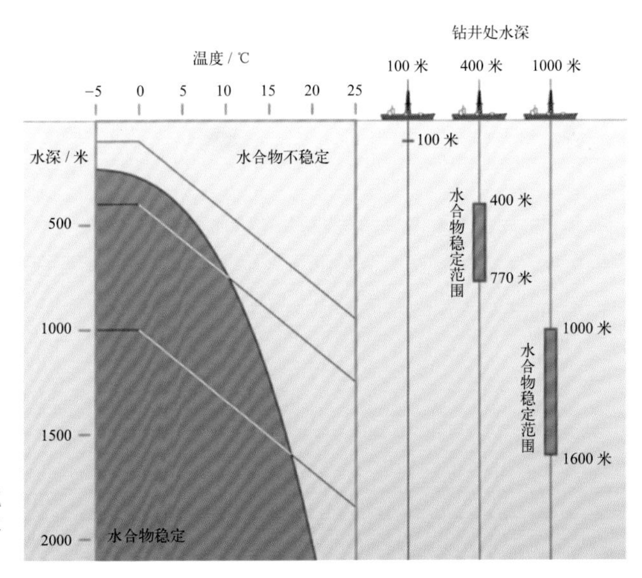

图 7–17 常规油气勘探钻井深度与水合物稳定带深度

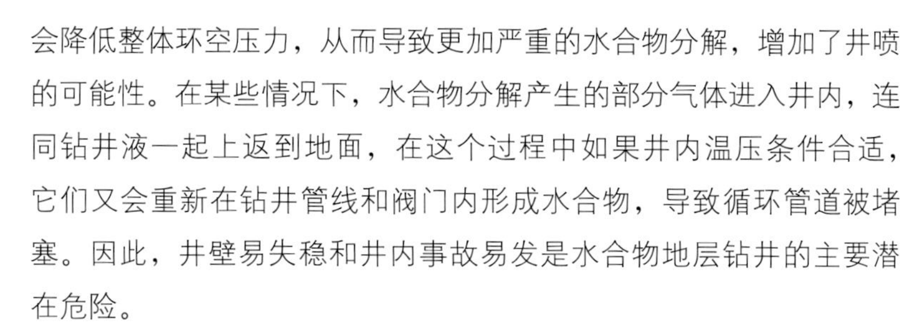

会降低整体环空压力，从而导致更加严重的水合物分解，增加了井喷的可能性。在某些情况下，水合物分解产生的部分气体进入井内，连同钻井液一起上返到地面，在这个过程中如果井内温压条件合适，它们又会重新在钻井管线和阀门内形成水合物，导致循环管道被堵塞。因此，井壁易失稳和井内事故易发是水合物地层钻井的主要潜在危险。

2010 年 4 月 20 日在美国墨西哥湾海域作业的 BP 公司“深水地平线”钻井平台爆炸并沉没，这一事故引发了墨西哥湾海域有史以来最大规模的原油泄漏灾害。初步分析结果表明，天然气水合物分解产生的甲烷气泡成为油井爆炸的直接肇因。在漏油井口的封堵过程中，水合物的意外出现使得利用“控油钢筋水泥罩”封堵漏油井口的方案失效。

综上所述，大量的甲烷以水合物的形式储存在海底沉积物之中，对于人类来说这是一笔宝贵的财富。然而气候变暖会导致水合物不稳定，甲烷向大气的逸散会加速全球升温进程。局部的水合物融化分解也导致了陆坡失稳，是海洋油气资源开采的重大灾害。充分了解和认识危害，是规避危害的最佳方式。对于可燃冰，我们在展望其巨大的资源潜力的同时，也要充分认识到它们在地质方面和工程方面可能存在的危害。相信随着科学技术的不断发展，人类对可燃冰相关风险的规避能力和对水合物资源效应的利用能力将会不断进步。

可燃冰的开采方法

天然气水合物是一种由天然气和水组成的亚稳定态矿物，存在于特定的温压条件下。一旦赋存条件发生变化，天然气水合物藏的相平衡就会被破坏，引起天然气水合物分解。传统的水合物开采技术就是根据水合物的这种性质而设计的，主要包括热激发开采法、减压开采法与化学试剂注入开采法。随着天然气水合物基础研究的不断深入，近些年又涌现出一些新的开采技术，如 CO_2 置换法。这些开采方法的主要思路是将水合物在矿藏中分解，然后将分解的天然气通过钻井井管开采出来。

热激发开采法

热激发开采法指直接对天然气水合物层进行加热，使天然气水合物层的温度超过其平衡温度，从而促使天然气水合物分解为水与天然气的开采方法（图 7-18）。这种方法经历了直接向天然气水合物层中注入热流体加热、火驱法加热、井下电磁加热以及微波加热等发展历程。热激发开采法可实现循环注热，且作用方式较快。加热方式的不断改进，促进了热激发开采法的发展。但这种方法至今尚未很好地解决热利用效率较低的问题，而且只能进行局部加热，因此该方法尚有待进一步完善。

减压开采法

减压开采法是一种通过降低压力促使天然气水合物分解的开采方法（图 7–19）。减压途径主要有两种：①采用低密度泥浆钻井达到减压目的；②当天然气水合物层下方存在游离气或其他流体时，通过泵出天然气水合物层下方的游离气或其他流体来降低天然气水合物层的压力。减压开采法不需要连续激发，成本较低，适合大面积开采，尤其适用于存在下伏游离气层的天然气水合物藏的开采，是天然气水合物传统开采方法中最有前景的一种技术。但它对天然气水合物藏的性质有特殊的要求，只有当天然气水合物藏位于温压平衡边界附近时，减压开采法才具有经济可行性。

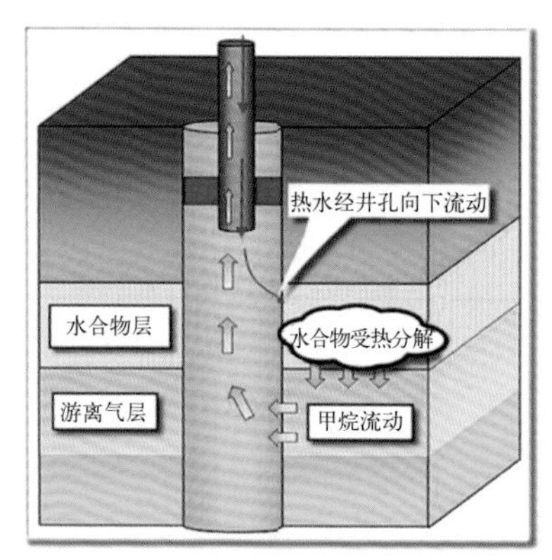

图 7–18　热激发开采法

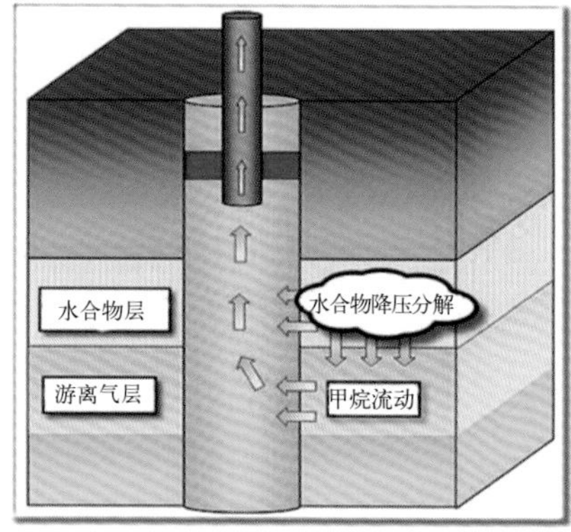

图 7–19　减压开采法

化学试剂注入开采法

化学试剂注入开采法通过向天然气水合物层中注入某些化学试剂，如盐水、甲醇、乙醇、乙二醇、丙三醇等，破坏天然气水合物藏的相平衡条件，促使天然气水合物分解（图 7–20）。例如利用 10% 的甲醇溶液，将天然气水合物的相平衡曲线向上推动，使得水合物在更

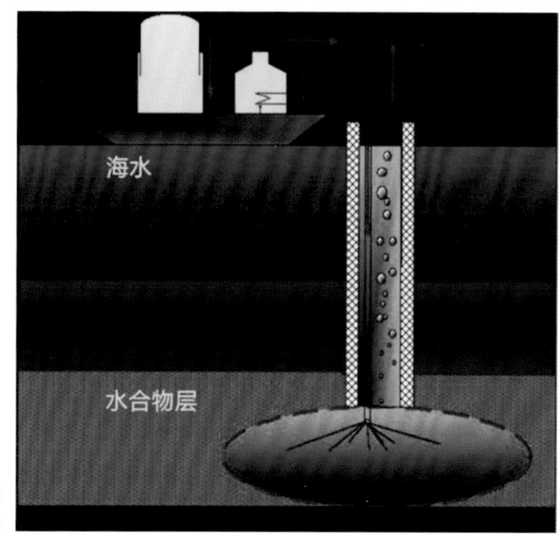

图 7-20
化学试剂注入开采法

高压力或者更低温度下可以分解。这种方法虽然可降低初期能量输入，但缺陷却很明显，它所需的化学试剂费用昂贵，对天然气水合物层的作用缓慢，而且还会带来一些环境问题。所以，目前对这种方法投入的研究相对较少，在全球的天然气水合物试开采中并没有被有效地使用。

CO_2 置换开采法

该方法依据仍然是天然气水合物稳定带的压力条件。在一定的温度条件下，天然气水合物保持稳定需要的压力比 CO_2 水合物更高。因此，在某一特定的压力范围内，天然气水合物会分解，而 CO_2 水合物则易于形成并保持稳定。如果此时向天然气水合物藏内注入 CO_2 气体，CO_2 气体就可能与天然气水合物分解出的水生成 CO_2 水合物。这种作用释放出的热量可使天然气水合物的分解反应得以持续地进行下去。此种方法不但可以开采出天然气，还可以将温室气体 CO_2 封存（图 7-21），并大大减小了水合物分解引起地质灾害的可能性，具有较高的环境效益。但是该种开采方法的研究进度缓慢，目前还处于试验和理论研究阶段，能否用于实际天然气水合物的开采还有待考察。

上述各种方法已成功应用于俄罗斯西伯利亚麦索雅哈、加拿大

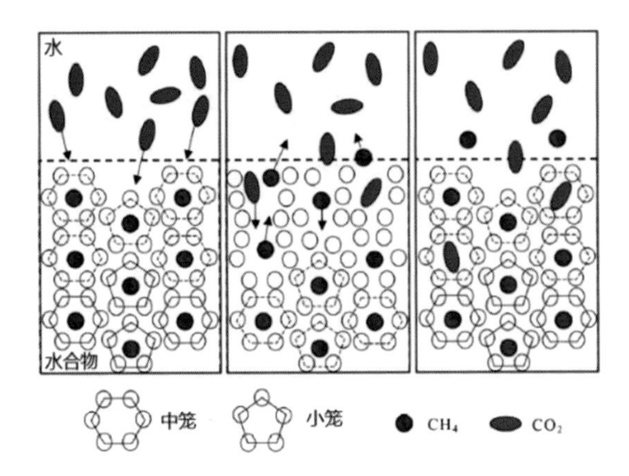

图 7–21 CO_2 置换法开采天然气水合物原理图

麦肯齐三角洲、美国阿拉斯加北坡多年冻土区的可燃冰开采试验。1969—1990 年，苏联在西伯利亚麦索雅哈应用可燃冰降压法进行开采，断断续续生产了 17 年，开采出的天然气中约 36%，大约 52 亿立方米来自可燃冰。2002—2008 年，加拿大和日本在加拿大麦肯齐三角洲冻土带进行了两次可燃冰开采试验，2008 年 6 天试验开采天然气产量达每天 2000 ~ 4000 立方米，累计产量约 13 000 立方米。2012 年，美国在阿拉斯加成功地进行了 CO_2 置换法开采可燃冰试验。

日本 1974 年开始水合物调查，1998 年开展开采技术研发，2000 年完成海域水合物资源评价，2008 年试采取得突破，2012 年开始实施南海海槽水合物试采工程，2013 年 3 月宣布成功地从水深 1180 米海底以下 260 米处试采出甲烷，6 天累计产量 12 万立方米，取得较大突破。但日产量仅达商业化要求的 1/5，成本为液化天然气进口价的数倍。由此可见，水合物实现商业开采仍面临技术和成本的巨大挑战。因此，日本将商业开采时间从 2018 年推迟到 2023 年。

然而，可燃冰主要埋藏于海底。如何开采海底可燃冰，目前仍存在诸多困难。尽管如此，科学家仍一直在努力探索。一旦水合物能够成功被开采，必将改变全球工业现状。随着科技的发展，我们有理由相信人类能够开发出海底可燃冰的安全高效开采技术，把可能带来的环境危害降到最低程度。

中国寻找海底可燃冰的进展

我国科学家于 1990 年开始了水合物的实验室研究，探索可燃冰生成条件、过程和机理。我国研究可燃冰探测技术则始于 1997 年。

1999 年，广州海洋地质调查局实施了以可燃冰为目的的高分辨率地震探测技术试验及应用，首次在我国南海西沙海槽海域发现了显示可燃冰存在的地震标志——似海底反射（bottom simulating reflector, BSR），初步证实我国海域存在可燃冰资源。

2001 年，国家 863 计划设立了可燃冰探测技术课题，在可燃冰地震识别、地球化学异常探测、资源综合评价、保真取样技术方面实现了自主创新，形成了我国可燃冰探测技术系列，为我国可燃冰资源调查评价提供了技术支撑。

2002 年 1 月，经国务院批准，我国正式开展可燃冰资源调查与评价，由国土资源部牵头，中国地质调查局联合中国科学院、教育部等国内优势力量，对可燃冰探测技术方法、环境效应、资源综合评价和勘探开发战略等进行了综合研究，对南海北部有重点分层次地开展了可燃冰资源调查和评价。

2004 年，中德两国展开了政府间合作，利用德国“太阳”号考察船实施 SO-177 航次，开展南海北部甲烷和可燃冰分布、形成及其环

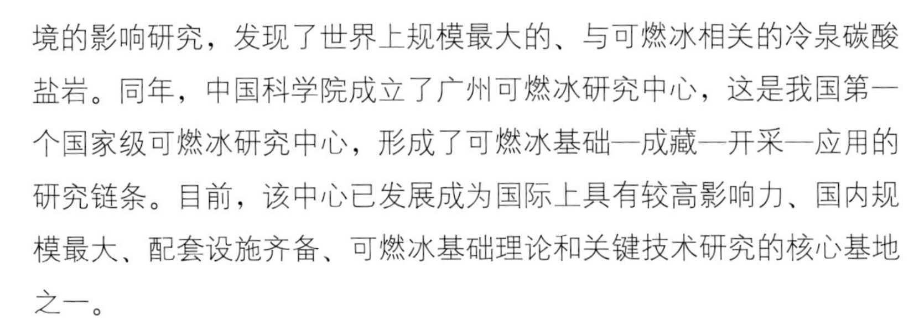

境的影响研究，发现了世界上规模最大的、与可燃冰相关的冷泉碳酸盐岩。同年，中国科学院成立了广州可燃冰研究中心，这是我国第一个国家级可燃冰研究中心，形成了可燃冰基础—成藏—开采—应用的研究链条。目前，该中心已发展成为国际上具有较高影响力、国内规模最大、配套设施齐备、可燃冰基础理论和关键技术研究的核心基地之一。

2007 年，中国地质调查局在我国南海北部实施了可燃冰钻探，首次钻探获取了可燃冰实物样品。取自我国南海神狐海域 1250 米水深海底的可燃冰，释放出纯度高达 99.8% 的甲烷气体，点燃了中国人的新能源梦。这充分展示了我国南海北部巨大的可燃冰资源前景，我国也因此成为继美国、日本、印度之后第四个通过国家计划采到可燃冰实物样品的国家。

2009 年，我国自主设计建造的、具有国际先进水平的第一艘可燃冰综合调查船“海洋六号”下水，成为我国可燃冰资源探测的重要平台。在这一年，国家 973 计划启动了南海可燃冰富集规律和开采基础研究项目。

通过长期大量的综合调查研究，我国已经取得了一系列显示可燃冰存在的证据，在南海北部圈定可燃冰远景区面积约 32 750 平方千米，初步评价认为可燃冰资源量约 185 亿吨油当量，充分展现了我国可燃冰资源的巨大前景。

2013 年 6 月，我国又在南海北部实施了我国第二次天然气水合物钻探计划。这次钻探采用的是辉固公司 REM Etive 钻探船，共完成了 13 个站位，其中 9 个站位发现了水合物。这些水合物或以块状的形式存在，或以浸染状的形式充填于深部细粒沉积物中，或以细的裂缝形式充填于浅部细粒沉积物中（图 7–22）。

目前，可燃冰已经成为全球关注的能源热点。在人类开采利用可燃冰的过程中，我们刚刚迈出了一小步。相信在不远的未来，这种沉睡在海底的巨大“能量块”会走进千家万户，为我们带来无尽的光和热。

图 7-22　2013 年在我国南海北部钻探获得的含水合物沉积物样品

Chapter 8

第八章

海啸
——来自海底的灾害

海啸

——滔天骇浪

海啸是地球上最可怕的天灾之一，它带来的滔天巨浪能在数分钟之内摧毁整个滨海地区。

2004年12月26日凌晨（UTC时间0时58分55秒），印度尼西亚苏门答腊岛以北的海底发生一场9.0级地震，引发了特大海啸。靠近震中的印度尼西亚村庄几分钟内便被海浪淹没，随后，海浪继续向四周快速传播，大约在地震发生1小时后，海浪开始侵袭泰国南部。2个小时后，海浪已经疾行了1600千米，袭击印度和斯里兰卡，马来西亚、马尔代夫、缅甸、孟加拉国也受到了冲击。最后，海啸的冲击波甚至还延伸到了4500千米之外的非洲国家索马里。

2011年3月11日，日本东部海域发生9级地震，地震引发的海啸波高达几十米，席卷了日本本州东部，由此造成的核电站泄漏事故震惊了全世界。这次地震海啸是日本有历史记录以来最大的自然灾害事件。

海啸的英文tsunami由日文“津波”发音而来（其中tsu即为“津”，亦即海港之意，nami为“波”，即海浪的意思），tsunami即为在港口里面的浪。全球有记载的破坏性海啸大约有260次，平均六七年发生一次，发生在环太平洋地区的地震海啸就占了约80%，其中日本列岛及附近海域的地震又占太平洋地震海啸的60%左右，因此，日本是全球发生地震海啸最频繁的国家。由于日本经常发生海啸，日文中海啸的英文拼写tsunami成为国际共通语。另外，一般欧美国家则以“潮浪”（tidal waves）称之，然而这种潮浪与潮汐（tide）并没有关联。

纵观人类的灾害史，海啸一直是严重的自然灾害。在过去的100年里，海啸导致了全世界几十万人死亡和亿万英镑的损失。海啸携带着巨大的能量，形成几米甚至几十米的巨浪以极大的速度冲向陆地。它在滨海区域的表现形式是海面陡涨，骤然形成“水墙”，伴随着隆隆巨响，瞬时侵入滨海陆地。一场大海啸途经之处任何东西——不管是人、大船还是车，都会被冲走、压碎或埋葬于水中。树和电线杆就像是火柴棍，瞬间被折断；住所、学校和灯塔像是硬纸板做的，轻易就倒塌了；整个海岸线都可能被海啸改变。海水会淹没大片低洼地区，摧毁农作物、树木及其他植物，甚至它们赖以生长的土壤都会被从地上剥离。波列的退潮效应可能会使一整片海滩被移走，而且海啸发生时，海水往往先退后涨，反复多次，有极其巨大的破坏力。

海啸移动得非常快。当人们看到一场海啸临近时，可能已经来不及逃走。海啸到来前会有一些征兆，据许多海啸幸存者的描述，海平面会陡然下降。海水突然间从岸边被吸入了大海，露出海底的沙子、泥浆和礁石，鱼和船都搁浅了，然后，这些水再以波浪的形式反扑过来。

当海水汩汩地从陆地撤离，有时会出现飓风，这是空气被高速行进的海啸推动的结果。一场大海啸通常由一连串海浪组成，它们被称为“波列”。每两次波峰之间，都会有数分钟甚至长达一小时的间隔。在这些波峰之间，会出现波谷，这时海水又会被吸回大海，在海水再度反扑回来之前，它们好像被一个巨大的真空吸尘器吸走了。

海啸的第一波浪潮也许不是最可怕的——在波列中，最大、最危险的往往是第三波和第八波浪潮。在海啸发生的数天后，海浪才会恢复它们原本的大小和状态。

海啸为什么能传播如此之快，越过海洋而不消散

被称为“终极之灾”的海啸具有如此大的破坏力，与其波长长、能量大和传播速度快密切相关。

1. 波长长

海啸是水中一种特殊的波，最大的特点就是超长波长。美国宇航局（NASA）1971 年发射的 Jason-1 号测高卫星（贾森 1 号卫星），主要使命就是测量海面高程变化，探测范围大概是卫星正下方约 5 千米直径的区域，精度为厘米级。2004 年 12 月 26 日苏门答腊岛发生 9 级大地震并引发灾难性的海啸，在地震后 2 小时，这颗卫星恰好沿着 129 轨道由南向北穿过印度洋，这时海啸波也正好在印度洋上传播。于是，这颗运气不错的卫星，刚好测量到了海啸波传播时的海面变化（图 8–1）。从卫星的测量数据可以看出：海啸的波长为 500 千米，海

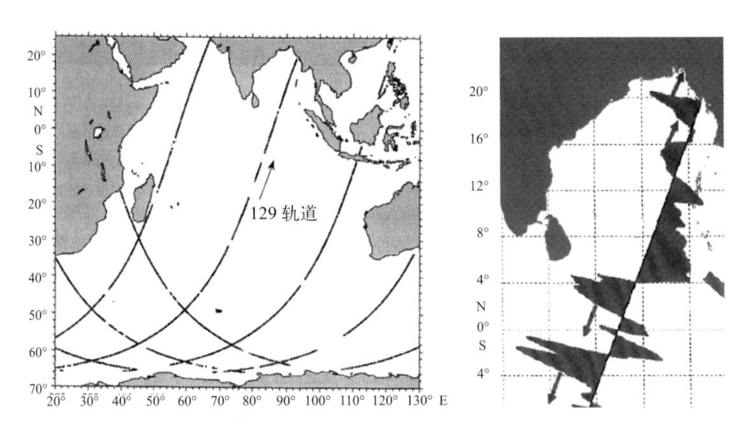

图 8–1 Jason-1 号测高卫星在地震后 2 小时沿着 129 轨道由南向北穿过印度洋，接近印度的孟加拉湾时海啸波正好在印度洋上传播。在这样凑巧的时间和这样凑巧的地点，在海啸波上方运行的 Jason-1 号测高卫星测量到了海啸波传播时的海面变化（引自 Gower，2005；NASA）

啸波造成的海面高程最大变化为 0.6 米。500 千米的波长，高度差却不到 2 米，海啸就像一面镜子，往外传播过程中风平浪静（图 8–2）。

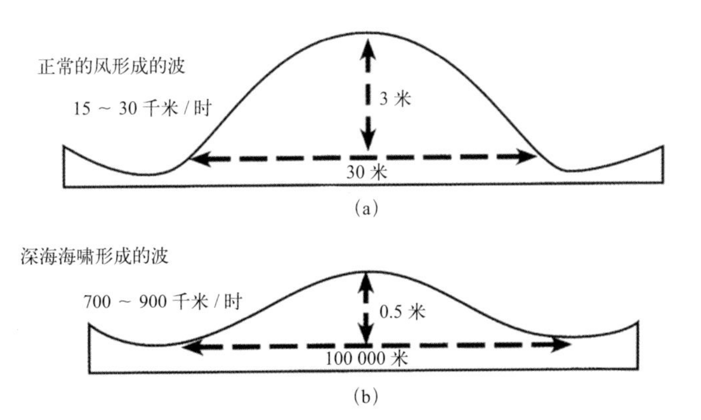

图 8–2 （a）风吹海面造成的水面波：波长 30 米，传播速度 15 ~ 30 千米 / 时；（b）深海中的海啸波：波长数百千米，传播速度 700 ~ 900 千米 / 时（引自陈颙 等，2013）

2. 能量大

地震使海底发生剧烈的上下方向的位移，某些部位出现猛然上升或下沉，使其上方的巨大海水水体产生波动，原生的海啸就产生了。我们可以用该水体势能的变化来估计海啸的能量。作为印度尼西亚苏门答腊岛近海地震海啸能量的保守估计，假定这次地震使震中区 100 千米长、10 千米宽、2 千米厚的水体抬高了 5 米，其势能的变化为

$$E=mgh=10^{24} \text{ 尔格}（1 \text{ 尔格} =10^{-7} \text{ 焦}）$$

我们知道，地震释放的地震波的能量 E 与地震的震级 M 之间有关系式

$$\lg E=11.8+1.5M$$

而印度尼西亚苏门答腊岛近海地震的震级 $M=8.7$，所以这次地震释放的地震波能量约为

$$E=10^{25} \text{ 尔格}$$

海啸的能量相当于地震波能量的 1/10 左右。举例来说，一座 100 万千瓦的发电厂，一年发出的电能为

$$E = 3.15 \times 10^{23} \text{ 尔格}$$

由此可见，印度尼西亚苏门答腊岛近海地震海啸的能量大约相当于 3 座 100 万千瓦发电厂一年发电的总量。

3. 传播速度快

传播速度由其浅水波的性质决定。根据浅水波理论，海啸波的速度为

$$v^2=gH$$

其中：v 为海啸波的速度；g 为重力加速度（9.8 米 / 秒 ^{2}）；H 为海水的深度。重力加速度是定值，波速与水深的平方根呈正比。也就是说，海水越深，波的传播速度越快，反之亦然。太平洋海水平均深 5500 米，取 H=5000 米代入上式，得到海啸波速度为 232 米 / 秒，即约为每小时 835 千米，相当于跨洋喷气式飞机的速度。如果考虑近海岸的情况，取 H=100 米代入上式，则海啸波速度为 31.3 米 / 秒，即约为每小时 112.7 千米，是高速公路汽车的速度。换句话说，如果洛杉矶发生地震，引发的海啸可于 1 小时后袭击东京，速度比飞机还快（图 8-3 至图 8-5）。

以 2004 年 12 月的南亚海啸为例，根据数值计算与卫星观测，海啸的波长平均为 400 ～ 500 千米（最大可达 1000 千米），印度洋的平均水深为 4 ～ 5 千米，因此，虽然这次海啸发生于深水区域，但从波

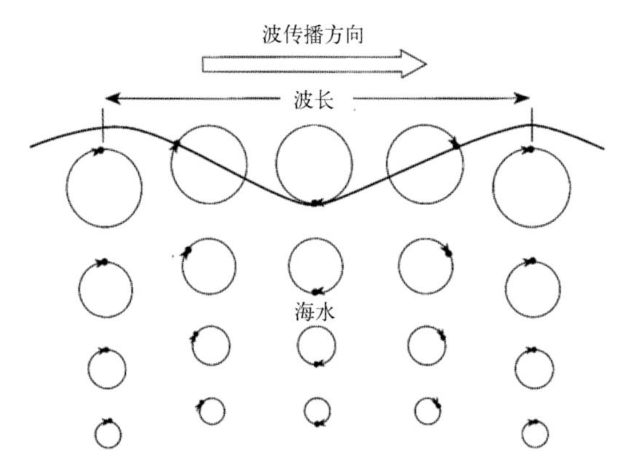

图 8-3　海水质点运动在海面最大，海面向下运动越来越小（引自陈颙 等，2013）

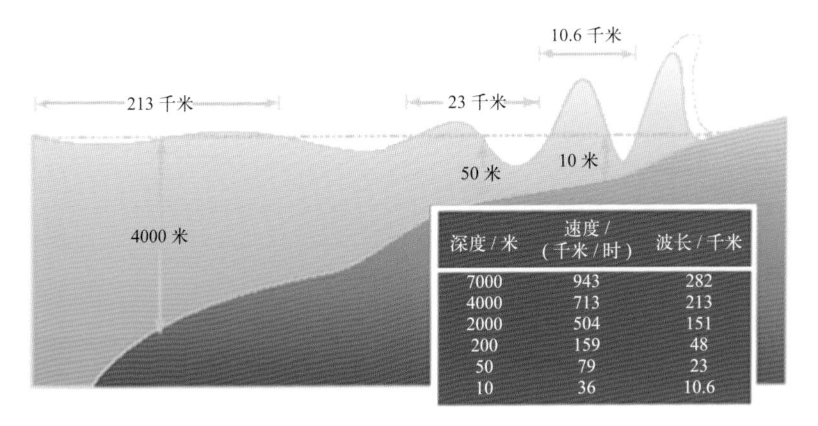

深度 / 米	速度 /（千米 / 时）	波长 / 千米
7000	943	282
4000	713	213
2000	504	151
200	159	48
50	79	23
10	36	10.6

图 8-4　传播速度与海水深度明显相关，是海啸波最重要的特点。根据下面将介绍的波的速度与海水深度平方根呈正比的计算公式，可以计算出：4000 米水深，海啸波速度为每小时 713 千米，波长 213 千米；10 米水深，波速为每小时 36 千米，波长为 10.6 千米（引自 Google search）

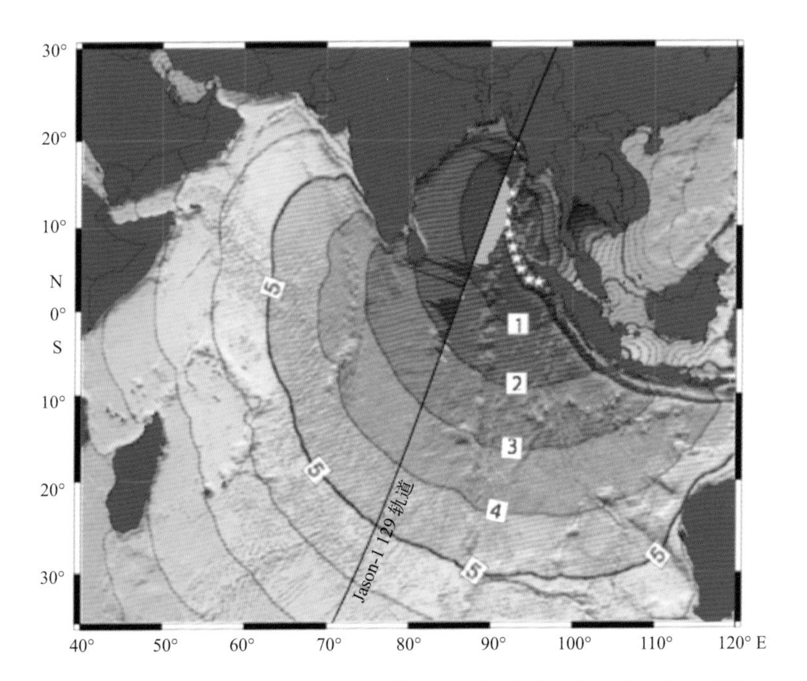

图 8-5　用美国地质调查局 Geist 模型计算得到的海啸传播时间图，图中白色方块中的数字表示海啸波传播到该地所需要的时间（单位：小时）。请注意：印度尼西亚地震产生的海啸波传到斯里兰卡和印度只需 2 ~ 3 小时，与喷气式飞机的速度一样快；尽管印度尼西亚离越南不远，但由于陆地的阻挡，海啸波要绕地球一圈后才能到达越南沿海，需要 12 ~ 16 小时（引自 USGS）

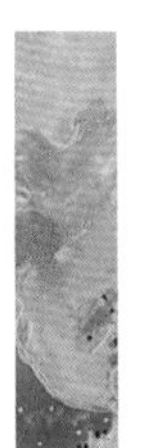

长大约为水深的100倍来看，仍是标准的浅水波。这场海啸在震后30分钟重创苏门答腊北部的亚齐特区，两个小时后攻击到斯里兰卡；3个小时后已抵达马尔代夫。

海啸在深海，波高通常很小（<0.5米），几乎看不出来。印度尼西亚海啸在深海的波高只有0.5米。但这0.5米的波高正是海啸完整保留地震能量的关键。

海啸是浅水波，浅水波的运动主要以前后水平运动为主，并由水面均匀地通达海底。由于在运动过程中水分子呈均匀的前后运动，所以彼此间的摩擦损失极小。此外，根据浅水波理论，水分子的最大运动速度 U 可以由波高 α、水深 h，及重力加速度 g 求得

$$U=\frac{\alpha}{h}\sqrt{gh}$$

以印度尼西亚海啸为例，假设在印度洋中心，波高为0.4米，水深大约为4千米，那么水分子最大的运动速度才0.02米/秒，即时速0.072千米，相当于波前进速度的万分之一。

速度均一，摩擦损耗小，水体中的水分子运动速度慢，这几种因素加起来，就是海啸波可以越过大海，把地震的能量完整传递而没有消散的原因。

海啸的类型

按照海啸波距震中的距离，海啸大致可分为两类：一类是近海海啸，也称作本地海啸。海底地震发生在离海岸几十千米或一二百千米以内，海啸波达到沿岸的时间很短，只有几分钟或几十分钟，很难防御，灾害极大。1755年里斯本地震海啸就是本地海啸。另一类是远洋海啸，是从远洋甚至横越大洋传播过来的海啸波。远洋海啸波波长可达几百千米，周期为几个小时，在传播过程中，能量衰减很少，能

传播到几千千米以外并造成严重灾害。由于海啸波到达沿岸的时间较长，有几小时或十几小时，早期的海啸预警系统能有效减轻远洋海啸灾害。1960 年智利地震在夏威夷造成的海啸灾害就属于远洋海啸。

值得指出的是，近海海啸和远洋海啸的分类是相对的。2004 年 12 月印度尼西亚苏门答腊岛附近海域发生 9 级强烈地震，引发了巨大的海啸，地震的震中就是海啸波的发源地。海啸波从发源地到印度尼西亚的班达亚齐（受灾最严重的地区）只需要几十分钟，对于印度尼西亚来说，是本地海啸；但是对于其他地区和国家，如印度、泰国、斯里兰卡、马来西亚、缅甸、马尔代夫等国家来说，海啸波传播需要好几个小时，属远洋海啸。

海啸成因的认识历程：从古老的传说到现代海底板块运动

人类对海啸的认识与对其他灾害的认识具有相似的历程，经历了从“上天的惩罚”到科学认知自然破坏力的过程。随着科学技术特别是海洋观测技术水平的提高，伴随着海啸灾难的发生，人们对海啸成因机制的了解也在发展与完善。

由里斯本海啸引发的争议

在古代，与严重危害经济重心地区的水旱灾害相比，海啸由于发生频度和影响地域有限，在灾害史资料中并没有受到太大的重视。而且，由于海啸发生的原因不明朗，古人对这种自然现象怀有神秘主义意识。

汉元帝在“北海水溢，流杀人民”之后，看作上天的责罚，有“其咎安在”的自问，并且要求臣下直接批评自己的过失。元代发生海啸之后，有“祀海神”“祭海神”“命天师”“修醮禳之”以及“修佛事”“造浮屠”“以厌海溢”等举动。这种将神或上帝之能作为海啸之源的认识一直到里斯本地震和海啸发生时，才有所改观。

1755年11月1日9点30分，葡萄牙大西洋沿岸南端圣维森特角（Cape St. Vincent）西南偏西方向约200千米处海底骤然爆发持续10分钟的大地震，震中的震动形成明显的3次高峰，最大震级接近里氏9级。强烈的震波引发威力无比的海啸，以摧枯拉朽之势自震源海域向四周迅速扩散，形成的巨浪猛烈荡涤了葡萄牙沿海地区、西班牙和摩洛哥大西洋沿岸以及马德拉群岛、加那利群岛和亚速尔群岛。而后，海啸又席卷法国沿海、英国、爱尔兰、荷兰甚至波及比利时。与此同时，海啸跨越大西洋，于午后抵达安的列斯群岛，在安提瓜岛和马提尼克岛留下破坏记录，并使巴布达岛附近的海平面上升1米多高，大浪接踵而至。海啸向东传播受到海峡的阻碍，令直布罗陀海平面骤然上升了2米左右，进入地中海以后其势头方迅速减弱。

据记载，首次强震后30多分钟，海啸掀起的3波大潮便咆哮着汹涌而至，在多处扑过海岸，猛烈蹂躏着里斯本。其中，特茹河口贝伦塔附近地区被完全淹没；西城区阿尔坎塔拉至Junqueria一带遭大浪冲击毁坏严重；位于Rerreiro do Paco的码头和海关一带建筑物则荡然无存。当时葡萄牙王宫所在的宫殿广场（Terreiro do Paco，即今日的科梅西奥广场），正前方涌起的巨浪有6米多高。

里斯本以外沿海地区，海啸的破坏力大大超过了地震。里斯本以西30千米外的滨海城镇卡斯凯什（Cascais），击碎海滩上所有船只的巨浪远远退去时一并卷走海水，令大面积海底裸露出来。里斯本以南约30千米处的塞图巴尔，海浪将所有建筑物的一层统统淹没。葡萄牙南部的阿尔加维（Algarve）地区，疯狂的海啸冲毁了沿海一带的堡垒，将各式房屋夷为平地。一些地方甚至掀起超过30米高的滔天骇浪，排山倒海般扑上陆地。在拉古什（Lagos）海浪竟然跃上了高高的城墙。海啸重创了阿尔加维地区所有的沿海城镇和村庄，除了法鲁（Faro）一地因岸外沙洲坝保护得以幸免。

灾难过后，一场围绕地震起因而出现的认识论上的思想碰撞和由

此引发的激烈政治斗争，曾一度打断庞巴尔的震后重建计划。

引发这场碰撞的是一本名为《一种看法：这场大地震的真正起因》（*Juizo da verdadeira causa do toremoto*）的小册子，发表于1756年秋，出自加布里埃尔·马拉格里达（Gabriel Malagrida）之笔。马拉格里达是当时葡萄牙最有影响的耶稣会士，1689年生于意大利。1721年以耶稣会传教士身份前往巴西，在当地建起女修道院，并重振了处于没落之中的巴西教会。1749年来到葡萄牙，凭借颇盛的预言家名声和满腹殖民地知识进入王宫，成为国王约翰五世的忏悔神父（confessor）。当年返回巴西后，马拉格里达于1753年重返葡萄牙。葡萄牙赞同他说教的人很多，其中不乏王室朝臣中的庞巴尔反对者。这本小册子以“上帝忠实奴仆”的口吻暗示着上天的威胁，要求大家都应该到耶稣堂去面壁六天以示忏悔，求得上帝宽恕和明示，因而引发了社会上极大的思想混乱，严重干扰了庞巴尔领导的震后救灾和重建工作。

为粉碎谣传，平息人们的恐惧以确保救灾和重建工作顺利进行，庞巴尔命令里斯本大学的学者们从历史中查找把自然原因归于神谴天罚的地震例子。结果表明，自然科学中的流行观点尽管也把上帝看成地震之源，但并非认为这是上帝给予人类的处罚，而且也未曾有过这类处罚的事实。当时自然科学界已经有更多的进步科学家认为，地震如同雷击之类的自然灾害，带给人们的只是损失大小而说不上什么宗教含义。庞巴尔完全赞同这些观点，并希望里斯本的人们能够充分认识到，社会责任远在教会责任之上。庞巴尔的做法推动了整个欧洲知识界的理性思考，围绕里斯本地震和海啸灾难起因的探索，知识论上的大辩论在思想领域里普遍展开。

从世界历史全局看，此次大灾难发生本身以及给葡萄牙自身带来的变化，一方面影响到启蒙运动而使之深入，直接引起卢梭与伏尔泰之间就“上帝”同人类灾难关系与否、人类发展同自然环境协调与否等意义上的争论；也引起康德关注并在1756年专门撰写了3篇分析此次地震灾难原因的论文。整个欧洲都在为里斯本的灾难反思，宗教角度所作上帝惩罚的解释被普遍质疑，因为人们发现，尽管大地震首发后使用了最虔诚的正规仪式终日祈祷，连续不断的余震并没由此平息。另一方面推动了自然科学技术的进步，吸引不少科学家对地震起因展开近代科学意义上的思考与探索。其中被后世奉为现代“地震学之父”的英国天文学家、地质学和地震学家约翰·米切尔（John Michell，1724—1793），依据对此次地震亲历者描述的分析获得结论——即地震波传播速度可以通过对两点之间的震波传递时差计算求得，计算出里斯本地震波速约为 500 米 / 秒。米切尔还在研究报告中运用牛顿力学原理解释了地震发生情况，认为其是地表以下几千米处岩体移位引发波动的结果。米切尔的此项研究无疑在科学史上具有划时代的意义。

基于现代观测与研究的海啸成因认识

依托海啸沉积记录以及现代海啸预警系统的观测，科学家认为海啸可能是地球外动力、内动力，甚至天体作用于海洋引起的快速向外传播的水中的巨大海浪。目前的研究认为引发海啸的原因主要有以下几种。

陨石坠落引起海啸

根据沉积记录，在公元 1500 年，新西兰南部海域有陨石落下，使得澳大利亚东部沿海和新西兰斯图尔特岛发生海啸。科学家估计，地外物质所造成的海啸大约每 1000 万年才有一次，目前还没有观测到陨石坠落造成的海啸。

水下核爆炸引起海啸

核爆炸，无论在水中爆炸还是在水面爆炸都可以引起水中冲击波。核爆炸能量中的 50% 会转化为冲击波，水中能量巨大的冲击波引起海啸。1965 年夏天，核爆炸引起海中喷涌出像山一样的水柱，在距离爆炸中心 500 米的海域内直接引起海啸，巨浪高达 60 多米，离爆炸中心 1500 米外的海浪也在 15 米以上，正在附近海面上的不少舰船被巨浪掀翻。

海岸或海底滑坡和水下崩塌引起海啸

大规模的沿海滑坡和水下崩塌有可能引发海啸并造成大量的人员伤亡。1964 年 3 月 3 日，美国阿拉斯加州安克雷奇市南部沿海地带的悬崖滑入太平洋并引发海啸，巨浪高达 70 多米，令 100 多人葬身海底。1998 年，太平洋岛国巴布亚新几内亚北部海岸遭到海啸侵袭，造成约 3000 人死亡。狭窄的海浪中心和始料未及的发生地点，引起科学家的兴趣。因为发生海啸的位置离开了地震正冲击波的方向。后经海底钻探与勘测，证实地震先引起海底发生滑坡，大约出现 4 立方千米的水下沉积物移动，造成灾难性的海啸。

1929 年 11 月，加拿大东部纽芬兰岛附近海域发生里氏 7.2 级地震并引发巨浪，造成 27 人丧生。最初，人们在记录中把此次地质活动描述为典型的海啸，即地质运动造成海底板块上升或下沉，产生水墙冲击海岸。然而，一条重要线索浮出水面——岛上 13 条海底越洋电报电缆受海啸影响中断。科学家利用自动观测仪，对每次中断的时间进行了精确记录。通过对电缆每次中断时间和位置分析，重新认识了海啸的成因。科学家认为，海底沉积物受震动影响变得松散，然后以每小时 95 千米的速度沿海底倾泻，最终海啸波以 500 千米的时速涌入大西洋。

大约 7500 年前，一块相当于冰岛国土面积的不稳定海底滑行了 800 千米，来到挪威西北部海岸。这次海底地滑被认为是世界历史上最大规模的地质运动之一。这次海底地滑引发的海啸，产生了 10 ～ 20 米高的海浪，不仅侵袭了挪威海岸，而且还波及苏格兰东部沿岸。英国研究人员在20世纪80年代初找到海底地滑后沉积的岩屑和贝壳，认识到海底地滑是海啸产生的原因。

那么，海底地滑是如何产生的呢？按照专家的说法，有两种可能：第一种可能，海底有大量不稳定泥浆和沙土聚集在大陆架与深海交会处的斜坡上，产生滑移；第二种可能，海底蕴藏的气体喷发导致海底浅层沉积坍塌，出现水下崩移。

火山喷发引起海啸

海底大规模火山喷发和海底火山口塌陷扰动水体引发海啸。火山喷发耗尽内部的岩浆后导致崩塌，底部经过千百年的海水侵蚀后出现山崩，进而引发海啸，但发生的概率较低。1883年，印度尼西亚的喀拉喀托火山喷发，整座岛屿崩溃，引发了35米高的海啸，巨浪冲向邻近岛屿，导致36 000人丧生。

地震引发海啸

当大片的海底地层因为地震而产生移动时，也可能会发生海啸。上百万吨的海水灌入地震产生的裂缝，从而引发海面的一连串波浪，这种状态有点类似于向池塘或是湖中扔进一个石子而激起涟漪。大部分的海啸都产生于深海地震，深海发生地震时，海底发生激烈的上下方向的位移，某些部位出现猛然上升或者下沉，导致其上方海水剧烈地波动，原生的海啸就产生了。地震几分钟后，原生的海啸将分裂成为两个波：一个波向深海传播；另一个波向附近的海岸传播。向海岸传播的海啸，受到大陆架地形等的影响，与海底发生相互作用，速度减慢、波长变小、振幅变大（可达几十米），给岸边造成很大的破坏。目前观测的海啸主要是地震海啸。

地震海啸产生的条件

印度尼西亚苏门答腊岛近海是印度－澳洲板块和欧亚板块碰撞的地方，两大板块在 5000 千米长的弧形地带相互挤压，平均每年缩短 5～6 厘米。地震时，长期积累的弹性能量瞬间释放出来，其中一个板块急剧地逆冲到另一个板块之下，上千千米长、几百米宽、几千米深的海水瞬间被抬高了几米，然后以波动的方式向外传播。这就是印度洋海啸产生的过程。

1. 海啸产生的条件

要产生波长非常长的海啸波，必须有一个力源作用在海底，这个力源的尺度要和海啸波的波长相当，在它的整体作用下，才有可能产生海啸。因此，海啸的产生需要满足三个条件：深海、大地震和开阔并逐渐变浅的海岸条件，下面分别加以说明。

（1）深海：如果地震释放的能量要变为巨大水体的波动能量，那么地震必须发生在深海，因为只有在深海海底上面才有巨大的水体。发生在浅海的地震产生不了海啸。

（2）大地震：海啸的浪高是海啸最重要的特征。我们经常将在海岸上观测到的海啸浪高的对数作为衡量海啸大小的标准，称作海啸的等级（magnitude）。如果用 H（单位为米）代表海啸的浪高，则海啸的等级 m 为

$$m=\log_2 H$$

根据全球近百年的资料得到的各种不同震级的地震与其产生的海啸高度的经验关系见表 8-1。

表 8-1　地震震级、海啸等级和海啸浪高的关系

地震震级（里氏）	6	6.5	7	7.5	8	8.5	9
产生的海啸等级	−2	−1	0	1	2	4	5
可能影响的最大高度 / 米	<0.3	0.5～0.7	1.0～1.5	2～3	4～6	16～24	>24

资料来源：陈颙 等，2013。

目前记录到的海啸的最高浪高在 30 米以上，是 1960 年智利大地震引起的，它对应 5 级海啸，这是海啸的最高等级。1958 年 7 月，在美国阿拉斯加州发生 8.3 级地震，因地震引发的山崩，使约 4000 万立方米的土石瞬间落入立图亚湾，由于海湾的特定地形条件，产生的巨浪把船送上 137 米高的山顶，成为海啸史上的奇观。从表 8-1 中可以看出，只有 7 级以上的大地震才能产生海啸灾害。太平洋海啸预警中心发布海啸预报的必要条件是：海底地震的震源深度小于 60 千米，同时地震的震级大于 7.8 级。这从另一个角度说明了海啸灾害都是深海大地震造成的。值得指出的是，海洋中经常发生地震，但并不是所有的深海大地震都产生海啸，只有那些海底发生激烈的上下方向位移的地震才会产生海啸（图 8–6、图 8–7）。

图 8–6　日本仙台 2011 年春季海啸

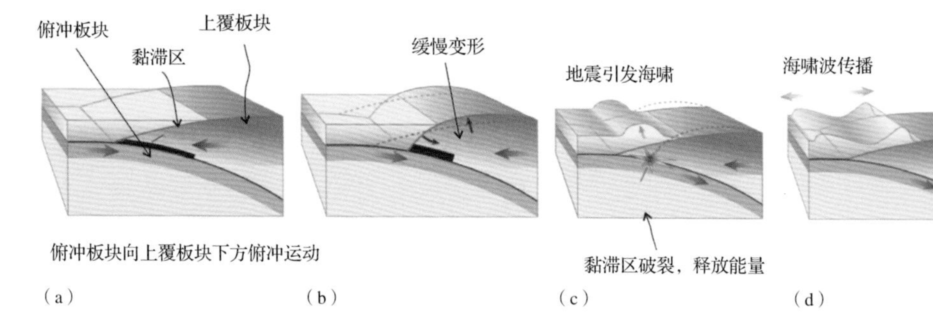

图 8–7　海啸的产生过程：（a）俯冲板块向上覆板块下方俯冲运动；（b）两个板块紧密接触，俯冲造成上覆板块缓慢变形，不断积蓄弹性能量；（c）能量积蓄到达极限，紧密接触的两个板块突然滑动，上覆板块“弹”起了巨大的水柱；（d）水柱向两侧传播，形成海啸，原生的海啸分裂成为两个波：一个波向深海传播；另一个波向附近的海岸传播。向海岸传播的海啸，受到大陆架地形等影响，与海底发生相互作用，速度减慢，波长变小，振幅变得很大（可达几十米），在岸边造成很大的破坏（引自陈颙 等，2013）

（3）开阔并逐渐变浅的海岸条件：尽管海啸是由海底的地震和火山喷发等引起的，但海啸的大小并不完全由地震和火山喷发的大小决定。海啸的大小是由多个因素决定的，例如：产生海啸的地震或火山喷发的大小、传播的距离、海岸线的形状和岸边的海底地形等。海啸要在陆地海岸造成灾害，该海岸必须开阔，具备逐渐变浅的条件（图 8–8）。

2. 决定地震海啸规模的条件

（1）地震规模与震源深度：地震规模愈大或震源愈浅，对海底地形的影响愈大，愈易产生海啸。

（2）震源机制：即地震造成的破裂面走向、错动量，决定海啸波源。

（3）海底地形：海底的起伏与深度会影响海啸传递的方式与速度。

（4）海岸地形：海岸狭窄或海底坡度平缓，会使能量容易聚焦集中，造成较大的灾害。

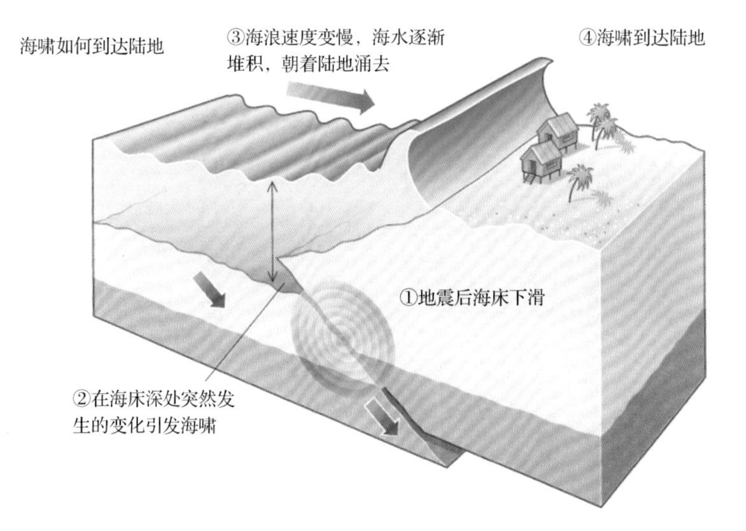

图 8–8　在深海，海啸的波长很长，速度很快。当海啸波传播到近岸浅水水域，波长变短，速度减慢。海啸波在大洋中传播时，波高不到 1 米，不会造成伤害，但进入浅海后，因海水深度急剧变浅，前面的海水波速减慢，后面的高速海水向前涌，就像无数汽车不断地发生追尾一样，结果波高急剧增加，最大波高可达几十米。这种几层甚至十几层楼高的“水墙”冲向海岸，扫平岸边的所有建筑、树木、道路、堤防和人畜等，留下光秃秃的地面，破坏力极大（引自斯皮尔伯格，2012）

地震海啸的产生是一个比较复杂的问题，具备了前面的三个条件，就具备了产生海啸的可能性。事实上，只有一部分地震（占海底地震总数的 1/5 ～ 1/4）能产生海啸，其原因还不十分清楚，多数人认为，只有那些伴随有海底强烈垂直运动的地震才能产生海啸。地震通常发生在海底以下 10 ～ 30 千米的深处，地震时，有些断层的运动可能没有错断海底，这种地震往往不会产生海啸。而从上述对于引发海啸的原因和地震海啸产生条件等方面的研究，得到地震与海啸不存在直接因果关系，引发海啸的地震，不论震级大小与震源深浅，也不论震源机制类型，只要能触发体积足够大的、突然的海底滑坡或海底、海岸崩塌，就可引发海啸。因此，引发地震海啸（特别是大的地震海啸）的直接原因，主要是海底地震所造成次生的巨大体积的海底滑坡和崩塌，而不是海底地震使海底地面的同震错断与变形。

3. 海啸灾害的评估

为了减轻海啸灾害，我们最关心的问题是：哪些地方会受到海啸灾害的袭击，灾害会有多大？海啸灾害多少年发生一次，频度如何？知道了这些，就可以有的放矢地进行灾害预防。这通常称作灾害的区域划分，也称作灾害的预测。

海岸地区海啸灾害的大小，主要受海底地貌和陆地地形的影响。如果海水水深由海洋向陆地减小得很快，而且海岸陆地平坦且海拔高度很低，那么即使是不大的海啸波，也容易形成较大的海啸灾害。因此，在沿海进行的建设应尽量避开这些地方。如果已进行建设了则要采取必要的预防措施。

4. 海啸早期预警系统（early warning system）

海啸是向外传播的，因此，知道了海洋中发生地震的地点或知道某处实际测得发生了海啸，就可以利用海啸传播需要时间的条件，及时发出海啸警报。例如，智利附近地震产生的海啸，传到夏威夷需要15个小时，传到日本则需要22个小时。

根据海啸从发源地向外传播的道理，1965年，26个国家和地区进行合作，在夏威夷建立了太平洋海啸警报中心（Pacific Tsunami Warning Centre, PTWC, http://ptwc.weather.gov），许多国家还建立了类似的国家海啸警报中心。一旦从地震台和国际地震中心得知海洋中发生地震的消息，PTWC就可以计算出海啸到达太平洋各地的时间，并发出警报（图8-9）。中国于1983年加入了太平洋海啸警报中心，对于来自太平洋方面的海啸，我们是有所防备的。

建立海啸早期预警系统的科学依据有两个：第一，地震波比海啸波跑得快。地震波大约每小时传播3万千米（6～8千米/秒），而海啸波每小时传播几百千米。如果智利发生地震并引起了海啸，地震波从智利传到上海用不了1个小时，其产生的海啸波传到上海则需要23个小时。这样，根据地震台上接收到的地震波，我们不但知道智利发生了大地震，而且知道了20几个小时后海啸会到达我国。第二，海

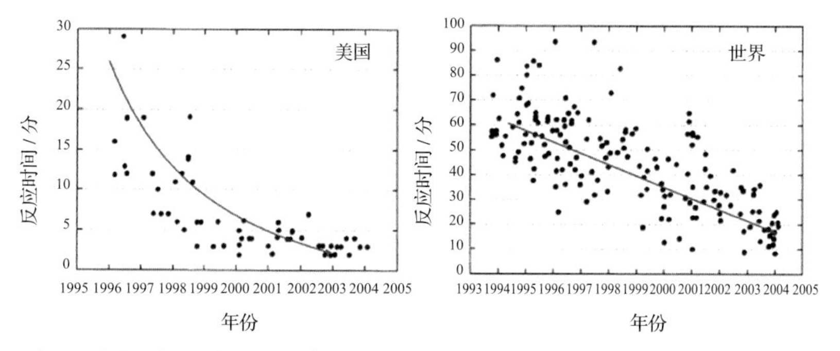

图 8–9 海啸预警反应时间变化（随着人们对海啸的认识水平的提高和重视，海啸预警反应时间还在变短，美国反应时间从原来的 25 分钟减少为 3 分钟，世界平均反应时间从原来的 60 分钟减少为 15 分钟）（引自陈颙 等，2013）

啸波在海洋中传播时，其波长很长，会引起海水水面大面积升高（台风也会造成海面出现大波浪，但面积远远不及海啸），如果在大洋中建立了一系列的观测海水水面的验潮站，就能够知道有没有发生海啸、其传播的方向如何等关键问题。

值得指出的是，海啸的产生是个复杂的问题，只有 1/5 ~ 1/4 的地震会造成海啸，虚报的情况经常发生。例如，1948 年，火奴鲁鲁（檀香山）收到了警报，采取了紧急行动，全部居民撤离了沿岸，结果根本没有海啸发生，为紧急行动付出了 3000 万美元的代价。1986 年当地又发生了一次假警报，损失同样巨大。1948—1996 年，太平洋海啸警报中心在夏威夷一共发布了 20 次海啸警报，其中只有 5 次是真警报，虚报的比例大约有 75%。近几年，随着历史资料的深入分析和数值模拟技术的发展，虚报比例有所下降。当前，有关海啸早期预警的工作主要集中在四个方面：海啸产生的机理；相关的数学模型；安装多个深海海底地震仪（OBS）组成的监测系统；预警信息的快速发布。

印度洋海啸后不久，2005 年 1 月 13 日，联合国秘书长安南在毛里求斯路易港举行的小岛屿国家会议上呼吁，建立一个全球灾害预警系统，以防范海啸、风暴潮和龙卷风等自然灾害。安南说，这场海啸的悲剧再次告诉人们，必须做好预防和预警。他说：“我们需要建立一

个全球预警系统，范围不仅包括海啸，还包括其他一切威胁，如风暴潮和龙卷风。在开展这项工作时，世界任何一个地区都不应该遭到忽视。”

安南还说，这场海啸造成的悲剧让人们深感震惊和无奈之余，“也让我们看到了一种大自然无法消灭的东西：人类的意志，具体而言，就是同心协力重建家园的决心。”联合国教科文组织（UNESCO）11日在此次小岛屿国家会议上宣布将与世界气象组织（WMO）合作，共同建立一个全球性海啸预警系统，因为仅仅在印度洋建立预警系统并不够，地中海、加勒比海与太平洋西南部都面临着海啸的威胁。只有预警系统是全球性的，才能真正有效（图 8-10）。

印度洋海啸造成的严重灾害，使人们对预警系统有了新的认识。

（1）建立全球的预警系统比建立各国和区域的预警系统更有效和更经济。

（2）由于海啸发生频率很小，建立各灾种的综合性预警系统更合理。

（3）预警系统应采用最先进的技术。

（4）预警系统不是万能的，本地海啸的预警比远洋海啸要困难得多。

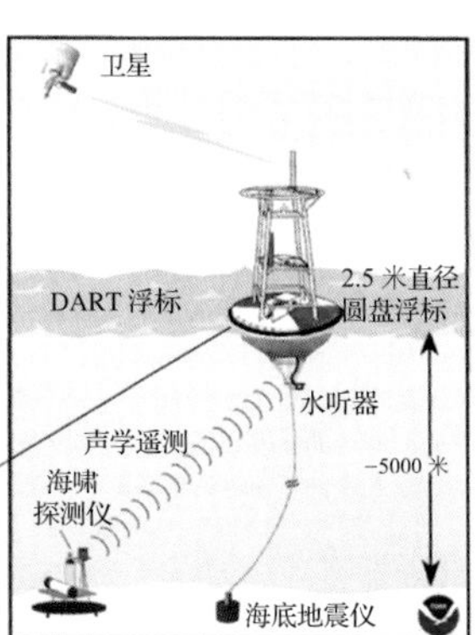

图 8-10　截至 2006 年年底，全球共有 25 个 DART（深海海啸评估和预报）浮标安置在海洋的关键区域，它将联合海底仪器和卫星系统来监测和预报海啸（NOAA）（引自陈颙 等，2013）

海啸大事记

太平洋有着世界上最大的地震带即环太平洋地震带，全球 80% 的地震发生于此，故而太平洋岛弧 – 海沟地带发生海啸的次数亦最多，占到全球有史可考的海啸记录的 85%（图 8–11）。而日本近海发生的海啸又占太平洋海域的一半以上，是世界上海啸最多的地区，且近 500 年来太平洋 7 次特大海啸中的 4 次都出现在日本。另外，太平洋还保持了多项海啸纪录。例如，1964 年 3 月 28 日发生在阿拉斯加瓦尔迪兹港的海啸，波幅高达 51.8 米，为史上之最；而 1960 年 5 月 22 日智利中南部沿海 9.5 级地震引发的海啸，穿越了整个太平洋，在日本有数百人死亡，是迄今最大规模的越洋海啸。据统计，近 1300 多年来，太平洋区域有 14 万～ 20 万人因海啸丧生，其中死亡千人以上的海啸有 16 次。

大西洋和印度洋水域的海啸次数虽远远少于太平洋，但重大海啸造成的灾难后果同样惊人（图 8–11）。在大西洋，1755 年 11 月 1 日，葡萄牙西南约 200 千米海底发生 8.9 级地震，其引发的海啸仅在里斯本就至少导致 6 万人死亡，是欧洲迄今遭遇的最大一次海啸。在印度洋，最大的海啸为 2004 年 12 月 26 日发生在苏门答腊岛外的 9 级地震引发的，东南亚、南亚许多滨海地区都受到强烈破坏，确认死亡总人口超过 29 万人，是造成空前人口损失的一次海啸。

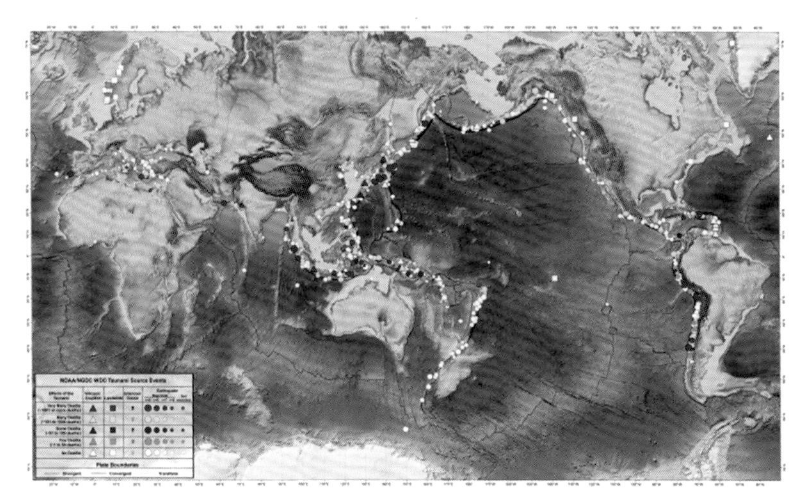

图 8-11 世界海啸发源地分布（图中包括自公元前 1410 年至公元 2011 年期间由地震、火山喷发、崩塌等原因引起的海啸：圆形为地震引起的，三角形为火山喷发引起的，正方形为崩塌引起的，问号为其他原因引起的）（资料来源：ITIC）

世界海啸大事记

根据国际海啸信息中心（International Tsunami Information Centre）的统计，大概有以下几次比较明显的海啸（见表 8-2）。

表 8-2 海啸统计表

时间	发源地	浪高	产生原因	预计伤亡
1687年10月22日	秘鲁			
1692年6月7日	牙买加			
1700年1月26日	卡斯凯迪亚			
1730年7月8日	智利			
1751年5月25日	智利			
1755年11月1日	里斯本	5～10米	地震	
1771年4月24日	琉球群岛			
1835年2月2日	智利			
1837年11月7日	智利			
1854年12月24日	日本			
1868年8月13日	智利			

续表 8–2

时间	发源地	浪高	产生原因	预计伤亡
1877年5月10日	智利			
1881年12月31日	孟加拉湾			
1883年8月27日	印度尼西亚喀拉喀托	40米	火山喷发	
1896年6月15日	日本三陆	24米	地震	
1906年1月31日	哥伦比亚–厄瓜多尔			
1906年8月17日	智利			
1918年9月7日	俄罗斯千岛群岛			
1922年11月11日	智利			
1923年2月3日	俄罗斯堪察加半岛			
1923年9月1日	日本关东			
1933年3月2日	日本三陆	大于20米	地震	
1944年12月7日	日本			
1946年4月1日	阿留申群岛	大于10米	地震	
1946年12月20日	日本南海道			
1952年3月4日	日本北海道			
1957年3月9日	阿留申群岛			
1960年5月22日	智利	大约10米	地震	
1964年3月28日	美国阿拉斯加	6米	地震	
1965年2月4日	阿留申群岛			
1968年5月16日	日本本州			
1992年9月2日	尼加拉瓜	10米	地震	
1992年12月2日	印度尼西亚	26米	地震	
1993年7月12日	日本	11米	地震	
1998年7月17日	巴布亚新几内亚	12米	海底大滑坡	
2004年12月26日	印度尼西亚	大于10米	地震	
2011年3月11日	日本	20米	地震	

资料来源：ITIC。

1755 年里斯本地震和海啸

1755 年的葡萄牙是个海洋大国，首都里斯本当时人口有 25 万人，是世界上最繁华的城市之一。11 月 1 日，许多正在教堂参加宗教仪式的居民注意到吊灯摇晃，强烈的地震以及随后而来的海啸袭击了里斯本。幸存者对里斯本地震的过程有以下描述：首先城市强烈震颤，高高的房顶“像麦浪在微风中波动”。接着是较强的晃动，许多大建筑物的门面瀑布似地落到街道上，留下荒芜的碎石成为被坠落瓦砾击死者的坟墓。接着，海水几次急冲进城，淹死毫无准备的百姓，淹没了城市的低洼部分。随后教堂和私人住宅起火，许多起分散的火灾逐渐汇成一个特大火灾，大火肆虐 3 天，大部分建筑物被摧毁，大量珍贵文物被大火烧毁（图 8–12）。

这次地震的影响范围很大，英国、北欧和北非都感觉到了强烈的震动。关于里斯本 1755 年地震震级，最新估计是在 8.4 ～ 8.7 级之间，由非洲板块和欧亚板块相互碰撞而引发。

里斯本大学的研究小组对这次地震和海啸进行了深入的研究，收集了有关的大量历史文件，从中找出与地震有关的文件 720 件，与海啸有关的 82 件。通过分析海啸的记录，他们发现：里斯本不是第一个被海啸袭击的城市。地震发生在海里，地震产生的海啸从地震震中出发，首先袭击离它近的地方，然后向外袭击较远的地方。但是，海啸在各地的高度，却不是越近的地方越高，主要取决于被袭击海岸城市附近的海底地形。

里斯本这个富足都市、基督教艺术和文明之地的破坏，触动了世界的信念和乐观的心态。许多有影响的作家提出了这种灾害在自然界的位置问题。著名法国哲学家伏尔泰亲身经历了这次海啸灾难。他在小说《公正》中写下了他观察里斯本地震后的感慨评论：“如果世界上这个最好的城市尚且如此，那么其他的城市又会变成什么样子呢？”伏尔泰的感慨涉及哲学中人与自然的关系问题，是人定胜天，是听其

图 8-12　1755 年 11 月 1 日，里斯本近海大地震产生的海啸袭击了北塔古斯河岸（引自陈颙 等，2013）

自然，还是敬畏自然、和谐共存呢？

1960 年智利大地震及其引发的夏威夷海啸

智利是个多地震的国家。在最早描述智利地震和海啸的人中，有一位是写《物种起源》的达尔文（Charles Darwin）。人们都知道他在自然演化方面的贡献，却很少有人知道他在地震和海啸方面的工作。1835 年达尔文乘“贝格尔”（Beagle）号军舰环球旅行时，正好途经智利，目睹了那年智利大地震产生的海啸（图 8-13）。

125 年后的 1960 年在智利近海又一次发生了大地震，它是人类有仪器之后记录到的地球上发生的最大地震，震级 9.5，也是迄今为止所有地震震级中的最高值。这次智利近海地震产生了巨大的海啸。

这次海啸抵达夏威夷时，第一次海啸波并不大，居住在海边的居民纷纷都跑到高处，几乎没有人员的伤亡。看到海水退了，许多人回到原来的家中，出乎意料的是，约 30 分钟后，更大的海啸波来袭，61 人不幸遇难（图 8-14）。在日本，居民也跑到高处躲避海啸波，并

图 8–13　1835 年，达尔文乘“贝格尔”号军舰环球旅行时，来到了智利的麦哲伦海峡（a）；远处是 Sarmiento 山前的由深变浅的海岸（b）。在那里，他经历了一次巨大的海啸。达尔文在他的探险日记中记载了 1835 年这次智利大地震产生的海啸：紧接地震后的巨浪和海啸，以迅雷不及掩耳之势席卷了港口。三四千米外的海上可以看到一层层涌动的巨大如山的波浪，以一种缓和的速度慢慢逼近港口，到近处时则变得非常有力、快速，一下子就扫平了岸上的房屋和树木。巨浪的力量如此惊人，就连 4 吨重的大炮也被移走了四五米。达尔文感慨：人类无数时间和劳动所创造的成果，只在一分钟内就被毁灭了（引自 Darwin，1913）

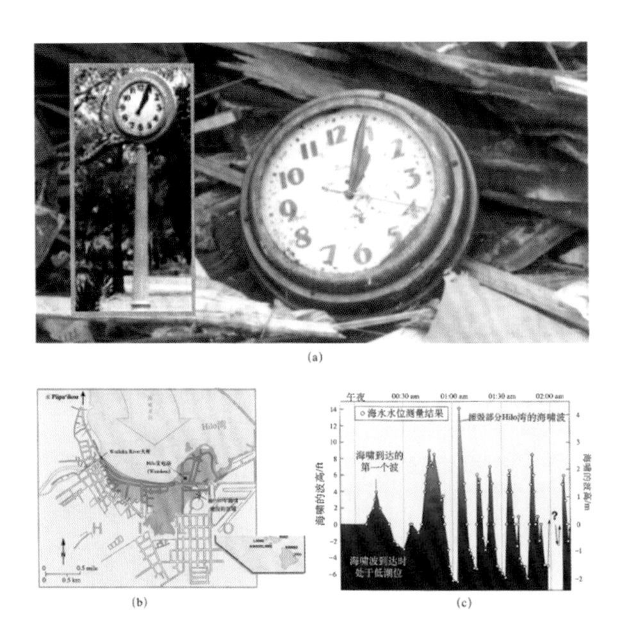

图 8–14　1960 年智利近海 9.5 级地震产生的巨大的海啸袭击了夏威夷。（a）岸边马路上原来竖立了一只巨大的时钟，海啸袭击摧毁了时钟的支架，时钟倒落在地上，时钟的指针永远记下了海啸袭击的时刻：1960 年 5 月 23 日凌晨 1 时 4 分。现在人们把这只倒落的时钟制成了一个纪念碑，纪念 1960 年发生在夏威夷的海啸事件；（b）夏威夷的一个名叫 Hilo 的城市的沿海低洼地区受到海啸波袭击，造成 61 人死亡，282 人受伤；（c）海啸第一次袭击夏威夷的时间发生在 5 月 23 日凌晨，随后的几次海啸波以 30 分钟左右的间隔，接连几次不断袭击，而且威力一次比一次大。第三次的海啸波最大，它在凌晨 1 时 4 分登陆，摧毁了岸边的建筑和设施。夏威夷的验潮站记录了海啸袭击夏威夷的全过程（引自陈颙 等，2013）

保持着高度的警惕。第一次海啸波后，在没有得到通知前，没有一个人回家，他们在高处足足等了 4 个小时。日本民众海啸知识的普及，大大减少了人员伤亡。如果大家知道海啸波不止一个，提高警惕，夏威夷的悲剧就不会发生，这说明了普及海啸科学知识的重要性。

2004 年印度尼西亚地震海啸灾害

2004 年印度尼西亚苏门答腊岛附近海域深海地震发生在印度 – 澳大利亚板块和欧亚板块的俯冲带上，两个板块几乎互相垂直于俯冲带运动，每年俯冲的水平速度分量为 52 ~ 60 毫米。这个俯冲带宽 100 ~ 400 千米，是众所周知的地震活动区，历史上发生过许多地震活动（图 8–15）。

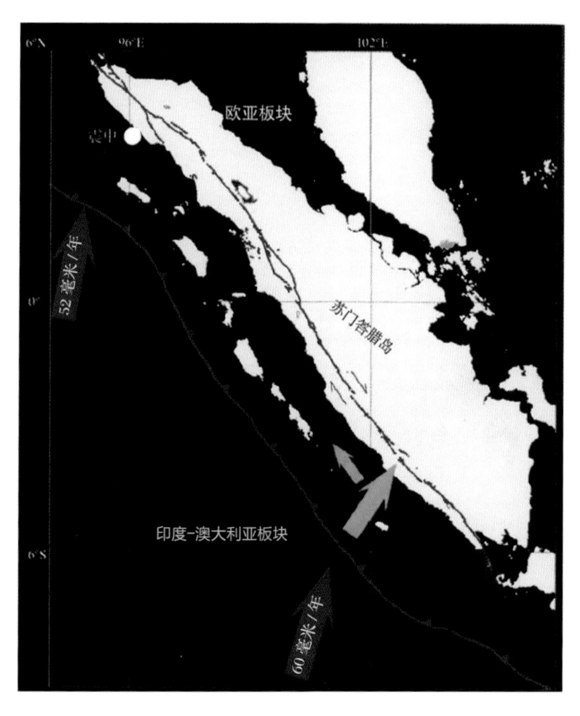

图 8–15　印度尼西亚苏门答腊岛附近海域深海大地震发生在印度–澳大利亚板块和欧亚板块的俯冲带上（红线所示，箭头表示俯冲带向苏门答腊岛倾斜，白圈代表这次地震的震中），两个板块几乎互相垂直于俯冲带运动，每年俯冲的水平速度分量为 52 ~ 60 毫米，地貌学证据表明：俯冲的距离约为 20 千米，说明俯冲作用已进行了 200 万年（引自陈颙等，2013）

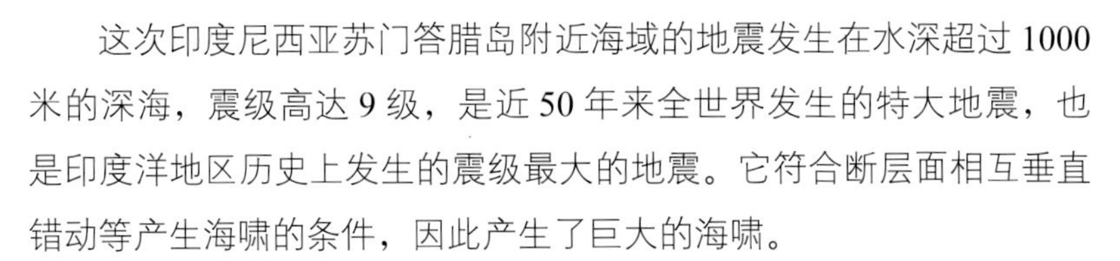

这次印度尼西亚苏门答腊岛附近海域的地震发生在水深超过 1000 米的深海，震级高达 9 级，是近 50 年来全世界发生的特大地震，也是印度洋地区历史上发生的震级最大的地震。它符合断层面相互垂直错动等产生海啸的条件，因此产生了巨大的海啸。

这次地震的震中为无人居住的海洋，地震本身造成的伤亡不大，但地震产生的海啸袭击了几百千米、几千千米外不设防的人口密集的海岸带，故灾害严重。这次印度洋地震引发的海啸波及印度尼西亚、斯里兰卡、泰国、印度、马来西亚、孟加拉国、缅甸、马尔代夫等，遇难者总数 2 周内已超过 25 万人。

对于印度尼西亚来说，这次海啸属于近海海啸，或称本地海啸。班达亚齐是印度尼西亚亚齐特区的首府，是一个海滨城市，距 12 月 26 日大地震震中约 250 千米，其海啸灾害十分严重（图 8-16）。地震发生后约半小时，其引发的海啸首先袭击了苏门答腊岛北部亚齐特区的班达亚齐、美伦和司马威等海滨城市，在海边的人们纷纷被冲上岸来的巨浪卷入大海。数百人在海啸中丧生，其中包括很多儿童。当地的一名美联社记者看见巨浪扫荡过后，连树梢上都挂有尸体，迷人的海滩在灾难过后已经成为“露天停尸间”，到处都可以看见尸体，其状惨不忍睹。

除了印度尼西亚，这次地震海啸还袭击了印度洋的许多沿海国家和地区，造成了巨大的灾难。联合国负责人道救援工作的副秘书长埃格兰 12 月 27 日在纽约联合国总部说，这是联合国救灾史上第一次面对这么多国家受灾，救灾难度史无前例。印度尼西亚地震海啸灾难如此严重，是因为这次地震、海啸是印度洋地区百年不遇的特大天灾。而且，由于印度洋深海大地震不多，历史海啸灾害记载也不多，所以，人们对于海啸灾害的预防不足，也没有建立必要的海啸预警系统，这可能是这次海啸灾害之所以损失巨大的另一个原因。

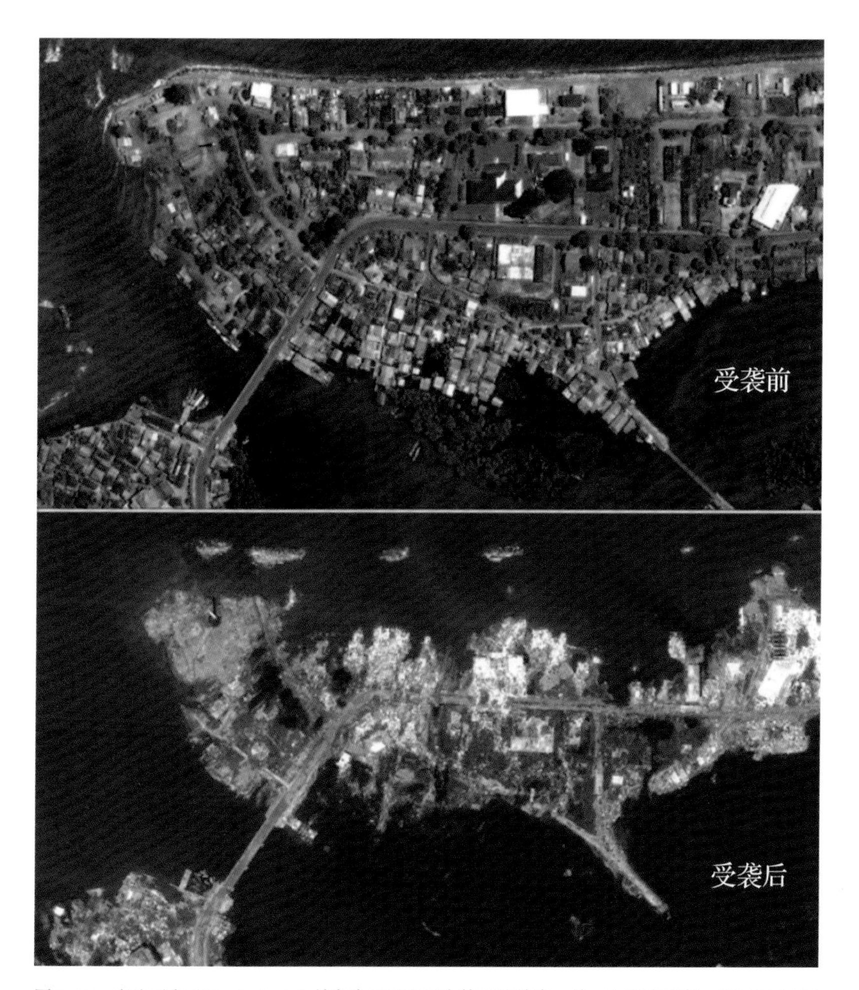

图 8-16　班达亚齐（Banda Aceh）是印度尼西亚亚齐特区的首府，是一个海滨城市，距 2004 年 12 月 26 日印度尼西亚大地震震中约 250 千米，当日地震引发的海啸对于这个地方而言，属于本地海啸。10 米高的海浪席卷了灾区村庄和海滨度假区，其海啸灾害十分严重。美国 Digital Globe 网站发布了一系列卫星遥感照片，图为“快鸟”卫星拍摄的班达亚齐地震海啸前后对比遥感图像。这一组遥感图像清楚地表明了印度尼西亚遭受 2004 年 12 月 26 日特大地震和海啸灾害最严重的地区之一——班达亚齐的破坏情况，从中可见这次地震破坏之大（海岸已经缩小，部分海岸消失，海边建筑完全被地震和水灾摧毁，露出了泥土和岩石）（引自 Digital Globe）

2011 年 3 月 11 日日本地震海啸

2011 年 3 月 11 日，日本宫城县首府仙台市以东太平洋海域发生 9 级大型逆冲地震，并引发日本本州东海岸的近海海啸，波高最高 40 米。此次地震是日本有观测记录以来规模最大的地震，引起的海啸也最为严重（图 8–17）。

2011 年日本地震海啸有一个特点，即海啸产生的近海海啸十分惊人，而产生的远洋海啸却极为微弱（图 8–18）。在日本本州的东海岸，本地海啸产生的浪高惊人，许多地方都超过了 16 米（图 8–19）。与此形成鲜明对照的是，这次地震产生的远洋海啸浪高很小：在夏威夷不到 0.5 米，在智利只有 0.3 米。而 1960 年的智利地震引起的远洋海啸要大多了，例如它在千里之外引起夏威夷的海啸波高可达 21 米之高，对日本的东海岸也造成了极其严重的破坏。

图 8–17　2011 年东日本大地震，产生的近海海啸的浪高分布。第一波海啸浪高用黄线 – 红线表示，后续海啸浪高用绿线 – 蓝线表示（引自陈颙 等，2013）

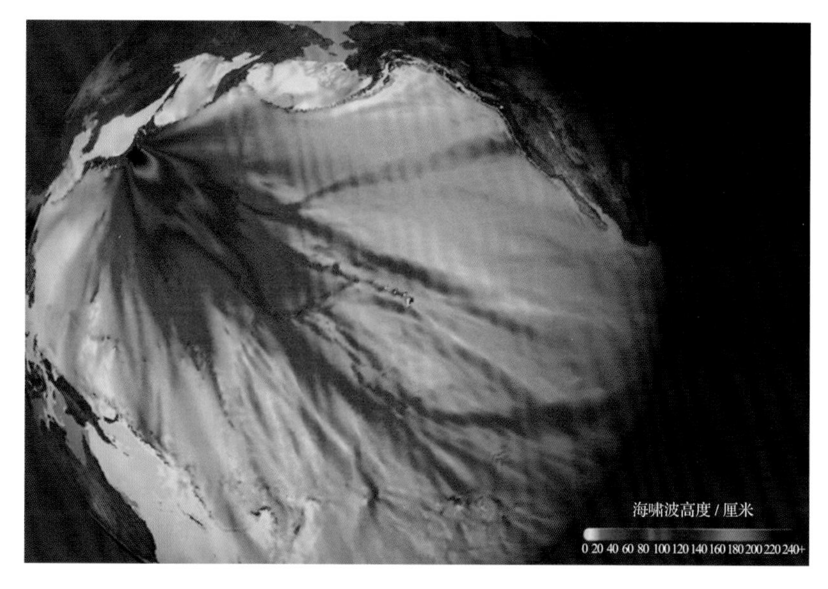

图 8-18　2011 年东日本地震引起的海啸波高在全世界的分布（引自 NOAA）

2011 年日本的海啸是由海底大地震引起的，但海啸造成的灾害却超过了地震的灾害。许多自然灾害发生之后，常常会诱发出一连串的次生灾害，这种现象被称为灾害的连发性或灾害链。在特定的环境下，次生灾害会与原生灾害相当，有时甚至会超过原生灾害。2008 年汶川地震引起的山崩、2011 年东日本地震引起的海啸，都是这种灾害链的典型例子。

图 8-19　卫星图像合成了日本地震海啸前后的对比图。上方为 3 月 11 日地震海啸之前的情形；下方为地震海啸后的景象（引自新浪网）

中国的海啸

中国处于太平洋的西部，海岸线漫长。中国受海啸的影响大不大？中国的海啸灾害严重不严重？在回答这些问题之前，让我们先来看看中国的近海产生海啸的可能性。中国的近海，渤海平均深度约为20米，黄海平均深度约为40米，东海平均深度约为340米，它们的深度都不大，只有南海平均深度为1200米。因此，中国大部分海域地震产生本地海啸的可能性比较小，只有在南海和东海的个别地方发生特大地震才有可能引发海啸。

再来看看太平洋地震产生的远洋海啸对中国海岸的影响。亚洲东部有一系列的岛弧，从北往南有堪察加半岛、千岛群岛、日本群岛、琉球群岛和菲律宾群岛等。这一系列的天然岛弧屏蔽了中国的大部分海岸线。另外，中国的海域大部是浅水大陆架地带，向外延伸远，海底地形平缓而开阔，不像印度尼西亚地震海啸影响的许多地区那样，海底逐渐由深变浅，中间没有一个平缓的缓冲带。因此，中国受太平洋方向来的海啸袭击的可能性不大。1960年，智利发生9.5级大地震，引发地震海啸，给菲律宾、日本等国造成巨大的灾害，但传到中国的东海，在上海附近的吴淞验潮站，浪高只有15～20厘米。2004年印度尼西亚地震海啸，海南岛的三亚验潮站记录的海啸浪高只有8厘米。

中国历史上曾有过海啸的灾害记录，最严重的一次发生在1781年的高雄，据史书——徐泓所编的《清代台湾天然灾害史料汇编》记载：“乾隆四十六年四五月间，时甚晴霁，忽海水暴吼如雷，巨涌排空，水涨数十丈，近村人居被淹……不数刻，水暴退……”中国还有1867年台湾基隆北部海域发生7级地震引起了海啸的记载。但历史记录中虽有多次“海水溢”的现象，但经常把海啸与风暴潮混在一起，历史记录的大部分“海水溢”现象，是风暴潮引起的近海海面变化，而不是海啸。值得指出的是，1604年福建泉州海域发生的7.5级地震，

1918年广东南澳近海发生的7.3级地震，都是发生在海洋中的大地震，但都没有引发海啸。这再次说明，全世界发生在海洋中的地震，只有一小部分会引发海啸。

我国台湾位于环太平洋地震带，地震多发生在台湾东部海域，但台湾东部海底急速陡降，不利于从东部传来的海啸波浪积累能量形成巨浪，因此即使远洋大海啸也难以成灾，比如1960年智利9.5级大地震引发的海啸虽跨越太平洋给夏威夷及日本造成重大灾难，但我国台湾并没有受到影响。台湾北部和西部如果在海底浅处发生近源大地震则可能造成海啸灾害，如1867年在基隆北部海域发生7级地震引起海啸，有数百人死亡或受伤。资料记载：此次海啸影响到了长江口的水位，江面先下降135厘米，然后上升了165厘米，因此这次为海啸当无疑问。此外，还有许多疑似海啸记载，最严重的一次发生在1781年的高雄。据记载，这次台湾海峡地震海啸，淹没了120千米长的海岸线，共死亡50 000余人。但中国史料并未记载这次海啸是否伴随地震发生，此外福建、广东两省也未见对这件大事的记载，因此这有待史学家进一步查证。总之，由于海底地形的特点，台湾受远洋海啸影响不大，而近距离海底地震造成的海啸是台湾面临的主要威胁。

虽然中国的海岸受海啸的影响不大，但中国东部海岸地区地势较低，许多地区，特别是许多经济发达的沿海大城市只高出海平面几米，受海浪的浪高影响极大。从成灾的角度来看，小海啸、大灾难的情况完全是有可能的，绝不可以掉以轻心，我们一定要有忧患意识，做好灾害预防工作。

Chapter 9

第九章

全球变暖与大洋酸化——古新世–始新世极热事件的启示

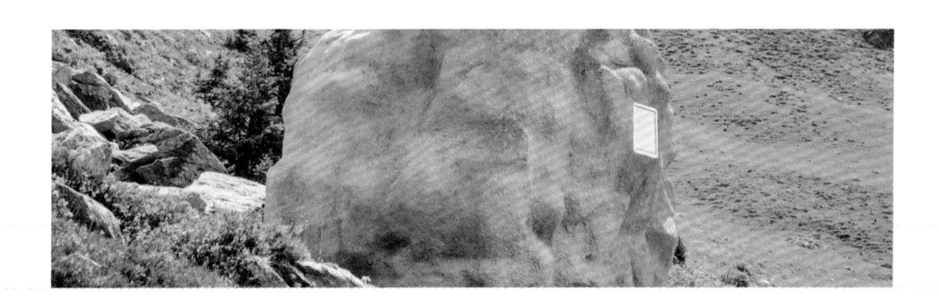

当代全球变化研究之滥觞

1958 年 3 月 1 日是一个值得被历史永远记住的日子，正是在那一天，美国斯克里普斯海洋研究所（Scripps Institution of Oceanography）年轻的地球化学家查理斯·大卫·基林（Charles David Keeling）开始了他在夏威夷岛冒纳罗亚气象站（Mouna Loa Observatory）测量大气二氧化碳浓度的工作（图 9-1）。他这项举世瞩目的工作，开启了科学界对工业革命以来全球变暖趋势的研究。事实上，早在基林还在美国加州理工大学做博士后的时候，他就产生了测量大气二氧化碳浓度变化的想法。但是，由于缺乏足够的经费支持，他的想法一直没有能够实现。1957 年夏天，为了缓和长期以来由美苏“冷战”造成的东西方之间科学交流的中断，来自东西方不同阵营的 67 个国家和地区发起了“国际地球物理年”的项目。而当时的斯克里普斯海洋研究所所长罗杰·瑞维尔（Roger Revelle）正是“国际地球物理年”项目的发起人之一。在瑞维尔的帮助下，基林获得了“国际地球物理年”项目的资助，正式开始了他在夏威夷岛冒纳罗亚气象站的测试工作。除了夏威夷岛以外，基林博士还同时在南极进行二氧化碳浓度变化观测。夏威夷岛和南极都是人烟稀少的地区，在那里进行的二氧化碳浓度测试结果几乎不会受到周边居民活动的影响。在基

图 9-1 查理斯 · 大卫 · 基林 1997 年在夏威夷岛冒纳罗亚气象站（图片来自网络）

林之前，人们普遍认为大气中二氧化碳浓度几乎是稳定不变的，而基林的工作正是要检验这个长久以来统治科学界的想法是否正确。

在进行了连续两年的观测之后，基林和他的合作者们发现，全球大气中二氧化碳浓度正在逐年上升，并且上升的速率与化石燃料的燃烧量息息相关。于 1960 年发表在《*Tellus*》杂志上的一篇论文中，基林写道："……在南极观测到的（二氧化碳浓度）上升速率几乎与通过化石燃料燃烧量计算出的完全一致。"正是这一篇论文，使得基林成为了举世闻名的科学家。令人遗憾的是，由于研究经费的紧缩，基林在南极的测试工作在 20 世纪 60 年代中期被迫终止。经过基林的多方筹措及斯克里普斯海洋研究所同事的共同努力，在夏威夷岛冒纳罗亚气象站的测试工作坚持了下来，并且一直持续到今天。为了纪念基林所做出的开创性的工作，冒纳罗亚气象站所测试出来的全球二氧化碳浓度的曲线后来被命名为"基林曲线"。在 1958 年初基林开始他的观测的时候，全球大气二氧化碳的平均浓度为 310 ppmv（相当于 1 立方米空气中含有 310 毫升的二氧化碳，下同），而 2014 年 4 月测到的数据全球大气二氧化碳的平均浓度已经达到了 401 ppmv（图 9-2）。由于二氧化碳是重要的温室气体，它可以通过吸收红外辐射的方式将太阳辐射的很大一部分能量留在大气层中，从而造成大气温度的上升。"基林曲线"所显示出的全球大气二氧化碳浓度的逐年上升，意味着全球大气平均温度正在逐渐升高，也就是我们经常说的"全球变暖"。

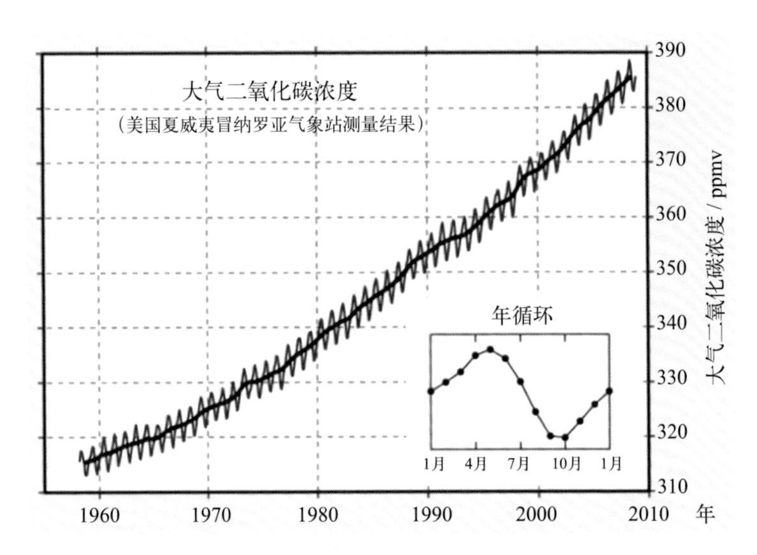

图 9–2　1958 年以来全球大气二氧化碳浓度的变化——“基林曲线”

然而，在基林和他的同事们开始他们具有先驱意义工作的时代，“全球变暖”的学说却远远不像今天这样被认同。1958 年的世界正笼罩在美苏“冷战”的阴云之下，一场全球性的核大战似乎一触即发。在这样的时代背景下，当时的气候学界正流行着“核冬天”的假说。“核冬天”的理论认为，如果大量的核武器同时爆炸，特别是对城市这样的易燃目标使用核武器，将会造成大量的烟雾进入地球大气层；这些遮天蔽日的烟雾可以显著地减少到达地面的阳光总量，在全球大气环流的作用下，这些烟雾颗粒可以在北半球形成一个环绕北纬 30° 到 60° 地区的黑云带。而这种遮挡掉大部分阳光的黑云，可以在大气中停留数周乃至数年，导致地表温度迅速下降；无法接受阳光的直射、致命的霜冻，再加上放射性尘埃的高剂量辐射，会导致被遮盖地区植物的大量死亡，进而造成全球生态系统的崩溃。所幸的是，可怕的核大战并没有发生。然而，在那个笼罩在“核冬天”阴霾的时代里，除了极少数有识之士之外，“全球变暖”的学说根本无法引起大众的兴趣。

全球变暖与大洋酸化

“全球变暖”的学说真正受到广泛关注已经是20世纪90年代了。随着“冷战”的结束和生活条件的逐渐提高，人们开始日益关注生活和居住的环境。有研究发现，由于石油、煤、天然气等化石燃料大量燃烧造成的温室效应，20世纪以来全球平均近地表大气温度上升了0.74℃。所谓温室效应是指地球大气层中的特定气体，如二氧化碳、甲烷、水蒸气等，通过捕捉近地表辐射的长波部分从而使地面附近空气升温的效应（图9-3）。直接来自太阳的光波辐射主要是短波辐射，这些辐射能量可以顺利地通过大气层照射到地面上而被地面吸收。地面被照射之后温度上升，会以波长较长的红外辐射的形式向外散发能量，大气中的某些气体，如二氧化碳、甲烷、水蒸气等，对于长波辐射的吸收能力非常强，从而使得这一部分热量被截留在大气中而不被反射回宇宙。因此，二氧化碳、甲烷、水蒸气等这些对长波辐射具有强吸收能力的气体就被称为温室气体。大气中温室气体的增加，会使地球整体所保留的热能增加，从而导致全球变暖。

全球性的温度上升会带来很多灾难性的后果，包括海平面快速上升、极端气候频发、物种灭绝以及大洋酸化。由于全球各地区温度的上升并不是均一的，极地大气温度的上升速率比全球其他地区要高

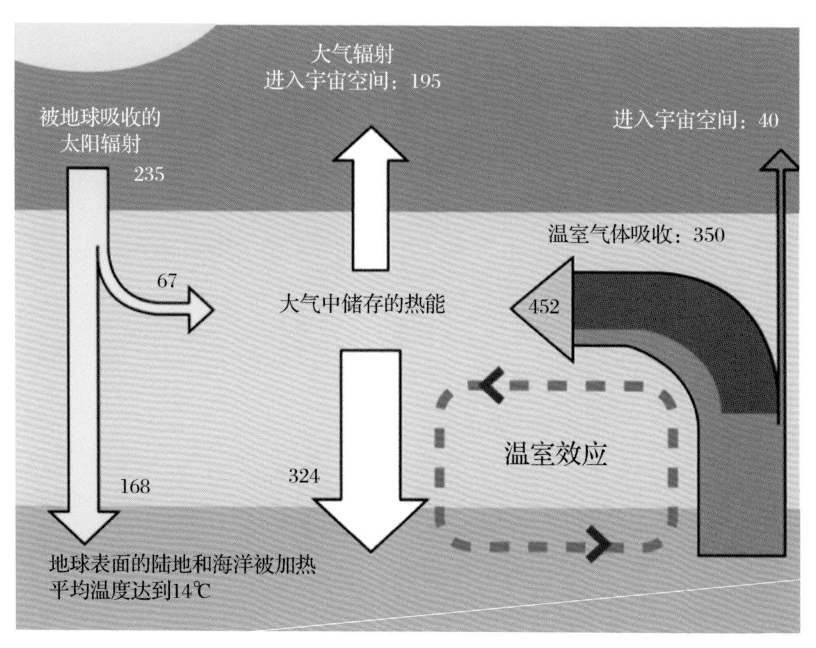

图 9–3　温室效应示意图（单位：瓦 / 米 ^{2}）

许多，使得大量的海冰融化，造成全球海平面的上升。有资料显示，1870—2004 年期间，全球平均海平面上升了 195 毫米。根据美国国家科学研究委员会预测，到 2100 年，全球海平面可能会再上升 56 厘米到 2 米（图 9–4）。海平面的上升对于一些海拔较低的沿海城市和海岛国家具有致命的影响。位于南太平洋的岛国图瓦卢由于受到海平面上升的影响已经宣布从 2001 年起逐步将居民撤出该岛。如果全球海平面到 2100 年真的像各种气候模型所预测的一样上升 1 米以上，那么包括上海、洛杉矶、东京等在内的众多特大型沿海城市都将受到严重的影响。

全球变暖的另一个重要结果是促使极端气候事件——如洪水、旱灾、热浪、飓风和龙卷风等，发生更频繁，规模和影响范围也更大。这些灾害性事件对于社会经济和人类生活具有重大的影响，可能造成农作物大量减产、传染性疾病肆虐等。根据联合国政府间气候变化专

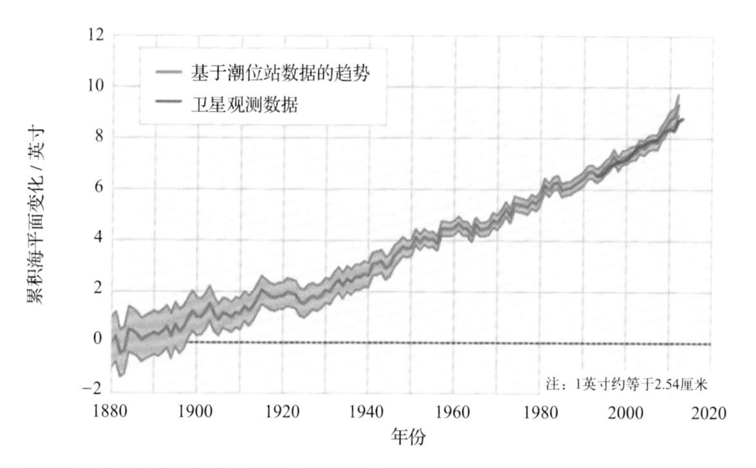

图 9–4　全球平均绝对海平面在 1880 年至 2013 年之间的变化（引自 http://www.epa.gov/climatechange/images/indicator_downloads/sea–level–download1–2014.png）

门委员会（Intergovernmental Panel on Climate Change，IPCC）的预测，每年因极端气候造成的经济损失高达几百亿美元到上千亿美元，仅 2005 年的“卡特里娜”飓风就造成美国约 1080 亿美元的经济损失。物种加速灭绝也是全球变暖的重要影响之一。2007 年公布的 IPCC 第四次评估报告中这样描述全球变暖对物种灭绝的影响：“20% ~ 30% 的物种在全球温度上升 1.5 ~ 2.5 ℃（相对于 1980—1999 年平均水平）的时候灭绝的可能性会增加，而当全球温度上升达到 3.5 ℃ 时，40% ~ 70% 的物种面临灭绝。”

从严格意义上来讲，大洋酸化现象并不是全球变暖造成的，它更像是全球变暖的“孪生兄弟”。与全球变暖现象一样，大洋酸化作用也是由石油、煤、天然气等化石燃料的大量燃烧造成的。不同之处在于，全球变暖主要由进入大气的温室气体增加造成，而大洋酸化则与进入海洋的二氧化碳含量增加有关。随着化石燃料的燃烧，大量的二氧化碳进入了大气圈，通过海气相互作用，进入大气的 30% ~ 40% 二氧化碳进入了海洋表层，部分二氧化碳会与海水中的水分子发生作用形成碳酸，以达到化学平衡。碳酸是一种不稳定的弱酸，它会与水

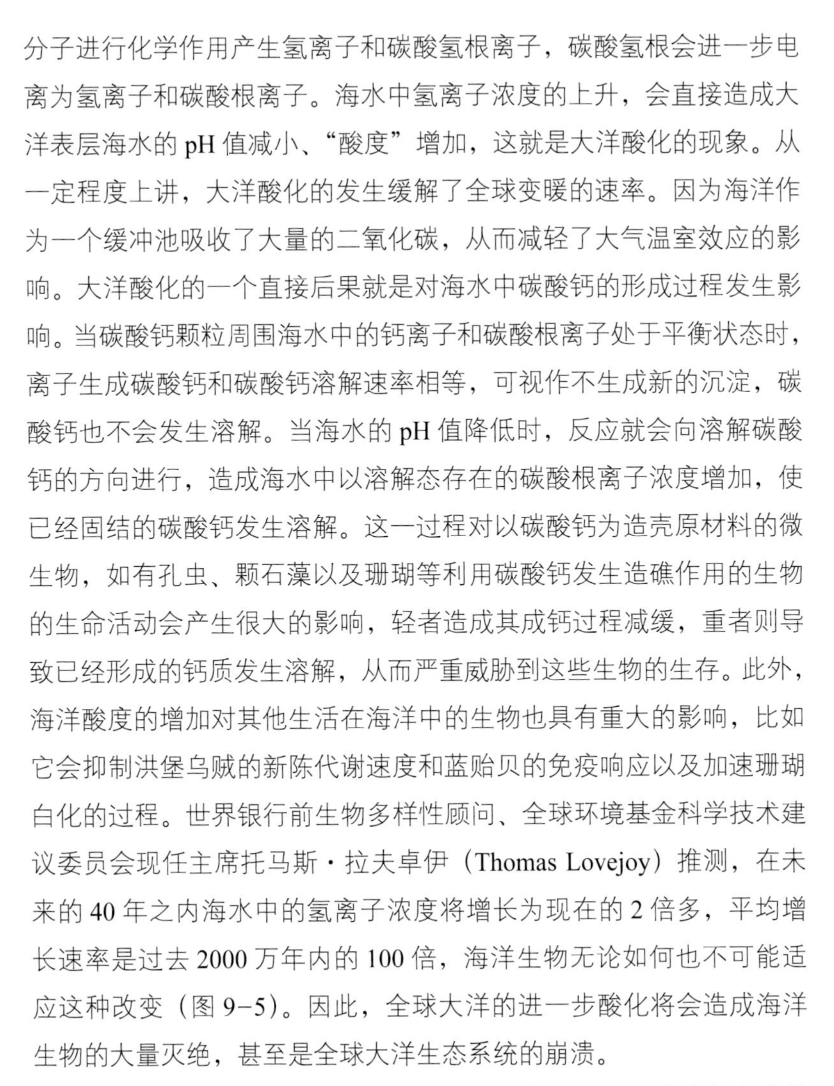

分子进行化学作用产生氢离子和碳酸氢根离子，碳酸氢根会进一步电离为氢离子和碳酸根离子。海水中氢离子浓度的上升，会直接造成大洋表层海水的 pH 值减小、“酸度”增加，这就是大洋酸化的现象。从一定程度上讲，大洋酸化的发生缓解了全球变暖的速率。因为海洋作为一个缓冲池吸收了大量的二氧化碳，从而减轻了大气温室效应的影响。大洋酸化的一个直接后果就是对海水中碳酸钙的形成过程发生影响。当碳酸钙颗粒周围海水中的钙离子和碳酸根离子处于平衡状态时，离子生成碳酸钙和碳酸钙溶解速率相等，可视作不生成新的沉淀，碳酸钙也不会发生溶解。当海水的 pH 值降低时，反应就会向溶解碳酸钙的方向进行，造成海水中以溶解态存在的碳酸根离子浓度增加，使已经固结的碳酸钙发生溶解。这一过程对以碳酸钙为造壳原材料的微生物，如有孔虫、颗石藻以及珊瑚等利用碳酸钙发生造礁作用的生物的生命活动会产生很大的影响，轻者造成其成钙过程减缓，重者则导致已经形成的钙质发生溶解，从而严重威胁到这些生物的生存。此外，海洋酸度的增加对其他生活在海洋中的生物也具有重大的影响，比如它会抑制洪堡乌贼的新陈代谢速度和蓝贻贝的免疫响应以及加速珊瑚白化的过程。世界银行前生物多样性顾问、全球环境基金科学技术建议委员会现任主席托马斯·拉夫卓伊（Thomas Lovejoy）推测，在未来的 40 年之内海水中的氢离子浓度将增长为现在的 2 倍多，平均增长速率是过去 2000 万年内的 100 倍，海洋生物无论如何也不可能适应这种改变（图 9–5）。因此，全球大洋的进一步酸化将会造成海洋生物的大量灭绝，甚至是全球大洋生态系统的崩溃。

正是由于全球变暖和大洋酸化对全球气候生态环境造成的灾难性变迁，使得各国人民普遍认识到工业革命以来大规模温室气体排放的危害，从而引发了全球性的环境保护运动。为了应对由人类活动所造成的气候变化，1988 年由世界气象组织和联合国环境规划署合作成立了联合国政府间气候变化专门委员会（IPCC）。在 IPCC 和联合国其他有关机构的努力下，世界各国于 1997 年在日本京都召开的联合国

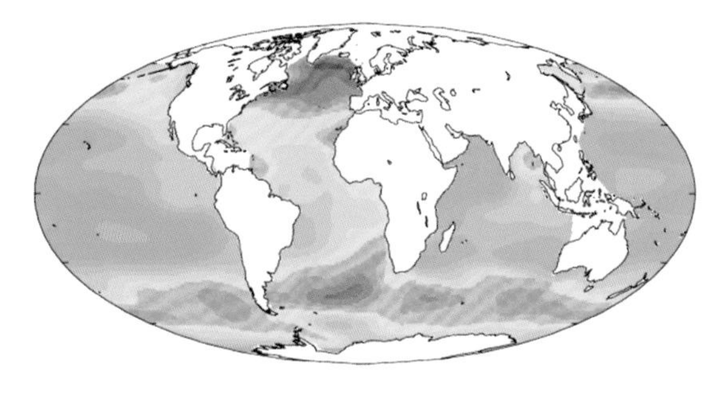

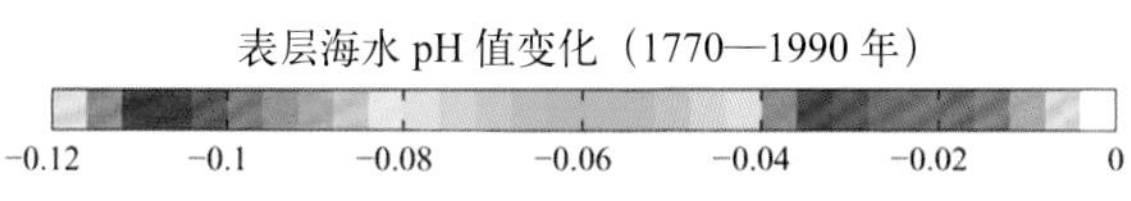

图 9–5　从 18 世纪 70 年代到 20 世纪 90 年代由人类活动造成的全球 pH 值变化［引自全球海洋数据分析项目（GLODAP）］

气候变化框架公约参加国第三次会议上制定了《联合国气候变化框架公约的京都议定书》，简称《京都议定书》。《京都议定书》通过对不同经济发展水平的国家进行不同程度的温室气体限制排放来实现“将大气中的温室气体含量稳定在一个适当的水平，以保证生态系统的平滑适应、食物的安全生产和经济的可持续发展”。然而，对于温室气体排放的限制排放迄今为止还远远没有得到全球各国政府的普遍支持，因为限制温室气体的排放会在一定程度上对国家经济活动造成影响。基于这样的原因，包括美国在内的很多国家政府直到现在仍然拒绝签署《京都议定书》。早在《京都议定书》的谈判之前，美国参议院就以高票通过决议要求美国政府不得签署同意任何“不同等对待发展中国家和工业化国家的，有具体目标和时间限制的条约”，因为这会“对美国经济产生严重的危害”。

包括美国在内的这些国家政府之所以拒绝签署《京都议定书》，利益驱使当然是最关键的原因，但科学界对全球变暖观点的不一致也是一个很重要的因素。事实上，并不是所有的科学家都认同人类活动造成全球变暖这一观点，反对者们认为目前的科学研究成果不能提出足够的证据证明人类的碳排放是造成全球环境恶化的首要原因。全球变暖学说反对者们的证据主要包括如下一些事实：① 1940—1975 年间人类的二氧化碳排放量不断上升，而大气温度却连续下降，可见二氧化碳排放和全球气温上升没有直接联系；②中世纪暖期（公元950—1250年）时期气温比2007年还要高，但那时的二氧化碳排放量却比现在低得多；③人类每年的碳排放量约65亿吨，自然产生的二氧化碳却高达1300亿吨，可见人类排放对气温的影响是很小的。2006年，美国前副总统戈尔（Albert Arnold Gore）拍摄了纪录片《难以忽视的真相》(*An Inconvenient Truth*)，纪录片中列举了大量科学事实来证明温室气体的排放确实造成了目前全球变暖和大洋酸化的现象。由于他“唤醒了对由气候变化所带来的危险的意识”，戈尔和IPCC一起获得了2007年的诺贝尔和平奖。但是，就在戈尔推出他的纪录片不久之后，英国广播公司针锋相对地推出了另一部论调完全相反的纪录片《全球变暖大骗局》(*The Great Global Warming Swindle*)。该片通过另一些科学事实的列举质疑全球变暖的真实性，甚至提出全球变暖只是在资本和政治因素的影响下提出的一个政治宣传口号。但是，就目前的科学研究来看，人类短期内很难回答人类排放的温室气体与全球变暖、大洋酸化之间的关系。这是因为二氧化碳在大气中有50～200年的寿命，而人类开始观测记录大气中二氧化碳浓度的历史仅可以追溯到1958年基林在夏威夷岛开始的工作。要解决这个问题，需要有一个更长时间尺度的记录，这就使得科学家们把目光转向了地质历史，希望在地质记录中找到答案。

科学家们通过测定南北极冰盖所包含的气泡中的二氧化碳浓度，得到了距今80万年以来的大气二氧化碳浓度变化趋势。由于两极的冰盖是在地质历史中逐渐形成的，在形成过程中会将一些气泡包裹在冰盖中，这些冰盖中的气泡在形成之后就与大气隔绝了，因此记录了其形成时大气的化学性质，相当于是空气的“化石”。研究发现，在过去的80万年之内，大气中二氧化碳的含量一直在170 ppmv到310 ppmv之间呈周期性变化，其最高值从来没有超过310 ppmv。而根据基林曲线的观测结果，我们现在的大气二氧化碳浓度则已经达到了 401 ppmv，远高于过去 80 万年来大气二氧化碳浓度在自然状态下所能达到的最高值，这就是说人类化石燃料燃烧造成的温室气体排放确实对大气二氧化碳浓度产生了很大的影响。古气候研究人员还发现，大气中二氧化碳含量与大气温度以及海洋表层温度的变化趋势基本一致，且大气二氧化碳含量的变化先于温度变化的发生，这意味着大气二氧化碳含量的变化确实有可能是全球温度变化的原因。但是，冰芯记录记载的毕竟是大气二氧化碳浓度的“常态”变化，它并不能回答在温室气体浓度短时间内迅速增加的情况下全球气候及生态系统会发生怎样的变化。

为回答这个问题，必须找到一个记录了温室气体在短期内大量输入大气 – 海洋系统的例子。通过对地质历史中这种极端事件的研究，就可以对当今温室气体大量输入的情况下全球气候系统的变化作一个可类比的预估。幸好，科学家们确实在距今 5500 万年前的地质历史中找到了一个与今天温室气体大量排放条件非常类似的时期。由于当时正值地质年代中古新世和始新世的交界，所以该事件通常被称为古新世 – 始新世极热事件（Paleocene-Eocene Thermal Maximum，PETM）。“世”是地质学和考古学领域用来计时的一个单位，距今 6500 万年前到距今 5580 万年前之间的时代，地质上称为古新世；而始新世则开始于距今 5580 万年前，终止于距今 3400 万年前。PETM 事件是地球地质历史记录中迄今为止发现的强度最大的一次快速全球变暖事件。这次迅速和剧烈的升温持续了大约 17 万年，导致了大量物种急剧灭绝，从而形成了古新世和始新世全球生态系统的巨大差异。

该事件的发现可以追溯到 1991 年著名古海洋学家、美国加利福尼亚大学圣巴巴拉分校詹姆斯·P. 肯尼特教授（James P. Kennett）和他的南加利福尼亚大学同事罗威尔·D. 斯托特（Lowell D. Stott）在南极威德尔海所作的研究。在《自然》杂志上发表的一篇研究论文中，他们发现南极威德尔海毛德海隆（Maud Rise）海洋沉积物中有孔虫壳

体氧碳同位素比值在古新世末期发生了巨大的变化，而该变化伴随着大量海洋底栖生物的灭绝。有孔虫是一种营浮游或底栖生活的单细胞海洋原生生物，大部分有孔虫具有由碳酸钙形成的壳体。海洋中的有孔虫可分为浮游有孔虫和底栖有孔虫两种。营浮游生活的有孔虫主要生活在水体中，而营底栖生活的有孔虫则主要生活在海底或近海底。形成壳体所需要的碳酸钙主要来自其所生活的水体之中，因此其壳体中的碳酸钙与其所生活水层中的碳酸钙具有同样的化学性质。构成碳酸钙的碳原子通常包含 ^{12}C 和 ^{13}C 两种同位素，氧原子则包含 ^{16}O、^{17}O 和 ^{18}O 三种同位素。构成有孔虫壳体的碳酸钙中 ^{16}O 和 ^{18}O 的比值（^{17}O 含量非常低，可忽略不计）主要受到其生活的海水中相应比值的控制，而海水中 ^{16}O 和 ^{18}O 的比值则受到海水温度、盐度以及全球极地冰盖大小的影响。当有孔虫死亡之后，其壳体会沉降到海底并埋藏在海洋沉积物中。随着生命活动的终止，有孔虫壳体中的 ^{16}O 和 ^{18}O 的比值不再发生变化，因此其壳体中氧同位素比值记录了其所生存时代海水的氧同位素比值。通过测定该比值，可以间接地推测当时的海水温度、盐度以及极地冰盖大小。类似地，有孔虫壳体中 ^{12}C 和 ^{13}C 含量的比值则受海水本身的碳同位素比值控制，因此通过测定有孔虫壳体中的碳同位素比值就可以间接地研究其所生活时代海水碳循环的特征。肯尼特和斯托特的工作正是通过测定南极威德尔海有孔虫壳体中氧碳同位素比值变化来研究地质历史中的气候变化。他们发现，南极地区底栖有孔虫壳体的氧同位素比值在距今约 5733 万年前突然降低了 2‰，浮游有孔虫壳体的氧同位素比值降低了约 1.5‰。可千万不要小瞧这 1.5‰ ~ 2‰，由于古新世到始新世时代全球主要的冰盖还没有形成，因此有孔虫壳体的氧同位素比值变化反映的主要是海水温度的变化。如果换算成海水温度的话，这意味着南极地区海水的温度上升了至少 7 ℃。要知道，我们现在所讲的全球变暖，全球平均近地表大气层温度在 20 世纪的上升也不过是 0.74 ℃，海水温度的上升则远远小于这个数字。他们还发现，在该事件发生之后，有孔虫壳体的碳同位素比值发生了大幅度的减小，这意味着全球海水的化学性质可能在事件发生过程中产生了明显的变化，而事件的起因可能是大量富含 ^{12}C 的物质输入到了海洋中。与此同时，研究还发现海洋底栖有孔虫的种群丰度发生了明显的降低，意味着该事件可能造成了底栖有孔虫的大幅度灭绝。该研究认为，大洋底层水体的迅速升温和因此造成的底层水的缺氧，是造成底栖有孔虫大幅度灭绝的主要原因。

PETM 事件的气候影响

作为全球变暖和大洋酸化的一个经典范例，PETM 事件在被发现之后迅速引起了古气候学家们的巨大兴趣。对于研究全球变暖问题的科学家而言，他们最关心的问题就是大量的温室气体在短时间内输入到大气－海洋系统中到底会给全球气候系统和生态系统带来怎样的影响。因此，在该事件被发现之后全球立刻涌起了一个研究的热潮。科学家们很快就发现，PETM 事件不止限于南极威德尔海地区，而是一个全球性的普遍事件，而且热带地区 PETM 事件的发生早于高纬度地区，也就是说该事件是首先在热带地区发生，然后逐步向高纬度地区传播的。科学家们还发现，PETM 时期碳同位素比值的减小在世界各大洋及边缘海沉积物浮游和底栖有孔虫壳体化石、北美大陆化石牙齿的釉层和碳酸盐结核以及欧洲和新西兰的土壤记录中都有发现，证明这次大规模的碳同位素减小是一次全球性的事件。海洋沉积物碳同位素比值平均降低了 2‰～4‰，大陆沉积物的碳同位素比值的减小幅度竟达到了 6‰；全球发生碳同位素比值减小的起始时间间隔小于 1 万年，而整个碳同位素降低事件则持续了大约 20 万年。根据物质平衡的原理，碳同位素比值在全球几乎同时发生明显减小意味着巨量富含 ^{12}C 的物质在极短的时间内输入到了海洋－大气系统中。按照全球升温和碳同位素比值减小的幅度估计，当时应有至少 20 000 亿～ 40 000 亿吨的 ^{12}C 进入到海洋－大气系统中。如果这些碳全部以二氧化碳的形式存在，则需要 73 000 亿～ 167 000 亿吨的二氧化碳。

如此巨量的二氧化碳进入海洋－大气系统中，必然会打破地球表层碳循环原有的平衡，并引发一系列连锁反应。如我们在前文介绍的一样，大量的二氧化碳通过海气耦合系统进入海水，会造成海水 pH 值的大幅度降低，从而造成整个大洋的酸化。海洋酸化的一个严重后果是造成海洋的碳酸钙补偿深度大幅变浅。由于碳酸钙在水中的溶解度会随着温度降低和压力上升而增大，所以，随着深度的增加海水中碳酸钙的溶解速率会逐渐上升。海洋中碳酸钙的形成则主要依靠海洋生物的钙化作用，由于海洋中的生物主要集中在近海面的海水中，所以随着深度增加海洋中碳酸钙的生成速率下降。在海洋中的某一深度范围，碳酸钙生成速率和溶解速率会大致相当，这一深度就是海洋的碳酸钙补偿深度。任何降落到碳酸钙补偿深度以下的碳酸钙都会发生溶解，从而使得这一深度成了海洋中钙质生物可以生存的下界面。海水中二氧化碳的存在会对碳酸钙的溶解发生显著的影响，因为碳酸钙会和水以及二氧化碳发生作用形成电离的碳酸氢根离子和钙离子，从而造成碳酸钙的溶解。因此，当大量的二氧化碳进入海洋系统之后，海水中碳酸钙的溶解作用就会明显增强。在海洋中碳酸钙的生成速率没有发生明显增大的前提下，海水中碳酸钙溶解作用的增强意味着海洋的碳酸钙补偿深度必须上升到更浅的深度才能平衡增大后的碳酸钙溶解速率。研究发现，在 PETM 开始之后短短几千年内全球大洋碳酸钙补偿深度上升了将近 2000 米。

进入大气圈中的二氧化碳会直接造成大气中二氧化碳含量的上升，从而引发地球表层碳循环系统的一系列反馈：首先，大气二氧化碳浓度的上升会导致大陆岩石圈风化作用显著增强，这些岩石风化下来的产物会通过河流和其他介质最终被搬运到大洋中。由于这些矿物质对于大洋中的微生物来说是重要的营养物质，这就间接地造成了全

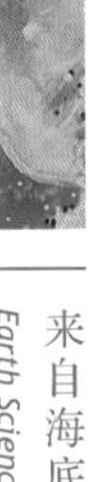

球大洋表层海水富营养化。其次，表层海水中二氧化碳浓度的上升和海水的富营养化直接造成了海洋浮游植物的勃发。同样地，富含二氧化碳的大气也更有利于陆地植物的光合作用，从而造成陆地植物勃发。海洋和陆地植物的勃发使得大量的碳元素进入了生物圈，从而降低了大气二氧化碳浓度。死亡的海洋浮游生物遗体沉降到海底并且被埋藏在海洋沉积物中，使这一部分碳进一步进入了岩石圈。而进入陆地植物的碳元素则随着植物的死亡进一步进入了土壤中，使得土壤的碳同位素比值明显减小。以上这个过程就是 PETM 事件对全球碳循环的影响过程，通过这个过程 PETM 影响了全球生态系统的变化，但与此同时，由于生态系统的反馈效应，大量的碳从大气 – 海洋系统中迁移到陆地碳库中，使得全球系统逐渐从 PETM 的状态中恢复过来。但是，值得注意的是，从大量的碳进入大气到全球气候、生态系统的突变发生在短短的不到 1 万年之内，而之后的恢复过程则经历了将近 20 万年之久，也就是说大气二氧化碳浓度的上升可以在较短的时间内对全球碳循环造成巨大影响，而地球依靠自反馈系统要消除这个影响则需要漫长的时间。

除了碳循环之外，PETM 事件的发生还对全球水循环造成了巨大的影响。研究结果显示，在 PETM 事件开始后全球不同纬度海区海水表层温度的升温幅度是不一样的。高纬度海区的表层海水温度在 PETM 事件开始不到 3 万年的时间内上升了 8 ～ 10℃，北极地区和南极地区的表层海水平均温度分别高达 24℃和 21℃。相对而言，热带 – 亚热带海区表层海水温度上升幅度较小，仅 4 ～ 5℃。而全球底层海水的温度上升幅度则比较一致，均为 4 ～ 5℃。高低纬度海区间温度上升幅度的不平衡造成极地与热带地区表层海水的温度差减小，从而对全球大洋环流格局发生了巨大影响。在 PETM 发生前，全球大洋底层水的形成中心在南半球靠近南极的地方，形成之后沿着大洋底部向北流动逐渐分布到全球大洋。而在 PETM 事件发生后，大洋底层水的形成中心转移到了北半球（图 9–6）。据估计，全球环流系统发生大

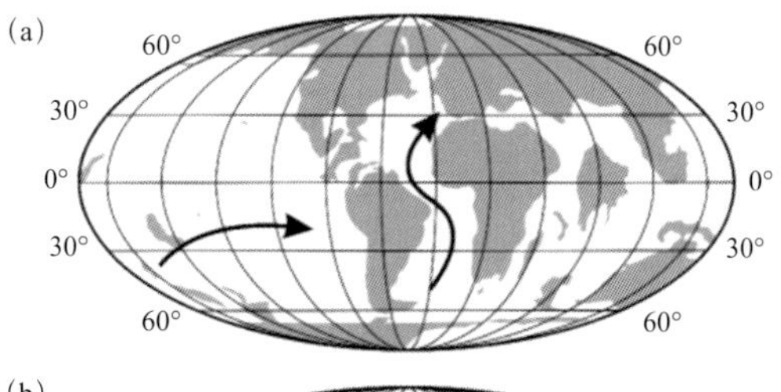

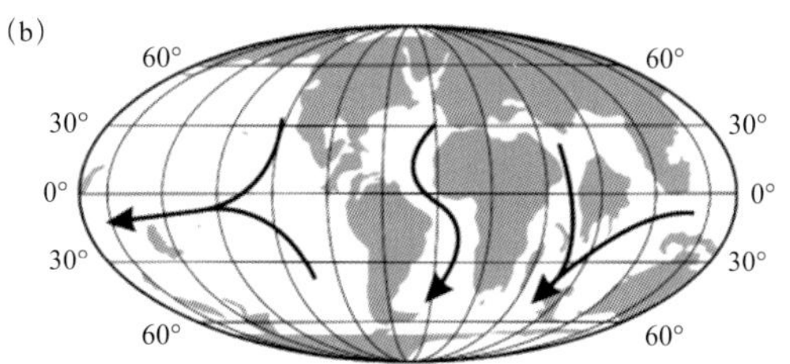

图 9–6　PETM 事件对大洋底层环流的影响。其中（a）和（b）分别表示 PETM 事件开始之前和之后的全球大洋环流模式（图片修改自 Nunes，2006）

规模倒转只用了不到 5000 年就完成了，而在倒转之后却用了将近 20 万年的时间才逐步恢复到 PETM 之前的状态。

PETM 事件对全球水循环系统的影响还包括造成表层海水盐度上升以及全球海平面上升等。全球大洋表层海水盐度的上升主要是由表层海水温度上升加剧了海水的蒸发造成的，海水蒸发量的增强间接导致了全球降雨量的增大和大气相对湿度的增大。全球海平面上升则主要与海水的受热膨胀有关。由于当时的世界并不像今天一样两极覆被有巨大的冰盖，所以 PETM 时期的全球海平面上升与当代全球变暖条件下主要由两极及山地的冰川消融造成的机制不同。如果以全球海水平均升温 5 ~ 8°C 来计算的话，PETM 时期由海水热胀冷缩造成的海平面上升就接近 5 米。

由于生物的生命活动和它所生存的环境息息相关，因此 PETM 事件造成的全球环境的巨大改变必然会对生物圈产生巨大影响。在海洋生态系统方面，PETM 事件造成的最显著的影响就是底栖有孔虫的大幅度灭绝。造成底栖有孔虫灭绝的原因是多方面的，首先是底层水温度的上升，由于大洋深层水的温度较低且十分稳定，所以底栖有孔虫所能适应的温度变化范围是很窄的，底层水体温度上升 6 ~ 7 °C 对于

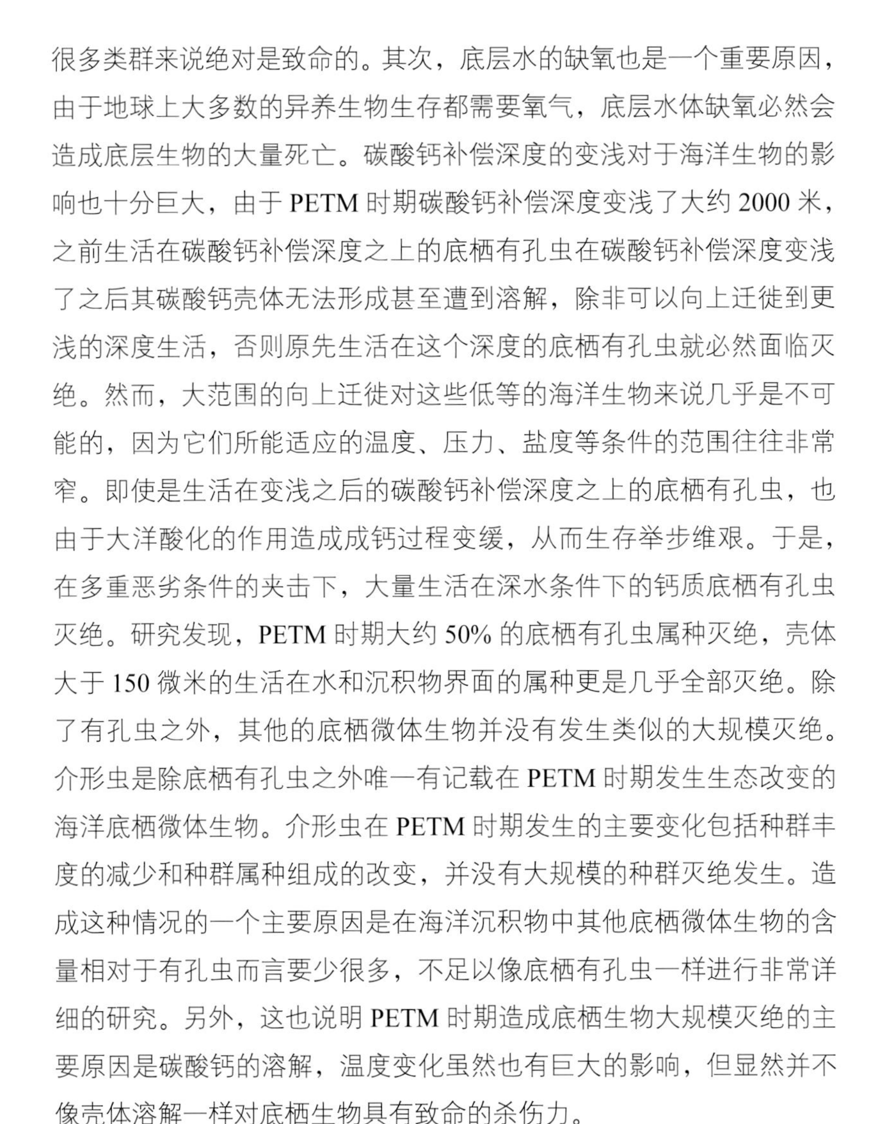

很多类群来说绝对是致命的。其次，底层水的缺氧也是一个重要原因，由于地球上大多数的异养生物生存都需要氧气，底层水体缺氧必然会造成底层生物的大量死亡。碳酸钙补偿深度的变浅对于海洋生物的影响也十分巨大，由于 PETM 时期碳酸钙补偿深度变浅了大约 2000 米，之前生活在碳酸钙补偿深度之上的底栖有孔虫在碳酸钙补偿深度变浅了之后其碳酸钙壳体无法形成甚至遭到溶解，除非可以向上迁徙到更浅的深度生活，否则原先生活在这个深度的底栖有孔虫就必然面临灭绝。然而，大范围的向上迁徙对这些低等的海洋生物来说几乎是不可能的，因为它们所能适应的温度、压力、盐度等条件的范围往往非常窄。即使是生活在变浅之后的碳酸钙补偿深度之上的底栖有孔虫，也由于大洋酸化的作用造成成钙过程变缓，从而生存举步维艰。于是，在多重恶劣条件的夹击下，大量生活在深水条件下的钙质底栖有孔虫灭绝。研究发现，PETM 时期大约 50% 的底栖有孔虫属种灭绝，壳体大于 150 微米的生活在水和沉积物界面的属种更是几乎全部灭绝。除了有孔虫之外，其他的底栖微体生物并没有发生类似的大规模灭绝。介形虫是除底栖有孔虫之外唯一有记载在 PETM 时期发生生态改变的海洋底栖微体生物。介形虫在 PETM 时期发生的主要变化包括种群丰度的减少和种群属种组成的改变，并没有大规模的种群灭绝发生。造成这种情况的一个主要原因是在海洋沉积物中其他底栖微体生物的含量相对于有孔虫而言要少很多，不足以像底栖有孔虫一样进行非常详细的研究。另外，这也说明 PETM 时期造成底栖生物大规模灭绝的主要原因是碳酸钙的溶解，温度变化虽然也有巨大的影响，但显然并不像壳体溶解一样对底栖生物具有致命的杀伤力。

虽然底栖有孔虫发生了大量死亡乃至种群灭绝的灾难，海洋浮游生物却成了 PETM 事件最大的受益者，二者的境遇简直可以说是云泥之别。如前文所述，PETM 时期大气二氧化碳浓度的迅速上升使得大陆岩石风化作用显著增强，从而使大量营养物质被带入大洋。海洋表层生物的生产主要受铁、磷、硅等营养元素的含量制约，一旦这些营养元素在海洋中的含量增加，海洋浮游植物就可以迅速勃发。再加上当时表层海水温度和二氧化碳含量的上升均有利于浮游植物光合作用的进行，就造成了 PETM 时期海洋浮游植物（如沟鞭藻和颗石藻）的生物量明显增加。作为海洋食物链的次级生物，浮游有孔虫也在这次事件中受益良多，其生物量和种群丰度也随着海洋微型浮游植物的勃发而有所上升。此外，PETM 时期表层海水的升温还造成了许多原来生活在热带低纬度地区的暖水种浮游微生物的生存范围向高纬度地区发生不同程度的扩展。条件适宜的生存环境还使得许多浮游微生物演化速度明显加快，生活在热带的浮游有孔虫类群在 PETM 开始之后短短 1 万年之内就演化出许多新的属种。

与海洋表层生态系统类似，陆地生态系统在 PETM 事件发生之后也出现了植物的勃发。据估计，PETM 事件发生后进入大气－海洋系统的总碳量的一半左右，也就是大约 11 000 亿吨的碳在较短时间内进入了植物和土壤碳储库，反映了当时陆地植物光合作用的迅速增强。由温室效应引起的大气温度上升，加上因海洋蒸发增强引起的全球降雨量增加，造就了 PETM 时期全球陆地普遍温暖湿润的气候，这使得陆地植物，无论是生物总量、生物多样性还是分布范围方面都有很大的扩展。全球的大幅度升温使很多原本只能生活在低纬度地区的植物分布范围向高纬度地区发生了迁移，最大的迁移幅度竟然达到 2200 千米，相当于大约 20 个纬度的距离。为了使这个数字更明白易懂，我们可以做一个简单的类比，陆地植物向高纬度迁移 20° 就相当于原本生活在今天台北、福州一带的植物在 PETM 发生后向北迁徙到哈尔滨这样的中高纬度地区生存。研究发现，当时亚洲、欧洲及北美许多落叶植物的分布范围甚至跨过了北半球的高纬大陆桥到达了北极圈以北的地区。

PETM 事件对陆地动物的演化也具有巨大的影响。与陆地植物一样，一些小型陆地脊椎动物的分布范围在 PETM 时期同样有向高纬扩展的趋势。研究发现，美国北部怀俄明州在 PETM 时期所发现的至少 7 种蜥蜴是之前在该地区没有发现过的，而其中的 6 种属于仅生活在美国南方无霜冻地区的种群。同样首次出现在怀俄明州的还有龟的一些新的品种，这些龟的近亲在美洲和亚洲都有所分布。但是 PETM 事件对于陆地动物最大的影响还在于该事件改变了哺乳类动物的演化进程，而哺乳动物在当今世界是无可争议的霸主。哺乳动物最早出现在距今 2 亿多年前，但是到了距今约 6500 万年前的新生代才开始繁盛，成为陆地上占支配地位的动物。哺乳动物的繁盛得益于当时占绝对统治地位的恐龙的灭绝，由于哺乳动物相对体型较小且具备恒温特性，帮助它们在那一次灾难性的大灭绝中存活了下来。但是，新生代早期的哺乳动物大多是一些体型很小的小型猎食者，这类动物的体长一般不超过 12 厘米，和现代的老鼠大小类似。研究发现，现代哺乳动物的三个主要类群——灵长目、奇蹄目和偶蹄目动物的化石都是在 PETM 时期才在地球上第一次出现的，并且迅速分布到包括亚洲、欧洲和北美洲的广大地区。很多古新世特征性的脊椎动物，如爬行动物中的比鳄龙属、哺乳动物中的近猴等类群则在 PETM 时期发生了灭绝。对于灵长目、奇蹄目和偶蹄目动物化石群在 PETM 时期大量出现的解释，科学界迄今为止并没有特别肯定的答案。比较传统的观点认为：与大多数哺乳动物一样，灵长目、奇蹄目和偶蹄目等动物类群也同样起源于南亚次大陆，但是在 PETM 之前仅生活在南亚次大陆，由于 PETM 造成的全球变暖，这些动物开始向北迁徙，并迅速占据欧亚大陆的绝大多数地区，甚至越过白令海峡的北半球高纬大陆桥进入了美洲大陆（图 9-7）。但是，这种观点受到了来自板块构造学研究结果的挑战。研究板块碰撞的学者认为印度板块和欧亚大陆板块的碰撞大约发生在距今 5400 万年至 5000 万年前，甚至更晚。如果南亚次大陆和欧亚大陆在当时并不相连，那么即使灵长目、奇蹄目和偶蹄目等现代高等哺乳动物真的发源于南亚次大陆，也不可能在 PETM 时期扩散到全球各地。但是，有观点认为，虽然印度板块和欧亚大陆板块的主碰撞时期晚于 PETM，但二者的初始接触却在那之前发生。所以，

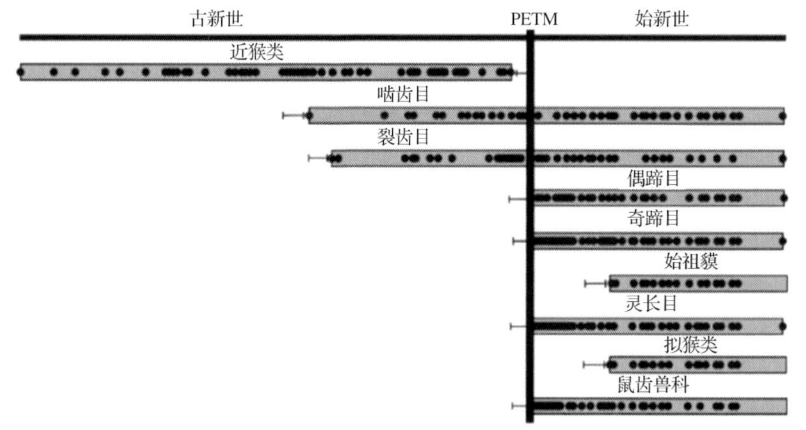

图 9–7 北美大陆古新世–始新世哺乳动物化石记录

要验证这种假说，需要在南亚次大陆找到比全球其他地区出现更早的灵长目、奇蹄目和偶蹄目动物的化石。对于现代高等哺乳动物化石群在 PETM 时期大量出现解释的另一种假说是认为这些动物种类的演化形成和 PETM 事件的发生直接有关。由于 PETM 时期全球气候发生了剧烈的变化，使得原本生活在欧亚大陆上的现代哺乳动物的始祖貘为了适应环境的变化迅速发生了进化，从而形成了灵长目、奇蹄目和偶蹄目等现代哺乳动物，而由于环境变化的剧烈，这种进化可能只经历了几百到几千个世代就完成了。要最终回答这个问题，需要更多的哺乳动物化石以及精确测年技术的进一步发展。

PETM 事件对哺乳动物演化的影响还表现在 PETM 之后哺乳动物平均个体大小、营养结构均发生了明显改变，而且在该事件发生之后数百万年内陆地动物新物种的形成速率也比 PETM 之前快很多。虽然新生代早期的哺乳动物平均个体比较小，而 PETM 事件之后才演化出较大型的哺乳动物，但这并不意味着 PETM 造成的全球变暖会引起哺乳动物向个体变大的方向发展。相反，一项对美洲大陆原始马牙齿的研究显示，在 PETM 开始之后最早的 13 万年里，美洲大陆原始马类的个体大小减小了 30%。该研究发现，原始马类的个体大小与大气温度以及大气二氧化碳含量存在着负相关的统计关系。也就是说，原始

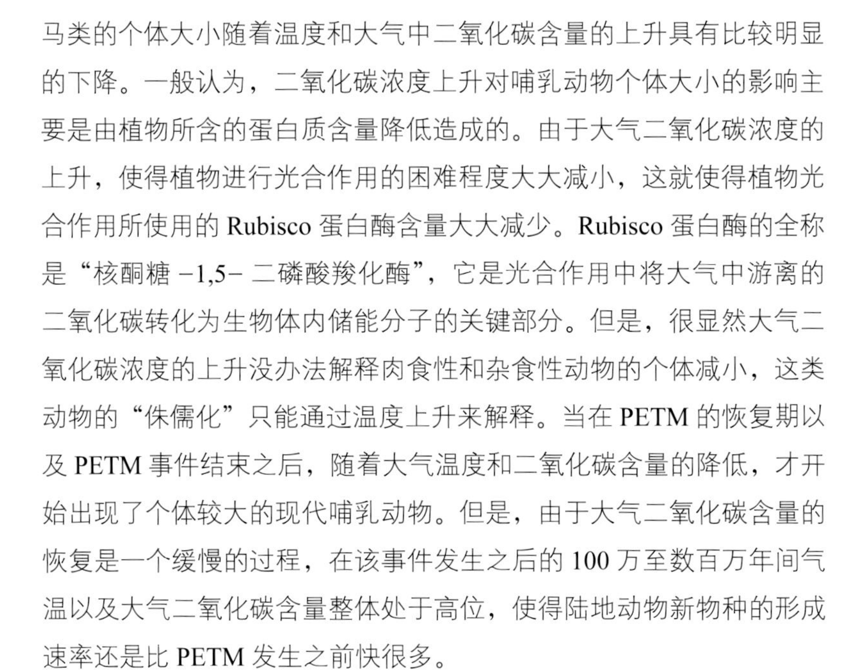

马类的个体大小随着温度和大气中二氧化碳含量的上升具有比较明显的下降。一般认为，二氧化碳浓度上升对哺乳动物个体大小的影响主要是由植物所含的蛋白质含量降低造成的。由于大气二氧化碳浓度的上升，使得植物进行光合作用的困难程度大大减小，这就使得植物光合作用所使用的 Rubisco 蛋白酶含量大大减少。Rubisco 蛋白酶的全称是“核酮糖 -1,5- 二磷酸羧化酶”，它是光合作用中将大气中游离的二氧化碳转化为生物体内储能分子的关键部分。但是，很显然大气二氧化碳浓度的上升没办法解释肉食性和杂食性动物的个体减小，这类动物的“侏儒化”只能通过温度上升来解释。当在 PETM 的恢复期以及 PETM 事件结束之后，随着大气温度和二氧化碳含量的降低，才开始出现了个体较大的现代哺乳动物。但是，由于大气二氧化碳含量的恢复是一个缓慢的过程，在该事件发生之后的 100 万至数百万年间气温以及大气二氧化碳含量整体处于高位，使得陆地动物新物种的形成速率还是比 PETM 发生之前快很多。

PETM 事件的开始和持续时间

PETM 事件的开始时间在全球各地不尽相同，一般来说国际上公认的开始时间是始新世和古新世的交界，也就是由埃及达巴比亚采石场（Dababiya Quarry）的地层所确定的年代。因为该地层所记录的 PETM 时期的碳同位素比值减小相对于全球其他地区来说更容易识别，所以国际地层委员会特地在该地层设置了一个“金钉子”标准地层点。“金钉子”是全球年代地层单位界线层型剖面和点位（GSSP）的俗称，是国际地层委员会和国际地球科学联合会以正式公布的形式所指定的地质年代地层界线的典型或标准，是为定义和区别全球不同地质年代所形成的地层的全球唯一标准或样板，并在一个特定的地点和特定的岩层序列中标出，作为确定和识别全球两个地质时代地层之间的界线的唯一标志。最近通过海洋火山灰的放射性年代测定方法，获得了该地层的精确年龄为 5601.1 万～ 5629.3 万年。通过对该地层上部发现的锆石进行年龄测定得到的年龄是 5609 万年，误差是 3 万年。因此，我们可以确定 PETM 的开始时间可以确定为 5630 万年前。

PETM 的持续时间通常通过两个方法来确定：天文年代地层学和宇宙成因 ^{3}He 通量。天文年代地层学是通过地球沉积物和岩石所记录的地球绕太阳公转轨道的周期性变化来确定沉积地层年龄的方法。由

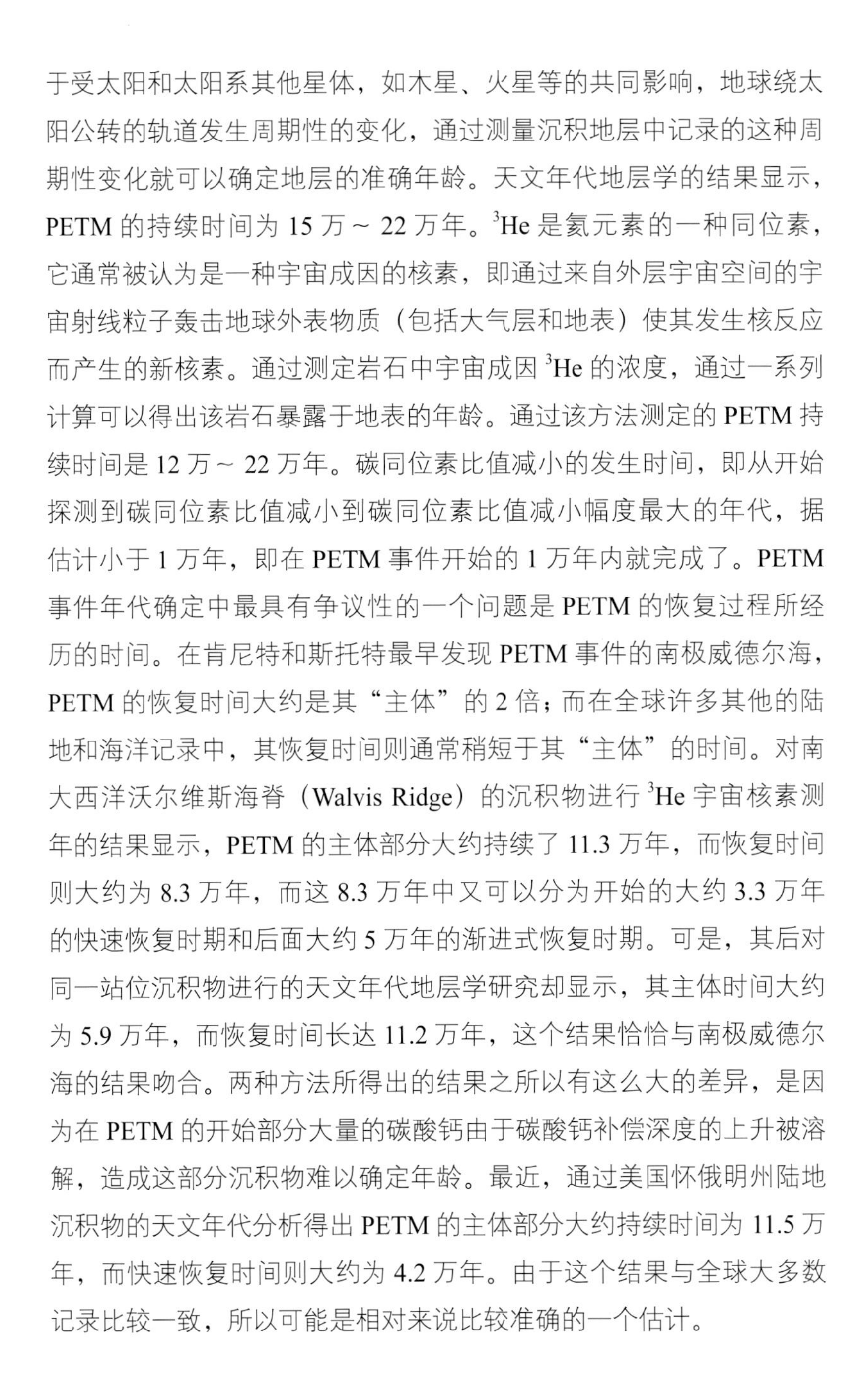

于受太阳和太阳系其他星体，如木星、火星等的共同影响，地球绕太阳公转的轨道发生周期性的变化，通过测量沉积地层中记录的这种周期性变化就可以确定地层的准确年龄。天文年代地层学的结果显示，PETM 的持续时间为 15 万～ 22 万年。^{3}He 是氦元素的一种同位素，它通常被认为是一种宇宙成因的核素，即通过来自外层宇宙空间的宇宙射线粒子轰击地球外表物质（包括大气层和地表）使其发生核反应而产生的新核素。通过测定岩石中宇宙成因 ^{3}He 的浓度，通过一系列计算可以得出该岩石暴露于地表的年龄。通过该方法测定的 PETM 持续时间是 12 万～ 22 万年。碳同位素比值减小的发生时间，即从开始探测到碳同位素比值减小到碳同位素比值减小幅度最大的年代，据估计小于 1 万年，即在 PETM 事件开始的 1 万年内就完成了。PETM 事件年代确定中最具有争议性的一个问题是 PETM 的恢复过程所经历的时间。在肯尼特和斯托特最早发现 PETM 事件的南极威德尔海，PETM 的恢复时间大约是其“主体”的 2 倍；而在全球许多其他的陆地和海洋记录中，其恢复时间则通常稍短于其“主体”的时间。对南大西洋沃尔维斯海脊（Walvis Ridge）的沉积物进行 ^{3}He 宇宙核素测年的结果显示，PETM 的主体部分大约持续了 11.3 万年，而恢复时间则大约为 8.3 万年，而这 8.3 万年中又可以分为开始的大约 3.3 万年的快速恢复时期和后面大约 5 万年的渐进式恢复时期。可是，其后对同一站位沉积物进行的天文年代地层学研究却显示，其主体时间大约为 5.9 万年，而恢复时间长达 11.2 万年，这个结果恰恰与南极威德尔海的结果吻合。两种方法所得出的结果之所以有这么大的差异，是因为在 PETM 的开始部分大量的碳酸钙由于碳酸钙补偿深度的上升被溶解，造成这部分沉积物难以确定年龄。最近，通过美国怀俄明州陆地沉积物的天文年代分析得出 PETM 的主体部分大约持续时间为 11.5 万年，而快速恢复时间则大约为 4.2 万年。由于这个结果与全球大多数记录比较一致，所以可能是相对来说比较准确的一个估计。

PETM 的触发机制

PETM 对全球水循环、碳循环和生态系统造成的影响是显而易见的，科学家们自然而然会对引发这次气候剧变的机制感兴趣。但直至今天，对 PETM 诱发机制的解释仍没有一个完美的答案。虽然科学家们通过计算得出在短短的 1 万年间大量富含 ^{12}C 的气体进入了大气－海洋系统，但是这些气体到底是哪里来的，通过什么机制进入了大气－海洋系统却并不明了。目前学术界的主流观点是将海底天然气水合物的大规模释放作为 PETM 事件的触发机制。当然并不是所有的科学家都同意这种观点，有的科学家就提出用火山作用、地外星体撞击等假说来解释 PETM 的突然发生。即使是赞同天然气水合物释放作为 PETM 触发机制的科学家，对水合物的释放原因又存在受热释放和压力减小释放两种观点。

最早试图对 PETM 事件的触发机制作出解释的是 1993 年埃尔德霍姆（Eldholm）和托马斯（Thomas）发表于《地球与行星科学通讯》的一篇论文。在该论文中他们提出用火山排气作用来解释 PETM 的爆发原因：发生在大约 5500 万年前的格陵兰岛与欧亚大陆的分裂事件造成了海底玄武岩的大规模溢出，从而形成了北大西洋大火成岩省。在这个过程中巨量的来自地壳深部和地幔的二氧化碳被释放到大气圈

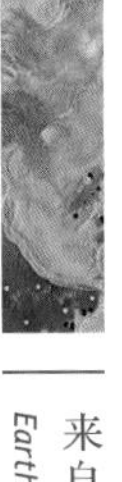

中，从而引发了 PETM 事件的发生。但是，随后的研究发现，即使北大西洋的火山活动一直维持在最大水平，其所释放出的二氧化碳总量也只能解释引起 PETM 事件所需碳量的 1/10 左右，因此火山排气作用最多也只是 PETM 触发机制的一个辅助性因素，并不能作为该事件的主要触发机制。

类似用岩浆活动解释 PETM 事件发生的还有岩浆型金伯利岩大规模向上位移的假说。金伯利岩是一种产自于地壳深部或地幔的富含铁镁质的岩石，是出产钻石的最重要的岩石种类。金伯利岩常成群出现，世界著名的南非金伯利岩就是由十多个著名的岩筒组成的岩筒群。根据其上升到地表方式的不同，金伯利岩可以分为火山碎屑型金伯利岩和岩浆型金伯利岩。火山碎屑型金伯利岩一般以喷出的形式到达地表，而岩浆型金伯利岩则是通过岩浆房逐渐向上位移的方式运移至近地表或地表，从而形成金伯利岩群。相对于火山碎屑型金伯利岩而言，岩浆型金伯利岩的碳酸钙含量非常高。如果将各种元素用氧化物的含量表示的话，那么二氧化碳在岩浆型金伯利岩中可以占到 20% 左右。研究发现，在 PETM 事件之前加拿大北部格拉湖（Lac de Gras）地区发生了大规模的岩浆型金伯利岩上涌，造成大量二氧化碳被排放到大气中。通过计算，研究人员发现，格拉湖地区岩浆型金伯利岩上涌大约可以解释约 10 000 亿吨碳的排放，配合同一时期全球其他两个地区同时发生的岩浆型金伯利岩上涌，就可以解释 PETM 时期大规模的碳输入和碳同位素比值减小。

对于 PETM 的解释，最著名的要算天然气水合物释放的假说了。在 1995 年发表于《古海洋学》杂志上的一篇论文中，狄更斯等发展了肯尼特和斯托特关于大洋环流模式改变的假说，提出了由环流改变造成海底巨量天然气水合物突然释放的假说。他们认为，开始于中古新世（5900 万年前）的全球变暖趋势使得大洋深层水的形成地点逐步向低纬度地区转移，深层海水温度的上升最终超过了海底天然气水合物可以稳定存在的温度界限，造成海底天然气水合物突然大规模爆发。天然气水合物甲烷含量占 80% ~ 99.9%，而且在海底储量非常丰富。深层海水的升温使得天然气水合物无法稳定存在，造成巨量的甲烷气体在很短时间内被输入到大气 – 海洋系统中，并被迅速氧化成二氧化碳，造成了 PETM 的发生。甲烷是一种比二氧化碳更高效的温室气体，同样重量的甲烷造成的温室效应是二氧化碳的 21 倍。因此，该假说可以很好地解释 PETM 时期的全球迅速升温和碳同位素比值减小。天然气水合物突然释放的假说最关键的问题在于如何合理解释 PETM 之前造成大洋环流模式改变的原因。为此，许多科学家通过计算机数值模拟的方法重建了当时的大洋环流，证明在缓慢升温的情况下大洋环流模式确实可以发生倒转。但是，计算机数值模拟的方法不能解决“先有鸡还是先有蛋”的问题，因为既可以是全球大洋环流模式发生倒转引起底层海水温度上升，进而引发 PETM 事件；也可以是如肯尼特和斯托特所描述的那样，PETM 事件发生之后才引起全球环流模式的倒转。要回答这个问题，必须精确地知道全球大洋环流倒转和 PETM 事件发生的时间顺序。但是，由于大洋环流的信息很难保存在沉积记录中，所以该假说直到今天还没有得到证实。

布拉洛维等在 1997 年提出一个通过岩浆活动诱发天然气水合物快速释放的假说。他们认为，发生在大约 5500 万年前的北大西洋大火成岩省洋底玄武岩的大规模溢出和环加勒比海岛弧火山活动导致高低纬度地区表层海水温度差值减小，从而改变了北大西洋大洋温盐循环模式，使大洋深层水的形成地从北极高纬度地区转移到更靠近赤道的海区，较热的深层水引发了天然气水合物的大规模释放。与此同时，北大西洋大火成岩省的火山排气作用也对碳输入做出了一定的贡献。两种原因的结合，造成了 PETM 事件的发生。这个假说相当于是火山排气作用假说和天然气水合物释放假说的一个有机综合，但同样缺乏有力的证据支持。

另一些研究者则提出用地球轨道周期的变化来解释 PETM 发生的原因，他们认为 PETM 事件发生的时期恰好是地球的 40 万年偏心率

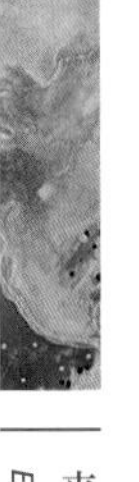

周期和10万年的偏心率周期都达到最大值的时期，而且又刚好发生在一个延长了的225万年偏心率周期最小值之后。地球环绕太阳运动的轨道是一个椭圆形，而偏心率就是用来表征这个椭圆与圆形偏差程度的一个数字。由于受太阳、木星、土星等多重引力的作用，地球轨道的偏心率大约以9.5万年和12.5万年的周期变化（二者的叠加周期是40万年）。偏心率的变化会造成地球上不同季节之间接受的热量发生改变，从而影响地球气候系统的季节差异。在40万年偏心率周期和10万年的偏心率周期都达到最大值的时期，全球气候的季节性差异最大，这就造成了海水季节性温差增大，从而导致大洋中层水的温度上升，因此海底天然气水合物的不稳定释放，引发PETM事件。

也有科学家考虑用压强减小导致天然气水合物突然释放来解释PETM事件的发生。海底地震、重力滑塌及海底火山活动事件都可能造成海底某些地区压强的突然减小和天然气水合物的突然释放。卡兹（Katz）等2001年发表在《古海洋学》杂志上的一篇文章很好地诠释了天然气水合物减压释放的假说：南极来源的深层环流和海底侵蚀造成古新世时期大西洋西侧大陆坡的后退，持续的海岸侵蚀和地震活动使得本来就十分陡峭的北大西洋西岸不断后退，保存于冰冻层和下覆中生代礁前沉积中的甲烷因压力减小不断释放出来，最终造成了PETM事件的发生。

对于PETM事件触发机制的解释还包括海底泥炭层的氧化分解假说。通过海底地震反射剖面，科学家们发现在挪威海地区古新世地层中存在大量的水热通道，这些通道的存在与大量地幔来源的熔融物质上涌有关，因此他们提出在PETM发生前有大量地幔来源的熔融物质上涌侵入了东北大西洋底一个富含有机质的沉积层，导致这些有机质受热迅速分解为甲烷，造成甲烷的爆炸性释放，从而引发了PETM事件。另一个观点则综合了岩浆运动和泥炭氧化两种观点，他们认为：古新世末发生了两个重大构造事件——南亚次大陆与亚洲大陆的碰撞和北大西洋大火成岩省的形成。与大陆碰撞和火山活动相关的构造隆起导致了大型陆缘海道的隔离，从而使大量的有机物质暴露于地表，有机物自身的干化分解和细菌的呼吸作用迅速释放出大量的二氧化碳；此外，陆缘海道的隔离还导致相邻陆相湿地水汽来源的丧失，进而也遭受干化分解和细菌呼吸分解。这种作用加上可能发生的小规模的天然气水合物释放，共同造成了 PETM 事件的发生。2006 年发表在《地球与行星科学通讯》的一篇论文则可以看作是以上各种观点的一个大综合。该论文提出：伴随着北大西洋大火成岩省的形成，北大西洋的海底发生了区域性隆升，由于水深减小，使得天然气水合物的稳定性大幅降低，并最终超过了水合物稳定存在的压力下限而导致了甲烷的突然释放；与此同时，大西洋东北部发生了地幔物质侵入富有机质泥炭层的事件，导致大量有机质发生热分解释出巨量甲烷。这两种作用放出的甲烷和火山排气作用释出的二氧化碳共同引起了 PETM 期间各种变化。

和地球历史中每一次气候突变和灾难性生物灭绝事件一样，来自地外星体的撞击永远是一个热门的解释。对陨石的研究结果发现，这些来自地外星体的碎块中往往含有极高的铱元素，而这种元素却是地球地壳中最稀有的元素之一，其全球年产量只有 3 吨。因此，地表沉积物中极高含量的铱元素往往代表地外星体的撞击。肯特（Kent）等研究者发现在 PETM 时期，世界上许多地区的沉积物中都存在着富铁的磁性微粒和极高的铱含量，而天然气水合物释放假说却无法对这些现象作出合理解释。因此他们提出地外星体撞击的假说，认为只要有一颗直径 9 ~ 10 千米的彗星撞向地球就足以引起 PETM 时期观察到的各种现象，且又可以很好地解释铱异常和磁性微粒的存在。地外星体撞击现在已成为解释突发气候事件和生物演化事件的一种基本模式，但在应用这种解释时必须慎之又慎，仅凭富铁磁性微粒和少量铱异常就把一个全球性的事件解释为地外星体撞击难免显得有些证据不足。

综合以上各种观点，可以发现当前学术界对于 PETM 的诱因不外

乎存在以下几种观点：海底天然气水合物突然释放；北大西洋大火成岩省的形成；海底泥炭层的氧化和地外星体的撞击。从目前发现的种种迹象来看，PETM 事件可能并不是单一原因诱发的，而是由构造活动、天文轨道周期变化以及发生在古新世的全球缓慢变暖大背景等多重因素造成的。

PETM 事件的启示

PETM 事件作为大量温室气体在短时间内输入大气－海洋系统的一个典型事件，成了地球系统科学研究领域的一个经典范例。对该事件的研究，无论是其触发原因还是其对全球气候、生态系统的影响，都显示出 PETM 事件是一个涉及地球各圈层的全球性的事件，要了解其全貌必须通过地球系统科学的手段，结合水圈、生物圈和全球碳循环的变化综合研究。对 PETM 事件引发的地球系统巨大变化的研究，足以为当代全球变暖和大洋酸化的研究提供很好的借鉴作用，而且为人类无节制地排放温室气体敲响警钟。虽然针对 PETM 事件的许多问题迄今为止还没有确定的答案，但是对 PETM 事件的大量研究至少说明大量的温室气体，无论是甲烷还是二氧化碳，输入大气－海洋系统都会对地球的气候和生态系统造成巨大的影响。即使没有太多的科学数据的验证，我们也可以想象得出 PETM 时期所发生的各种灾难性变化如果发生在当今世界会产生什么样的后果。勿论全球性的物种灭绝，单是全球海平面上升 5 米以上就足以让数以亿计的人无家可归。

也许有人会说，PETM 事件并不能作为今天全球变暖的一个范

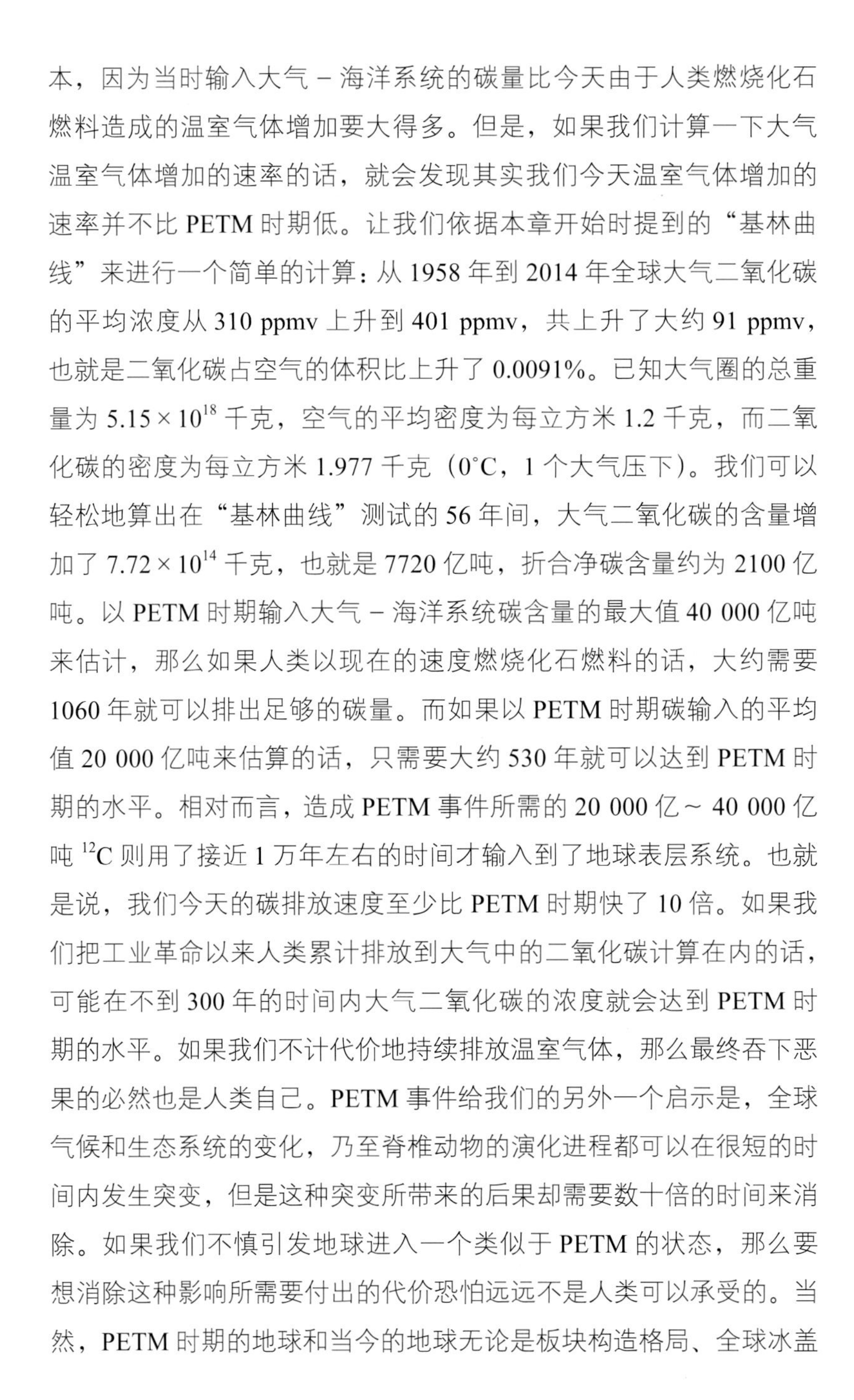

本，因为当时输入大气－海洋系统的碳量比今天由于人类燃烧化石燃料造成的温室气体增加要大得多。但是，如果我们计算一下大气温室气体增加的速率的话，就会发现其实我们今天温室气体增加的速率并不比 PETM 时期低。让我们依据本章开始时提到的“基林曲线”来进行一个简单的计算：从 1958 年到 2014 年全球大气二氧化碳的平均浓度从 310 ppmv 上升到 401 ppmv，共上升了大约 91 ppmv，也就是二氧化碳占空气的体积比上升了 0.0091%。已知大气圈的总重量为 5.15×10^{18} 千克，空气的平均密度为每立方米 1.2 千克，而二氧化碳的密度为每立方米 1.977 千克（0°C，1 个大气压下）。我们可以轻松地算出在“基林曲线”测试的 56 年间，大气二氧化碳的含量增加了 7.72×10^{14} 千克，也就是 7720 亿吨，折合净碳含量约为 2100 亿吨。以 PETM 时期输入大气－海洋系统碳含量的最大值 40 000 亿吨来估计，那么如果人类以现在的速度燃烧化石燃料的话，大约需要 1060 年就可以排出足够的碳量。而如果以 PETM 时期碳输入的平均值 20 000 亿吨来估算的话，只需要大约 530 年就可以达到 PETM 时期的水平。相对而言，造成 PETM 事件所需的 20 000 亿～40 000 亿吨 ^{12}C 则用了接近 1 万年左右的时间才输入到了地球表层系统。也就是说，我们今天的碳排放速度至少比 PETM 时期快了 10 倍。如果我们把工业革命以来人类累计排放到大气中的二氧化碳计算在内的话，可能在不到 300 年的时间内大气二氧化碳的浓度就会达到 PETM 时期的水平。如果我们不计代价地持续排放温室气体，那么最终吞下恶果的必然也是人类自己。PETM 事件给我们的另外一个启示是，全球气候和生态系统的变化，乃至脊椎动物的演化进程都可以在很短的时间内发生突变，但是这种突变所带来的后果却需要数十倍的时间来消除。如果我们不慎引发地球进入一个类似于 PETM 的状态，那么要想消除这种影响所需要付出的代价恐怕远远不是人类可以承受的。当然，PETM 时期的地球和当今的地球无论是板块构造格局、全球冰盖大小，还是动植物种类都有了极大的不同，不能简单地把 PETM 时期的各种变化套用到当代。但是，无论如何，PETM 事件引发的全球气候及生态系统的变化都足够让我们对当代的全球变暖和大洋酸化保持警醒。

Chapter 10

第十章

海底“世外桃源”

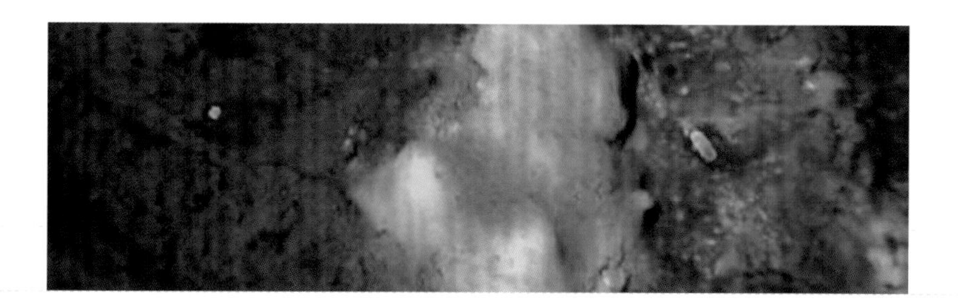

万物生长靠太阳，大洋是地球上最重要的能量来源，地球上的绿色生命进行光合作用，将太阳能转化为化学能，制造出有机质，成为地球生态系统的基础。如果没有了阳光，世界将会变成什么样子？黑暗、寒冷、一个死气沉沉的世界。正因为如此，大家谈到深海，总是会联想到一片荒芜的生命荒漠，19 世纪中叶，英国生物学权威曾经宣称：海洋 600 米以下是无生命地带。然而随着科学技术的发展，人们发现，大洋深处这个阳光不能抵达的地带是一派别有洞天的景象，有一片片的生命绿洲，各种生命争奇斗艳，生机盎然。甚至于在海底以下几千米的沉积物和岩石中，也生活着无数长寿的“小怪物”。

海底“沙漠绿洲”

1968年，著名深海潜水器“阿尔文”号上发生了一起事故，却成为深海微生物研究的重要线索。当时，“阿尔文”号深潜器上的所有工作人员都在为深潜做最后的准备工作时，一个海浪冲过来，瞬间将深潜器吞没，深潜器上的缆绳被扯断，随后深潜器在舱门敞开的情况下沉到了1540米的海底，工作人员虽然逃出了舱体，但他们的午餐却留在舱内，这成了海洋生物学研究中著名的一顿午餐。10个月过去了，在各种努力之后，终于将舱门大开的“阿尔文”号打捞出水。科学家们惊奇地发现，丢失已久的午餐保持着良好的状态，虽然已经浸水了，但三明治看起来还是很诱人的，夹在中间的红肠依然粉红。其他的食物，如苹果和暖瓶中的汤也依然可以食用，但把这些食物拿出水面后，即使冰冻起来，这些食物也很快就腐烂变质了。为什么食物可以在深海中保存如此之久呢？虽然深海中的低温是因素之一，但是冰箱中不也是低温吗？难道深海中没有微生物分解这些食物吗？是否压力抑制了微生物造成的腐烂呢？还是有其他的解释？

现在，科学研究表明微生物生活在深海之中，如同它们生活在地球上的其他地方一样，压力和低温减缓了微生物的生长，大部分浅海中的微生物在深海的温度和压力下并不能生存，所以当“阿尔文”号

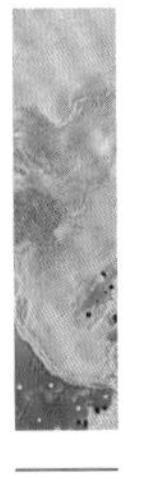

下沉以后，之前午餐中所含的微生物无法适应高压和低温的环境而死亡。难道深海中的微生物不会“吃”这些美味的食物吗？原来深海微生物不只是忍耐这样的低温和高压，它们已经进化出一套只能在这样环境下生存的遗传系统，形成一些典型的嗜冷或者嗜压的类群，它们的生长相当缓慢，更适应于深海中普遍存在的低有机质浓度的环境，相比于浅海微生物而言，它们要花费1000倍的时间来分解同样的有机物质，显然，对于这些突如其来的“天降美食”，它们负担过重。事实上，深海中的大部分区域，都是营养匮乏的“荒漠”，海洋沉积物覆盖了几乎所有的海床表面，占地球表面的65%以上，厚度从几厘米到几千米不等，平均厚度约500米，平均水深约为3800米。沉积物中的营养物质是在海水中形成的颗粒有机物质沉降至海底形成的。深海沉积物中的物质传递以扩散作用为主，存在明显的化学梯度。因此，对沉积物的研究能够揭示微生物作用下的物质转化。在这个广袤的“荒漠”之中，也存在一些微生物蓬勃生长的“绿洲”，如深海热液口、冷泉和大型海洋动物的尸体等特殊的生态环境。

深海热液口

同样是前面提到的“阿尔文”号深潜器，1977年首次在太平洋上的加拉帕戈斯群岛附近2500米的洋中脊的深海热液区，发现了完全不依赖于光合作用而生存的独立生命体系，除了成簇的管状蠕虫、贻贝、蟹类、鱼类之外，热液口区还存在丰度极高的不需要阳光支持的初级生产者——化能自养微生物。海底热液喷出时，含有大量的硫化氢，这对于大多数生物而言是有毒的，但却是部分化能自养微生物的“美食”。热液口附近包含如此之多的微生物，以至于热液口周边的海水都变得混浊，有些热液口的动物是通过从水体中过滤这些菌体来捕食，而另一些动物是通过与这些微生物共生的方式来生活。如热液口占优势地位的大型管状蠕虫，它不用过滤捕食，而是进化形成了一个高度特异化的器官，称为摄食体，里面就包含了大量的共生微生物。这些共生微生物在蠕虫体内进行化合作用，并将它制造的有机物质直接供给其宿主，共生微生物有时能占到蠕虫营养体的 25% 以上的体积（图 10-1）。

深海热液口生态系统中的海洋无脊椎动物和化能合成微生物的共生作用对两者的生理结构、种群进化及其周围的生态环境产生重要的影响。通常将共生微生物生活在宿主体内部（或者细胞内部）的共生方式称为内栖共生，而将共生微生物生活在宿主体表面（或者细胞表面）的共生方式称为体表共生。如贻贝的鳃表皮细胞中的亚细胞结构菌胞是内栖共生细菌的主要共生部位。大西洋盲虾口部附肢和鳃室则为体表共生微生物提供了良好的栖息环境。同时，宿主还具有一些特殊的生理特征和行为，以适应与微生物的共生生活。这些生理特征和行为一方面提高了共生微生物化能合成作用所需要的还原性物质的吸

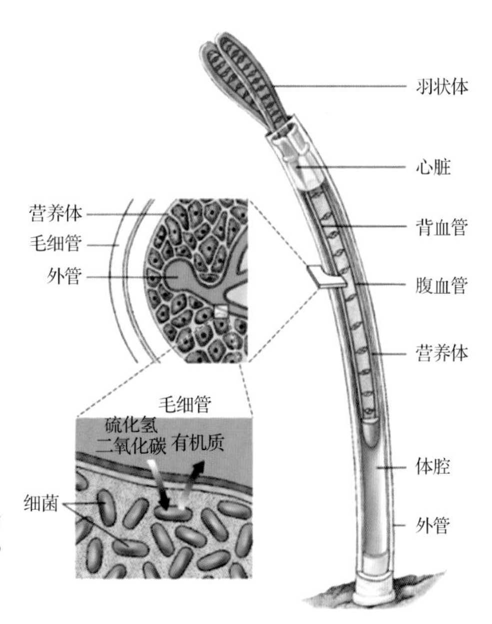

图 10-1 热液口管状蠕虫与微生物的共生关系示意图（引自 Peter Castro et al., 2007）

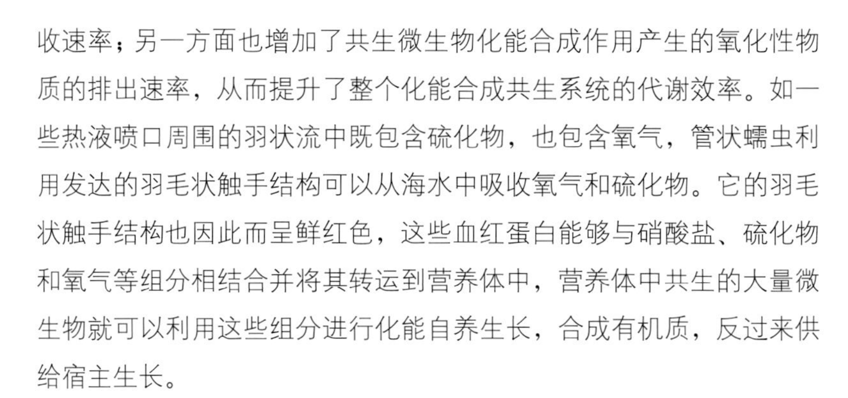

收速率；另一方面也增加了共生微生物化能合成作用产生的氧化性物质的排出速率，从而提升了整个化能合成共生系统的代谢效率。如一些热液喷口周围的羽状流中既包含硫化物，也包含氧气，管状蠕虫利用发达的羽毛状触手结构可以从海水中吸收氧气和硫化物。它的羽毛状触手结构也因此而呈鲜红色，这些血红蛋白能够与硝酸盐、硫化物和氧气等组分相结合并将其转运到营养体中，营养体中共生的大量微生物就可以利用这些组分进行化能自养生长，合成有机质，反过来供给宿主生长。

在热液口的另外一些区域，氧气存在于周围的海水中，但是还原组分则是集中在沉积物中，在这种环境中的管状蠕虫利用发达的羽毛状触手结构从海水中吸收氧气，同时，将后体区从栖管的后端伸入沉积物中，这样既可以从沉积物中吸收还原性的硫组分，也可以释放硫酸盐以提高沉积物中硫酸盐浓度，从而有效地为共生微生物提供电子供体和受体。研究表明，目前在深海热液口发现的所有化能合成共生的细菌都属于革兰氏阴性菌，其中个体较小的直径只有 0.25 微米（如贝鳃细胞中的内共生微生物），而大的杆菌长度可以达到 10 微米以上（如热液虾表面外共生的纤维状细菌）。不同代谢类型的细菌大小也有差异，硫化物氧化型细菌的个体通常较小（直径小于 0.5 微米），而甲烷氧化型细菌的个体较大（直径 1.5 ～ 2.0 微米）。同一宿主不同部位的共生微生物也可能存在很大差异，如管状蠕虫的营养体小叶深处血管附近的细菌多为杆状细菌，而在营养体内部外围的共生微生物多为大小不一的球状细菌。

共生微生物的传播是指微生物在不同宿主个体间的传播，不同的传播方式将同时影响到宿主和共生微生物的系统发育和进化状况。通常将共生微生物在宿主连续世代间的传播叫垂直传播。垂直传播通常是通过宿主繁殖的方式以卵或胚胎为载体进行传播。在垂直传播中，仅有少量共生微生物可以传播给下一代宿主。这种无性的、缺乏基因重组的内共生微生物的传播方式会导致基因的缺失，加剧种群的遗传漂变。另外一种宿主从环境或种内其他个体获得共生微生物的方式叫作水平传播。管状蠕虫的共生微生物在宿主幼体时期即从环境中进入宿主体内，从而与宿主形成共生关系，这属于典型的水平传播。理论上，水平传播应该比垂直传播的共生微生物具有更高的基因多样性，但是对同一站位所取得的不同管状蠕虫样品的转录间隔区序列分析显示，它们的转录间隔区序列具有高度的相似性，不过由于没有环境中非共生微生物的转录间隔区序列相似度的相关数据，尚无法确认管状蠕虫共生微生物转录间隔区序列的相似性源于其本身的保守性还是由于水平传播的选择性。

随着高通量测序技术的发展，科学家们可以对热液口微生物群落结构和功能有更加详细的研究。2007 年，Huber 利用 454 高通量测序技术，对东北太平洋的阿克西亚尔海山区域的两个热液口进行 454 高通量测序，获得了 70 万条左右的细菌 16S rRNA 片段，发现这两个热液口均有高丰度的 ε-proteobacteria 菌群，而该菌群则是引起胃癌的幽门螺旋杆菌的族群。Nakagawa 等于 2007 年之后对从热液口分离到的一株 ε-proteobacteria 的基因组分析也发现，该菌株具有与幽门螺旋杆菌类似的致病基因岛，表明这些深海热液口可能是目前某些致病菌的发源地。宏基因技术则从群体水平展现了热液口微生物群落的基因组特征，Xie 等于 2010 年比较分析了胡安・德富卡硫化物“黑烟囱”与大西洋中部的称为“迷失之城”的碳酸盐“白烟囱”的微生物群落的宏基因组序列，发现尽管矿物组成不同，两个热液口微生物群落均表现出高丰度的 DNA 修复相关的基因，表明这些微生物需要进化出较强的 DNA 修复系统来应对该热液口高温、金属离子、毒性化合物等恶劣条件对 DNA 的损伤。而在氮代谢方面，两种热液环境又呈现出不同，硫化物“黑烟囱”含有丰度较高的反硝化相关的基因，这与原位化学方法测定到的该区域较高的反硝化速率一致，而“白烟囱”则没有该特征。

有机地球化学家们则把目光投向该环境下古菌和部分细菌产生

的甘油二烷基甘油四醚（glycerol dialkyl glycerol tetraether，GDGTs）的组成。Lincoln 等在 2013 年对“迷失之城”热液烟囱的四醚膜脂结构进行了分析，发现该热液口环境含有与普通的深海沉积环境不一样的脂类组成，该热液口具有较高丰度的细菌四醚膜脂（branched GDGTs），而这种膜脂结构一般发现于陆源环境或者近海区域，在深海环境中则没有发现这种膜脂结构。通过对该热液口微生物群落结构分析发现，该环境下含有一定丰度的嗜酸菌，而这正是目前认为最有可能产生 branched GDGTs 的细菌群落；同时，该环境中还检测到高丰度的特异的 H 结构的 GDGTs（称之为 H-shaped GDGTs），这种膜脂结构在陆地热泉中也常常发现，这可能是由于这种特殊的膜脂结构对于古菌适应高温环境有帮助。

冷泉

冷泉为海底之下天然气水合物分解后产生的一些流体组分在海底表面的溢出。1983 年美国科学家首次在墨西哥湾佛罗里达陆崖发现冷泉，之后世界范围内不断涌现有关冷泉的报道。现已在全球大陆边缘海底发现上千个活动的冷泉。冷泉相关的研究一直是科学界所关注的热点科学问题。天然气水合物被誉为 21 世纪的洁净替代能源，深水冷泉区是天然气水合物产出的理想场所。不仅如此，冷泉系统发育的水合物还具有埋藏浅、品质高的特点。冷泉大多分布在沿着大陆架边缘或者像墨西哥湾那种富含沉积物的盆地。冷泉的温度与海底周围温度基本一致，由于溢出的流体富含甲烷、硫化氢和二氧化碳等组分，可给一些化能合成的细菌和古菌提供丰富的养分。以甲烷为能量和碳源的冷泉生物群最深发现于千岛海沟 9345 米的深海，比最深的海底热液化能自养生物群（罗希火山，5000 米水深处）还深，对研究地球的生命起源与演化具有重要意义。冷泉生物具有极高的生物密度，独特的生物多样性，孕育着丰富的基因资源以及独特的有潜在利用价值的代谢产物，为生物学家发现新的微生物代谢途径和生存对策提供了前所未有的机遇。在甲烷氧化菌和硫酸盐还原菌参与下，冷泉流体中的甲烷发生厌氧甲烷氧化反应，为化能自养微生物提供了碳源和能量，维系着以化能自养细菌为食物链基础的冷泉生物群，并繁衍成独特的冷泉生态系统（图 10–2 和图 10–3）。

深海环境中有两种类型的喷口。第一种称为“热液喷口”，位于板块交汇处的海底火山热泉附近。热液喷口附近水体中的硫化氢含量充足，嗜硫化氢的化能合成细菌在这里构成了喷口生物群最重要的组成部分。第二种称为“冷泉”，位于大陆边缘之上的烃类气体、硫化氢和石油从海底沉积物中向海水泄漏的地方。与可燃冰有关的喷口正是第二种类型。

这是一群化能合成的生物群落，它们的存在通常是还原性、含丰富化学物质的流体在海底出现的重要标志。不同于大洋中脊发现的热液喷口，这些流体通常在较低的温度下，由沉积物中的有机质分解形成。化能合成古菌和细菌通过氧化甲烷和硫化氢获取能量，成了化能合成食物链的基础（图 10–4）。

如果水深条件和温度条件合适，这些喷口附近还会形成可燃冰。

图 10–2　墨西哥湾海底的管状蠕虫

图 10–3　墨西哥湾碳酸盐岩海底的 *Gaidropsarus* 鱼

图 10-4　墨西哥湾某冷泉附近的大量碳酸盐岩（棕色岩石）、活的和死的贻贝和白色的菌席

当海平面下降或者海底温度升高时，这些可燃冰就会分解并向海水释放甲烷，同样可以为冷泉系统提供丰富的还原性气体。因此，冷泉在世界范围内的大陆边缘十分常见。

在海底可燃冰附近，生存繁衍着群落结构非常独特的生态系统，从最简单靠吃无机物就能生存的化能合成细菌，到管状蠕虫、蛤类、贻贝类、多毛类动物以及海星、海胆、海虾等稍高一级的海底生物，直至鱼、螃蟹、扁形虫、冷水珊瑚等。这些生物死亡后又最终被线虫类动物分解而回归自然环境，形成了一套完整的生态系统。可燃冰附近的生态系统一般具有生物量高而生物多样性低的特点，生物生长速率较慢，一些大型的管状蠕虫年龄可达数百年，被认为是地球上最长寿的动物之一。此外，这些生物对其生存环境的变化十分敏感，可燃冰附近的生物群落往往在几米的范围内迅速变化。

利用烃类或硫化氢等还原性气体的第一种有机生命体是细菌（图 10-5）。这些细菌能够利用甲烷和硫化氢产生能量，并通过一代又一

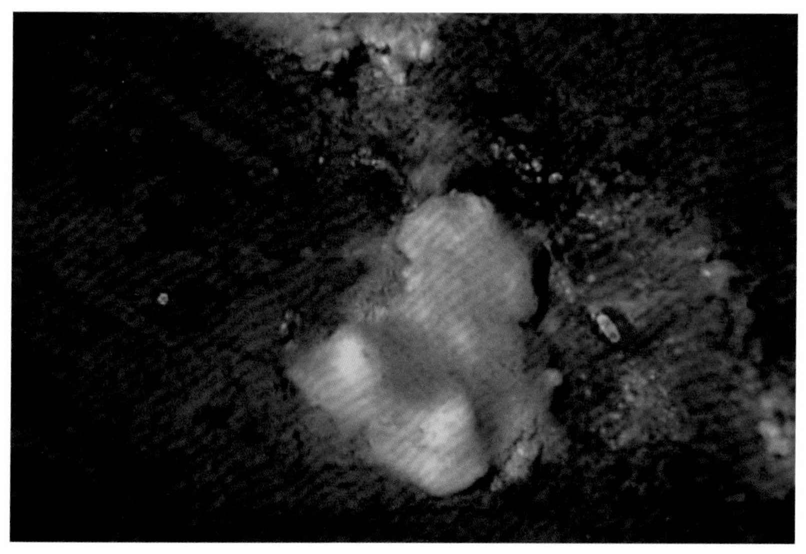

图 10–5 加利福尼亚南部布莱克脊某冷泉附近硫酸盐氧化细菌 *Beggiatoa* 组成的菌席（红点是距离测定激光束）

代的繁衍在冷泉附近形成菌席。在这一阶段中，如果甲烷供给相对充分，贻贝类生物也会在冷泉附近聚集。大部分的贻贝类生物并不直接消耗食物，相反，与它们共生的细菌会为它们提供营养物质（图 10–6 和图 10–7）。双壳类动物在冷泉生态系统动物群中占主导地位。

图 10–6 墨西哥湾冷泉生物群落中的贻贝 *Bathymodiolus childressi*

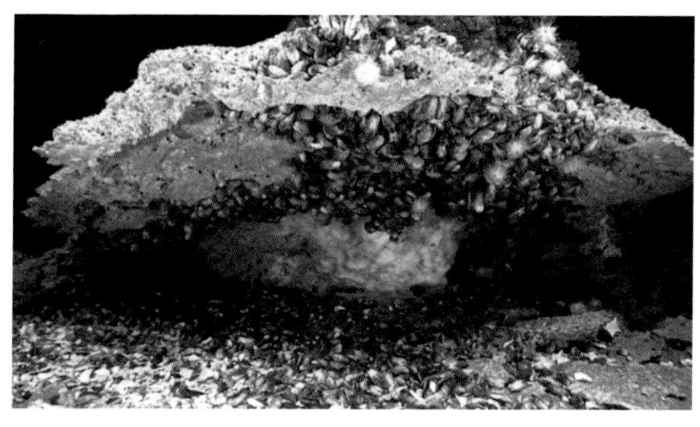

图 10–7 墨西哥湾某冷泉附近贻贝 *Bathymodiolus*、可燃冰和冰蠕虫共生景象

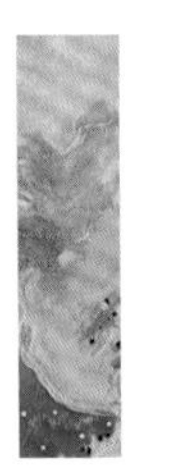

细菌活动会产生碳酸盐，并在海底沉积下来形成碳酸盐岩。经过较长一段时间后，这些岩石会吸引管状蠕虫。这些蠕虫附着在贻贝之上，并沿着它们生长。跟贻贝一样，管状蠕虫依靠化能合成细菌生存。类似于其他共栖关系，管状蠕虫也会为这些细菌提供合适的硫化氢。一个管状蠕虫群可以包含数百个甚至数百万个蠕虫个体，单个个体长度可达数米（图 10-8）。

大型的管状蠕虫通常没有嘴、胃和肠道，相反它们拥有一个巨大的被称为“营养体”的器官，营养体里含有化能合成细菌。管状蠕虫长有伸向海水的触须，由于血红素的存在，这些触须呈鲜红色。血红素有利于吸收海水中的硫化氢和氧，并传递给营养体中的细菌。这些细菌为管状蠕虫生产了营养物质。蛤类和贻贝类生物也存在相似的共

图 10-8　墨西哥湾冷泉优势物种——管状蠕虫 *Lamellibrachia*

生关系，化能合成细菌生活在它们的鳃中。

世界上的第一个冷泉生物群落发现于墨西哥湾上陆坡区域，然而它的发现竟是一场意外。原来，1983 年美国科学家原计划利用“阿尔文”号载人深潜器研究墨西哥湾中部佛罗里达深海悬崖的海底地形（图 10-9），当“阿尔文”号深潜器潜至水深超过 3200 米的海底时，乘坐在深潜器里的科学家透过窗口意外地发现了数量众多的管状蠕虫和贻贝。于是，对墨西哥湾冷泉生态系统长达 30 余年的研究从此开始。截至 2006 年，科学家们在墨西哥湾北部共发现了超过 50 个化能合成生物群落。该区域的冷泉生物群落成为世界上研究程度最高的化能合

图 10-9　1983 年发现了墨西哥湾化能合成生物群落的“阿尔文”号深潜器

成群落。

继墨西哥湾冷泉生物群落被发现之后，世界其他地方的冷泉也逐渐被发现，包括蒙特雷湾的蒙特雷峡谷、日本海、哥斯达黎加太平洋沿岸、非洲大西洋沿岸、阿拉斯加海岸等。科学家们将这些冷泉分为了不同的生物地理区块：墨西哥湾区块、大西洋区块、地中海区块、东太平洋区块、西太平洋区块和南极洲冰架区块。世界上发现的最深的冷泉生态系统位于日本海槽，其水深达 7326 米。

通常，冷泉附近的可燃冰规模不大，并不具有明显的能源效应。如果海水温度升高，可燃冰将会变得不稳定。可燃冰分解释放的甲烷并没有直接进入大气，大部分甲烷将会溶于水体之中，进而被细菌氧化为二氧化碳。

由此可见，可燃冰不仅仅是一种资源，它实际上也是地球循环中的一个重要环节，在可燃冰赋存的地方，有着非常复杂而微妙的地质、地球化学以及生命过程，生存着奇特的生物群落，包含人类所未知的物种。

动物尸体

海洋中偶尔落下的鲸、海豹、鲨鱼等大型动物的尸体，也能维持一个类似于热液口和冷泉的生物群落。1998 年，夏威夷大学的研究人员发现，在北太平洋深海中，至少有 43 个种类的 12 490 个生物体是依靠鲸的尸体生存。其中有一些海洋生物——包括蛤蚌、蠕虫和盲眼虾中的稀有品种，同时也包括大量的化能自养微生物。对这种生态系统深入研究，科学家发现细菌会吃掉鲸的骨头，这种骨头中含有 60% 的脂肪。随后，细菌会制造硫化氢，成千上万的化能自养海洋生物再将硫化氢转化为能量，供它们生养与繁殖。海洋学家将这种现象描述为三个步骤：第一步是移动清道夫阶段，在这个阶段，深海腐食鱼类会吃掉 90% 的鲸的尸体；第二步在几个月或几年后（时间的长短取决于鲸的体型的大小），海生蠕虫和甲壳类动物将寄生于残余鲸的尸体上，这是机会主义者阶段；第三步，化能自养阶段登场了，在这个阶段中，释放硫化氢的细菌已经成形，并且开始帮助化能自养生物提供能量，最后这个阶段可以持续好几十年（图 10-10）。在此之后，这些依赖尸体生存的物种必须在不同的动物尸体之间跳跃，给这些深海物种的扩散提供了条件，与深海热泉、冷泉交织在一起，形成了深海生命的“绿洲”，对于深海的物质元素循环起着重要作用。然而，由于海洋渔业的过度开发和海洋酸化的发生，使得一些海洋大型生物濒于灭绝，这种深海生物的“绿洲”也会随之遭到破坏。

图 10-10 深海环境中鲸的尸体消亡过程及其孕育的生物群落（引自 http://www.nature.com/scientificamerican/journal/v302/n2/box/scientificamerican0210-78_aBX1.html）

地球生命的地下室

原来在大洋深处有一片片生机盎然的“沙漠绿洲”，那么在海底以下几千米甚至上万米的地方会有生物吗？早在 20 世纪 30 年代，美国斯克里普斯海洋研究所的 Claude Zobell 等发现在海床之下数厘米到数米内的沉积物中有细菌存在。70 年代苏联也曾经在西伯利亚一口 12 000 多米的超深钻井中发现有微生物。但是对于海底和大洋深层沉积物中微生物的存在仍然存有争议，很多人认为所检测到的海底深部微生物是由于采样污染或者休眠细胞激活造成的。随着科学技术的进步，人们终于确认这些微生物是地地道道的“原住民”。从数千米的深海沉积物及其以下的基岩，到几千米深的大陆地壳，再到深处矿坑、含水层和洞穴等都有微生物的活动。这些生物是微小的单细胞生物，没有细胞核结构，这个黑暗的生物世界被称作深部生物圈，也有人称之为地球生命的“地下室”，这些单细胞生物在这个“地下室”里面快乐地生活着（图 10–11）。

从早期偶然性地检测到海底深层生命迹象，到发现深部生命的确切证据，人类认识到在地球上存在两个大规模的生物圈：一个是我们所熟知的由光合作用维持的地表生物圈；另一个是存在于地球深部由化能合成作用支持的黑暗深部生物圈。在这项伟大的探索工程中，大

图 10–11 地球生命的“地下室”（引自 Marcarelli，2009）

洋钻探计划起了重要的推动作用，具有先进钻探设备的大洋钻探船是关键角色（图 10–12）。

20 世纪 90 年代，Parkes 等研究者对大洋钻探所获得的珍贵的海底深层沉积物样品进行研究，在四个太平洋海底 500 米以下沉积物中用显微镜观察到了具有活性的微生物，并对其生物量进行了首次评估。1999 年的 ODP 185 航次首次邀请五位生物学家参与，1999 年“决心”号钻探船上建立了永久性的微生物实验室。2002 年组织了首个围绕深部生物圈研究的专项航次 ODP 201，它的 7 个站位涵盖了大多数

图 10–12 “决心”号大洋钻探船

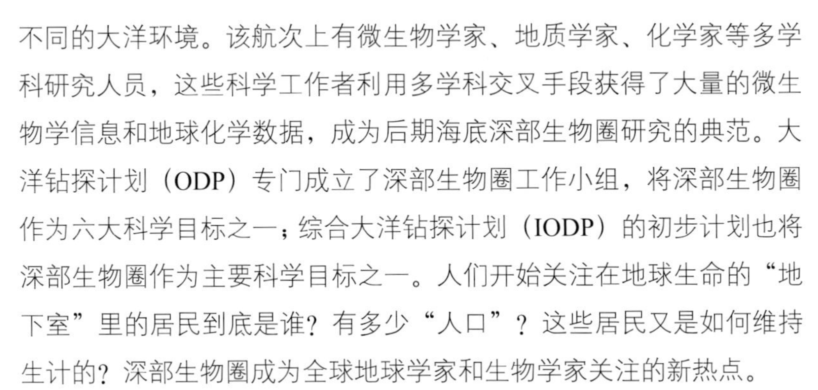

不同的大洋环境。该航次上有微生物学家、地质学家、化学家等多学科研究人员，这些科学工作者利用多学科交叉手段获得了大量的微生物学信息和地球化学数据，成为后期海底深部生物圈研究的典范。大洋钻探计划（ODP）专门成立了深部生物圈工作小组，将深部生物圈作为六大科学目标之一；综合大洋钻探计划（IODP）的初步计划也将深部生物圈作为主要科学目标之一。人们开始关注在地球生命的“地下室”里的居民到底是谁？有多少“人口”？这些居民又是如何维持生计的？深部生物圈成为全球地球学家和生物学家关注的新热点。

我们首先来看看地球“地下室”的居民是谁。研究发现，地球“地下室”的原住民是一群简单而微小的生物，包括细菌、古菌还有病毒。它们依靠着特殊而又简单的生存方式，在海底沉积物的间隙之中，甚至于海底坚硬的岩石之中顽强地生活。细菌和古菌都属于原核生物，细胞结构简单，没有完整的细胞核结构，利用最简单的分裂方式进行繁殖，能够利用最少的能量来生长繁衍。我们知道，人工培养的细菌仅仅占潜在细菌总量的极少比例（小于 1%），大部分的细菌和古菌都是不可培养的，先进的分子生物学检测手段让人类根据它们的核酸信息对其身份和种类进行了初步确认。这种采用核酸信息进行身份确定的方法主要是依靠编码核糖体亚基的一段 DNA 序列，被称为 16S rRNA 基因序列。16S rRNA 基因序列包含可变区和恒定区，保守序列区域反映了生物物种间的亲缘关系，而高变序列区域则能体现物种间的差异，因此既具有良好的进化保守性，又具有与进化距离相匹配的良好变异性，所以成为细菌分子鉴定的标准标识序列。目前 16S rRNA 基因序列信息已经广泛应用于菌种鉴定和系统发生学研究。利用 ODP 201 航次所获得的样品，D’Hondt 等研究人员对赤道太平洋和秘鲁大陆边缘的细菌进行了研究，发现沉积物中活性细菌种类丰富，分属 6 个类群（α- 变形杆菌，γ- 变形杆菌，δ- 变形杆菌，厚壁菌，放线菌和拟杆菌）。随后研究者们在海底深层沉积物中发现了数量巨大、种类丰富的古菌，而且有很多类群与以往陆地上发现的古菌类群完全不同。研究者们还对这些特有的古菌类群进行了新的命名，如海底细菌类群 A、B、D（Marine Benthic Group A，B，D，简称 MBGA，MBGB，MBGD）。病毒的生命方式更加简单，它们甚至不具备细胞结构，一些简单的病毒仅仅具有遗传功能和核酸及蛋白质外壳，但是它们可以作为指挥家，利用宿主的代谢合成机制为它们服务，合成它们所需要的生命物质。因此在有大量细菌、古菌存在的深部生物圈中一定有病毒的存在，而且数量不少。

那么在这个黑暗、高压的“地下室”里究竟有多少居民呢？如何才能对它们进行“人口普查”呢？ 2002 年 Parkes 和他的同事在太平洋 Woodlark Basin 海床 842 米厚的沉积物中发现了最深的沉积原核生物，显微镜和最大稀释法计数都表明细菌细胞数量在靠近沉积物表层处是最高的（2.8 亿～ 14 亿立方米），该数量随深度的增加而迅速减少至 35 万～ 3000 万立方米。他们所采用的吖啶橙染色技术是一种采用非特异性燃料标记核酸进行计数的方法。随后基于核酸染色、杂交或者基于 16S rRNA 基因拷贝数的技术被陆续应用在海底深部生物圈的生物量统计中，D’Hondt 等发现微生物数量具有同样的分布现象，即海底以下微生物数量随着沉积物深度的增加而减少（图 10–13），

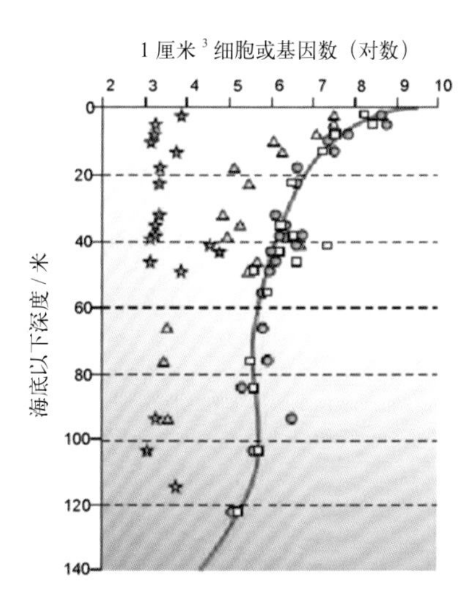

图 10–13　海底沉积物中的微生物细胞总数随深度变化分布。方框：吖啶橙染色法计数结果；圆圈：细菌总数；三角形：古菌总数；星形：真菌总数

因此科学家认为这一细菌数量分布特点可能受控于有机质含量。随着所获得的海底深部微生物数量信息越来越多，研究者们估计地球深部的生物量能达到地球表层的1/10，占全球微生物总量的2/3，这真是一个惊人的数量！那么在这个“地下室”中，哪类微生物占多数，哪类微生物是少数民族呢？Schippers等研究者利用酶联放大的原位荧光杂交技术（CARD-FISH）对海底以下沉积物中的微生物进行了定量分析，发现细菌是深部生物圈中的绝对主导者。但是Lipps等研究人员采用细胞膜完整磷脂分析技术及核糖体rRNA定量技术则发现古菌在深部生物圈中占有绝对优势。病毒的数量又有多少呢？还有一个问题，就是现在所获得的深部生物圈的生物量统计主要来自海底沉积物部分，那么洋壳的微生物数量有多少？有什么分布特点呢？这些问题都还有待于研究者们进行进一步的研究。

现在我们知道了地球的“地下室”里面居住着数量巨大的微生物，那么这些微生物是如何维持生计的呢，也就是说它们的能量来源是什么？又是如何生存的呢？我们知道，洋中脊不同的扩张速率导致了不同的洋壳结构，洋壳上层（海洋沉积物和枕状玄武熔岩）是地球上容量最大的连续含水层系统，组成了所谓的“地下海洋”。海水流经沉积物和玄武岩，通过断层、裂隙以及洋壳和地幔上层的其他可渗透性通道积极参与各种物质循环，为大规模的微生物群系提供了生存环境。那么海底沉积物及上层洋壳中的微生物生存方式一样吗？科学家采用多种研究方法对海底深部微生物的活动进行检测和研究。最初科学家只能通过海洋沉积物间隙水的化学和有机地球化学研究间接推测微生物的活性和代谢特征，研究者们通过对ODP钻井中获得的甲烷和硫酸盐浓度剖面及同位素特征分析，间接证明了海底微生物在进行着特殊代谢活动。随后，随着微生物定量技术、原位培养技术、宏基因组技术、单细胞测序技术等先进的生物学技术的引入，极性脂类等地球化学手段的进步，尤其是二者的紧密结合，大大促进了人们对深部微生物代谢特性的了解。

海底沉积物主要是由海洋颗粒物沉降并不断堆积而成，厚度从新生成洋壳上层的几厘米到大陆边缘和深海海沟的几千米，海洋沉积物中的化学反应和运输主要通过扩散完成。沉积物中的氧气主要来源于深层海水的扩散，是微生物最容易利用的电子受体，因此在沉积物表层的几毫米到几厘米范围内，好氧微生物利用氧化有机质获得能量，具有很高的代谢活性。随着氧气的消耗殆尽，沉积物中的硝酸盐、铁、锰和硫酸盐为微生物提供了丰富的电子受体，微生物利用这些电子受体把有机质降解成二氧化碳，其中硫酸盐还原是沉积物中最重要的有机质利用途径，占大陆架有机质降解总量的 25% ～ 50%。虽然随着沉积物的逐渐埋藏，生物可用有机质的含量迅速减少，但是科学家发现在海底埋藏 1000 万年的沉积浮游生物残体仍然在极其缓慢地被微生物降解。这说明海洋沉积物中的微生物仍然依靠化能合成的有机质来维持生命，但是微生物的数量却因为受控于有机质的减少而迅速减少。有机质降解所形成的二氧化碳与非生物成因的氧气在微生物的作用下能够生成甲烷，据估计大约有 10% 的有机质被微生物转化成甲烷。深层沉积物环境中，非生物成因的氧气与二氧化碳还可以被微生物利用合成乙酸。除了有机质，甲烷也是海洋沉积物中重要的碳源物质，对微生物的活性和分布有重要影响。如海洋沉积物中的硫酸盐－甲烷转换带（SMTZ），厌氧甲烷氧化菌和硫酸盐还原细菌有很高的代谢活性，这些厌氧甲烷氧化古菌能够将甲烷重新转化成二氧化碳和水。这些微生物都不可培养，但是利用单细胞宏基因组学技术和同位素技术，研究者对这类微生物的代谢特征和机制有了一定的了解。美国著名微生物学家 DeLong 和他的同事利用宏基因组分析技术发现厌氧甲烷氧化古菌与甲烷产生菌具有类似的酶系统，其甲烷氧化过程很有可能是甲烷产生菌生成甲烷的逆反应。上海交通大学的张宇等研究者结合高压富集培养及基因组学技术，发现厌氧甲烷氧化古菌的代时为 3 ～ 7 个月，并完善了甲烷氧化古菌进行甲烷氧化过程的关键酶系统。研究者还结合环境化学参数，发现 ANME 不仅仅可以与硫酸盐

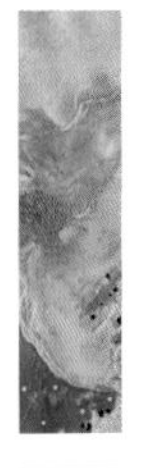

还原过程耦合，还可以与铁锰还原及固氮过程耦合，在深海沉积物的生物地球化学循环中具有重要作用。总而言之，海底沉积物中随着各种电子受体浓度及可利用碳源的减少，微生物的数量和种类各不相同。一般来说，海底有氧表层沉积物中的微生物多样性最高，细菌数量高于古菌数量，细菌类群主要是变形杆菌、浮霉菌、酸杆菌和双歧放线菌。有机质含量逐渐减少的深层沉积物中古菌数量所占比例增加，细菌主要是绿弯菌和一些不可培养的变形杆菌，古菌主要是进行异养代谢的类群。可见海底沉积物中的微生物种类及数量与有机质密切相关，也就是说深埋在沉积物中的微生物可能还是依赖于表层光合作用所合成的有机质来生存的。

洋壳中微生物的能量来源可能与海洋沉积物中不同，更多地采用的是化能自养生存方式。玄武岩是顶层洋壳的主要组成部分，其有机质含量极低（小于 0.01%），但是较老的玄武岩中有丰富的铁、锰、硫化矿物，为微生物提供可观的能量源。Bach 和 Edward 等科学家利用数学模型推算出洋壳中无机自养代谢产生的初级生产力与海洋沉积物中的有机异养代谢产生的初级生产力相当，并且发现了与碳固定相关的关键基因，因此研究人员认为这些参与铁、锰、硫代谢的微生物主要是化能自养微生物。洋中脊轴上的玄武岩则含有大量的岩浆挥发性氧气和二氧化碳，可以支持化能无机自养菌的生长，包括甲烷产生菌、硫酸盐还原菌、铁还原菌和硝酸盐还原菌等。由于高压富集培养技术的限制，人们对玄武岩中微生物的了解极其有限，通过非培养的分子生物学研究，发现玄武岩中细菌具有丰富的多样性，主要类群包括变形杆菌、放线菌、拟杆菌门、厚壁菌门和浮霉菌。洋壳中的微生物往往具有代谢多样性，能够利用多种电子受体从环境中获取能量。可见洋壳中的微生物能量来源主要依赖于内生来源的暗能量，是真正的黑暗生物圈。无论能量来源如何，研究者认为海洋深层沉积物和洋壳中的微生物代谢速率可能极其缓慢，其生命周期可能长达数千年，是真正“万寿无疆”的“小怪物”。

尽管对于深部生物圈的研究发展迅速，并取得了丰硕的成果，但是人们对于这些古老而特殊的生物了解还远远不足，尤其是它们在这种极端条件下的生存机制方面，还有很多问题亟须解决。比如，我们知道组成细胞的蛋白质、核酸、脂类只有在一定的条件下才能维持高级结构的稳定性。但是海洋深部环境高温、高压以及极度的营养缺乏，在这里居住的微生物是如何适应这种极端环境的呢？是不是存在促进生存的协同作用呢？有研究发现压力的升高将提高微生物的上限温度，日本科学家 Takai 2008 年从印度洋中脊发现了一种产甲烷菌，其最适生长压力和温度是 20 ～ 30 兆帕和 105℃，在 40 兆帕的时候可以在 122℃高温环境中生长。这是迄今为止所知道的微生物最高生长温度。此外，深部生物圈是否代表了地球生物的生命极限？其个体、群落、生态系统是如何发展、衰亡的？这些微生物与特定的地球化学环境是如何相互作用的？诸如此类的问题都是需要地质学家、生物学家、化学家回答的。

像以往深部生物圈的研究发展一样，要回答上述问题同样依赖于新技术和新研究方法的发展。比如，20 世纪地球观测最大的技术进展——遥测遥感对地观测系统的建立，人类终于能够离开地面，从空间获取地球信息，不仅极大地丰富了信息量，可以获取全球性的和动态性的图景，而且解放了观测者的视角，将地球科学从局部和单项的研究，推进到地球系统科学的新阶段。但是由于隔着 4000 米的水层，大洋底部难以成为遥感的观测对象，深海观测系统应运而生，将观测平台放到海底，用光缆提供能量、传递信号，实现多年连续的自动化观测。这种新的观测方法能更有效地了解复杂的地球系统，比如探索海洋气候变化对不同水深的海洋生物产生的不同影响，探索深海生物的生态系统动力学和生物多样性等。深海钻井技术也在迅速发展中，如一种称为 CORK 的设备，将钻进大洋地壳的深海钻井密封，与海水隔离但向大洋地壳内部的流体开放，最初仅仅用来测地壳内流体的温度、压力变化，但是后来也可以用于微生物的原位观测和取样。除了技术方面，基础研究方法的发展同样重要。深部生物圈微生物代谢极其缓慢，常规的活性检测往往低估了活性微生物的数量，因此亟须发展高灵敏度的活性微生物检测方法，完整磷脂图谱分析（IPL）和酶联放大的原位荧光杂交技术（CARD-FISH）是目前最有前景的两个技术。IPL 的前提是细胞死亡后，磷脂膜会在数天内降解，失去活性基团，因此完整的磷脂信号可以代表活性微生物存在。CARD-FISH 技术则是基于含有大量核糖体的细胞才是有活力和代谢旺盛的细胞。另外，深部生物圈的研究方法要多元化，前面提到的研究方法主要基于生物学和地球化学，近年来由生物学和地球物理学交叉产生的生物地球物理学为深部生物圈的研究提供了新的途径。微生物的生长和新陈代谢活动会引起地下介质的物理化学性质及相应的地球物理信号的变化，如电信号和磁性。通过对地表或者地下钻孔进行地球物理探测，获得与微生物活动对应的地球物理信号，就能分析地下微生物的活动、种群变化、地质介质改造作用等，具有重要的应用前景。总之，技术的发展与多学科的交叉应用必然能够推动深部生物圈研究更上一层楼。

参考文献

布罗杨, 1980. 世界探险史 2 神秘的海洋 [M]. 自然科学文化事业股份有限公司.

陈山川, 1994. 神秘的海底峡谷 [J]. 地球 (04):7.

陈颙, 史培军, 2013. 自然灾害：3 版 [M]. 北京：北京师范大学出版社.

方爱民, 李继亮, 1998. 浊流及相关重力流沉积研究综述 [J]. 地质论评, 44(3):270−280.

郭成贤, 2004. 我国深水异地沉积研究三十年 [J]. 古地理学报, 2(1):1−10.

姜辉, 2010. 浊流沉积的动力学机制与响应 [J]. 石油与天然气地质, 31(4):428−435.

姜在兴, 2001. 沉积学 [M]. 北京：石油工业出版社.

路易斯·斯皮尔伯格, 理查德·斯皮尔伯格, 2012. 自然灾害探索系列——海啸 [M]. 唐丹妮, 译. 乌鲁木齐：新疆青少年出版社.

孟庆龙, 王旭东, 2005. 自然启示录：1755 年里斯本地震海啸对葡萄牙社会的冲击和影响 [J]. 史学理论研究, 2:96−107.

饶孟余, 钟建华, 赵志根, 等, 2005. 浊流沉积研究综述和展望 [J]. 煤田地质与勘探, 32(6):1−5.

汪品先, 2009. 深海沉积与地球系统 [J]. 海洋地质与第四纪地质, 29(4):1−11.

魏柏林, 2011. 地震与海啸 [J]. 广州：广东经济出版社.

吴祚任. 终极天灾：海啸 [OL]. http://tsunami.ihs.ncu.edu.tw/tsunami/tsunami.htm.

徐景平, 2013. 科学与技术并进——近 20 年来海底峡谷浊流观测的成就和挑战 [J]. 地球科学进展, 28(5):552−558.

薛艳, 张永仙, 2006. 第 28 章 : 海啸 [J]. 世界地震译丛 (3): 59−75.

宇田道隆, 1984. 海洋科学史 [M]. 北京：海洋出版社.

周庆凡, 1994. 浊流沉积体系与油气勘探 [J]. 国外油气勘探, 6(3):288−297.

朱浒. 怎样看我国文献记载的地震海啸 [N]. 光明日报, 2011−03−24(11).

ALT J C, 1995. Subseafloor processes in mid-ocean ridge hydrothennal systems[J]. Washington DC American Geophysical Union Geophysical Monograph Series, 91: 85−114.

BAGNOLD R A, 1941. The physics of wind blown sand and desert dunes[M]. London, Methuen:265.

BEATTY J T, OVERMANN J, LINCE M T, et al., 2005. An obligately photosynthetic bacterial anaerobe from a deep-sea hydrothermal vent[J]. Proceedings of the National Academy of Sciences USA, 102: 9306−9310.

BLÖCHL E, RACHEL R, BURGRAFF S, et al., 1997. *Pyrolobus fumarii*, gen. and sp. nov., represents a novel group of archaea, extending the upper temperature limit for life to 113℃ [J]. Extremophiles. 1: 14−21.

BOETIUS A, 2005. Lost city life[J]. Science, 307(5714): 1420−1422.

BOUMA A H, KUENEN P H, SHEPARD F P, 1962. Sedimentology of some flysch deposits: a graphic approach to facies interpretation[M]. Elsevier Amsterdam.

BUTTERFIED D A, MASSOTH G J, 1994. Geochemistry of north Cleft segment vent fluids: Temporal changes in chlorinity and their possible relation to recent volcanism[J]. Geophys. Res., 99: 4951−4968.

CASTRO P, HUBER M E, 2007. Marine biology: 6th ed.[M]. McGraw-Hill College.

CHIANG C, YU H, 2008. Evidence of hyperpycnal flows at the head of the meandering Kaoping Canyon off SW Taiwan[J]. Geo-Marine Letters, 28(3): 161−169.

DALY R A, 1936. Origin of submarine canyons[J]. American Journal of Science (186): 401−420.

DARLIN C, 1913. Journal of researches into the natural history and geology of the countries visited during the voyage round the world of H. M. S. Beagle[M]. London:John Murray.

DING K, SEYFRIED WE JR, TIVEY MK, et al., 2001. In situ measurement of dissolved H_2 and H_2S in high-temperature hydrothermal vent fluids at the Main Endeavour Field, Juan de Fuea Ridge[J]. Earth and Planetary Science Letters, 186: 417−425.

DING K, SEYFRIED WE JR, 2007. In Situ Measurement of pH and Dissolved H_2 in Mid-Ocean Ridge Hydrothermal Fluids at Elevated Temperatures and Pressures[J]. Chemical Reviews, 107:601−622.

DING K, SEYFRIED WE, ZHANG Z, et al., 2005. The in situ pH of hydrothermal fluids at mid-oeean ridges[J]. Earth and Planetary Seienee Letters, 237(l−2): 167−174.

DING K, SEYFRIED WE. Direct pH measurement of NaCl-bearing fluid with an in situ sensor at 400 ℃ and 40 megapascals[J]. Science, 272:1634−1636.

DOHERTY KW, TAYLOR CD, ZAFIRIOU OC, 2003. Design of a multi-purpose titanium bottle for uneontanunated sampling of carbon monoxide and potentiality of other analyses[J]. Deep sea Researeh l, 50: 449−455.

EMERSON D, MOYER CI, 2002. Neutrophilic Fe-oxidizing bacteria are abundant at the Loihi Seamount hydrothermal vents and play a major role in Fe oxide deposition[J]. Appl Environ Microbiol, 68: 3085−3093.

FISHER C R, TAKAI K, LE BRIS N, 2007. Hydrothermal vent ecosystems[J]. Oceanography, 20:14−23.

GERMAN C R, VON DAMM K L, 2004. Hydrothermal processes[M]// Holland H D, Turekian K K. Treatise On Geochemistry, Volume 6: The Oceans and Marine Geochemistry. London: Elsevier:181−222.

GOWER J, 2005. Jason 1 detects the 26 december 2004 tsunami[J]. EOS, 86:37−38.

HALL J, SIMPSON G B, CLARKE J M, 1859. Palaeontology of New York[M]. C. van Benthuysen.

HAMPTON M A, 1972. The role of subaqueous debris flow in generating turbidity currents[J]. Journal of Sedimentary Research, 42(4).

HANNINGTON M, JAMIESON J, MONECKE T, et al., 2011. The abundance

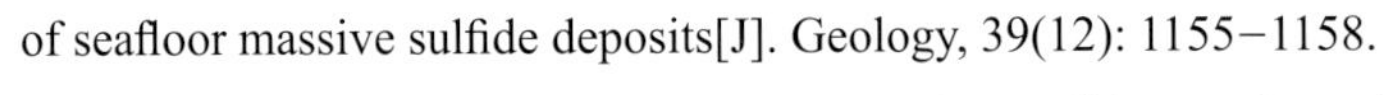
of seafloor massive sulfide deposits[J]. Geology, 39(12): 1155−1158.

HERZIG P M, HANNINGTON M D, 1995. Polymetallic massive sulfides at the modern seafloor, A review[J]. Ore Geology Reviews, 10(2): 95−115.

HOAGLAND P, BEAULIEU S, TIVEY M A, et al., 2010. Deep-sea mining of seafloor massive sulfides[J]. Marine Policy, 34(3): 728−732.

HUMPHRIS S E, GERMAN C R, HICKEY J P, 2014. Fifty Years of Deep Ocean Exploration With the DSV Alvin[J]. American Geophysical Union. 95: 181−192.

KASHEFI K, LOVLEY D R, 2003. Extending the upper temperature limit for life[J]. Science, 301:934.

KELLEY D S, GRETCHEN L F-G, JEFFREY A K, et al., 2007. The Lost City Hydrothermal Field Revisited[J]. Oceanography, 20(4): 90−99.

KELLEY D S, JEFFREY A K, GRETCHEN L F-G, et al., 2005. A Serpentinite-Hosted Ecosystem: The Lost City Hydrothermal Field[J]. Science, 307: 1428−1434.

KELLEY D S, KARSON J A, BLACKMAN D K, et al., 2001. An off-axis hydrothermal vent field near the Mid-Atlantic Ridge at 30 N[J]. Nature, 412(6843): 145−149.

KNOTT R, FOUQUET Y, HONNOREZ Y, et al., 1998. Petrology of hydrothermal mineralization: a vertical section through the TAG mound[J]. Proc ODP, Sci Results, 158: 5−26.

LITTLE C T S, CANN J R, HERRINGTON R J, et al., 1999. Late Cretaceous hydrothermal vent communities from the Troodos Ophiolite, Cyprus[J]. Geology, 27: 1027−1030.

LIU J T, LIN H, HUNG J, 2006. A submarine canyon conduit under typhoon conditions off Southern Taiwan[J]. Deep Sea Research Part I: Oceanographic Research Papers, 53(2): 223−240.

LOWE D R, 1982. Sediment gravity flows: II Depositional models with special reference to the deposits of high-density turbidity currents[J]. Journal of

Sedimentary Research, 52(1).

LUTZ R A, KENNISH M J, 1993. Ecology of deep-sea hydrothermal vent communities: A review[J]. Reviews of Geophysics, 31(3): 211−242.

MASCARELLI A L, 2009. Geomicrobiology: Low life[J]. Nature, 459: 770−773.

MECLENDON J H, 1999. The origin of life[J]. Earth Science Reviews, 47(1−2): 71−93.

MOTTL M J, METABASALTS, 1983. Axial hot spring, and the structure of hydrothermal systems at mid-ocean ridges[J]. Geo. Soc. Am. Bull, 94: 161−180.

MULDER T, SAVOYE B, PIPER D J, et al., 1998. The Var submarine sedimentary system: understanding Holocene sediment delivery processes and their importance to the geological record[J]. Geological Society, London, Special Publications, 129(1): 145−166.

MULDER T, SYVITSKI J P, MIGEON S, et al., 2003. Marine hyperpycnal flows: initiation, behavior and related deposits. A review[J]. Marine and Petroleum Geology, 20(6): 861−882.

MUTTI E, RICCI LUCCHI F, 1972. Le torbiditi dell'Appennino settentrionale: introduzione all'analisi di facies[J]. Mem. Soc. Geol. Ital, 11(2): 161−199.

NUNES F, NORRIS R, 2006. Abrupt reversal in ocean overturning during the Palaeocene/Eocene warm period[J]. Nature, 439: 60−63 .

PAULL C K, CARESS D W, USSLER W, et al., 2011. High-resolution bathymetry of the axial channels within Monterey and Soquel submarine canyons, offshore central California[J]. Geosphere, 7(5): 1077−1101.

PAULL C K, SCHLINING B, USSLER III W, et al., 2010. Submarine mass transport within Monterey Canyon: Benthic disturbance controls on the distribution of chemosynthetic biological communities. Submarine mass movements and their consequences[M]. Berlin: Springer: 229−246.

PAULL C K, USSLER III W, CARESS D W, et al., 2010. Origins of large crescent-shaped bedforms within the axial channel of Monterey Canyon,

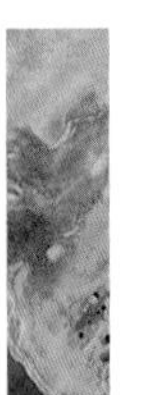

offshore California[J]. Geosphere, 6(6): 755−774.

PERNTHALER A, DEKAS A E, BROWN C T, et al., 2008. Diverse syntrophic partnerships from deep-sea methane vents revealed by direct cell capture and metagenomics[J]. Proc Natl Acad Sci USA, 105: 7052−7057.

PHILLIPS H, WILLS L E, JOHOSON, R V, et al., 2003. LAREDO: a new instrument for sampling and in situ incubation of deep sea hydrothermal vent fluids[J]. Deep sea Research l, 50: 1375−1387.

PRIEN RALF D, 2007. The future of chemical in situ sensors[J]. Marine Chemistry, 107: 422−432.

PROSKUROWSKI G, LILLEY M D, SEEWALD J S, et al., 2008. Abiogenic Hydrocarbon Production at Lost City Hydrothermal Field[J]. Science, 319: 604−607.

RASMUSSEN B, 2000. Filamentous microfossils in a 3,235-million-year-old volcanogenic massive sulphide deposit[J]. Nature, 405: 676−679.

REYSENBACH A L, CADY S L, 2001. Microbiology of ancient and modern hydrothermal systems[J]. Trends in microbiology, 9: 79−86.

ROGERS A, TYLER P A, CONNELLY D P, et al., 2012. The Discovery of New Deep-Sea Hydrothermal Vent Communities in the Southern Ocean and Implications for Biogeography[J]. PLoS Biology, 10: 1−17.

RONA P A, 2008. The changing vision of marine minerals[J]. Ore Geology Reviews, 33(3): 618−666.

SCEARCE C, 2006. Hydrothermal vent communities. CSA Discovery Guides[OL]. http://www. csa. com/discoveryguides/vent/review.

SEYFRIED W E, JOHNSON K S, TIVEY M K, 2000. In-Situ Sensors: Their Development and Application for the Study of Chemical, Physical and Biological Systems at Mid-ocean Ridges[R]. NSF/RIDGE-Sponsored Workshop reports: 9−16.

SHANMUGAM G, 1997. The Bouma sequence and the turbidite mind set[J]. Earth-Science Reviews, 42(4): 201−229.

SMITH D P, KVITEK R, IAMPIETRO P J, et al., 2007. Twenty-nine months of geomorphic change in upper Monterey Canyon (2002–2005)[J]. Marine Geology, 236(1): 79−94.

STATE KEY LABORATORY OF MARINE GEOLOGY, TONG JI UNIVERSITY, 2006. Sea-Floor Observation Systems: An International Review [R]. Shanghai MGLab.

STOW D, 1986. Deep clastic seas[J]. Sedimentary environments and facies, 2: 399−444.

SULLWOLD JR H H, 1960. Tarzana fan, deep submarine fan of late Miocene age Los Angeles County, California[J]. AAPG Bulletin, 44(4): 433−457.

TAKAI K, NAKAGAWA S, REYSENBACH A L, et al., 2006. Microbial ecology of mid-ocean ridges and back-arc basins[J]. Back-Arc Spreading Systems: Geological, Biological, Chemical, and Physical Interactions, 166: 185−213.

THORNBURG C C, ZABRISKIE T M, MCPHAIL K L, 2010. Deep-Sea Hydrothermal Vents: Potential Hot Spots for Natural Products Discovery? [J]. Journal of Natural Products, 73(3): 489−499.

TIVEY M, 2007. Generation of seafloor hydrothermal vent fluids and associated mineral deposits[J]. Oceanography. 20: 50−65.

WALKER R G, 1967. Turbidite Sedimentary Structures and their Relationship to Proximal and Distal Depositional Environments1[J]. Journal of Sedimentary Research, 37(1).

WRIGHT L D, WISEMAN JR W J, YANG Z, et al., 1990. Processes of marine dispersal and deposition of suspended silts off the modern mouth of the Huanghe (Yellow River)[J]. Continental Shelf Research, 10(1): 1−40.

WYNN R B, PIPER D J, GEE M J, 2002. Generation and migration of coarse-grained sediment waves in turbidity current channels and channel–lobe transition zones[J]. Marine Geology, 192(1): 59−78.

XU J P, BARRY J P, PAULL C K, 2013. Small-scale turbidity currents in a big

submarine canyon[J]. Geology, 41(2): 143−146.

XU J P, NOBLE M A, 2009. Currents in Monterey submarine canyon[J]. Journal of Geophysical Research: Oceans (1978–2012), 114(C3).

XU J P, NOBLE M A, ROSENFELD L K, 2004. In-situ measurements of velocity structure within turbidity currents[J]. Geophysical Research Letters, 31(9).

XU J P, NOBLE M, EITTREIM S L, et al., 2002. Distribution and transport of suspended particulate matter in Monterey Canyon, California[J]. Marine Geology, 181(1): 215−234.

XU J P, 2010. Normalized velocity profiles of field-measured turbidity currents[J]. Geology, 38(6): 563−566.